クロスセクショナルなデータ

・統計学の方法と相性がよい。
・事例を行，属性を列に対応させた表の形に整理できる。
・標本をばらばらな集まりとして扱う。

仮説と標本

・事例は，自分たちがもつ仮説との関係を考えて集める。
・標本を作るには，興味の対象となっている事例を集めることが望ましいが，それが不可能な場合も多い。その際，代理の事例を集める。それが興味の対象を代理するものになっているかどうか検討を行う必要がある。

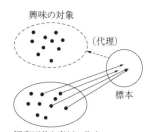

興味の対象
（代理）
標本
観察可能な事例の集合

・標本調査と悉皆調査（全数調査）がある。
・標本調査の目的は，標本の観察を通じ，母集団の特徴や傾向を推し量ることである。
・標本調査では，母集団の一部分しか観察していないので，観察していない残りの部分に不確実性が存在する。
・標本調査による不確実性への批判は，悉皆調査を行った場合に生じることはない。
・本書では母集団と標本調査の考え方を使わない。

クロスセクショナルなデータのための記述統計

記述統計の利用

・データの特徴を表す数を，そのデータの指標あるいは特性値という。

分布を知る

・1変量のデータが与えられたとき，観測値が数直線上に存在している様子を，そのデータの分布という（ただし，確率分布とは別物である）。
・度数分布表とヒストグラムは，数値データの分布を把握するために用いる。

・ビンとは，観測値がとりうる値をいくつかの区間に分割したものである。
・度数とは，それぞれのビンに含まれる観測値の個数のことである。

真ん中の指標

・データの代表値には，標本平均値，中央値，最頻値がある。
・$(y_1, y_2, \cdots\cdots, y_N)$ を大きさ N のデータとするとき，このデータの標本平均値は

$$\frac{1}{N}\sum_{i=1}^{N} y_i$$

で表される。
・標本平均値は，データの重心の位置を示す。
・データによっては，標本平均値が代表値として適当でないこともある。

散らばりの指標

・大きさ N のデータ $(y_1, y_2, \cdots\cdots, y_N)$ の標本平均値が $\bar{y}$ であったとする。
このとき，データに含まれている i 番目の観測値 y_i とデータの標本平均値 $\bar{y}$ との差
$$y_i - \bar{y}$$
を，観測値 y_i の偏差という。
・観測値の偏差の2乗の平均値を，そのデータの標本分散という。
・標本分散の平方根を標本標準偏差という。

対数値を見る

・以下のようなデータの場合，観測値をそのまま観察するよりも，その対数値を観察した方が特徴を捉えやすいことがある。

すべての観測値が正である。

ヒストグラムを見ると 0 付近に高い山がある。

右側に長い裾を引いている。

2 つの数値データの比較

・2 つのデータを比較するとき，それぞれの記述統計の指標を比較することができる。

分布を知る（2 変量の数値データ）

・1 つのクロスセクショナルなデータから 2 つの数値項目を取り出して作ったデータを 2 変量の数値データという。

・2 変量のデータが与えられたとき，片方の変量を横軸，もう片方の変量を縦軸に対応させた座標平面を考え，ここの観測値を座標平面上の点で表したグラフを散布図という。

相関（2 変数の数値データ）

・2 変量の数値データにおいて，含まれる変量の片方と，もう片方が大小をともにする傾向を，変量間の正の相関という。

変量の片方ともう片方の大小が逆になる傾向を変量間の負の相関という。

正の相関と負の相関をまとめて相関という。

・相関の指標としてよく用いられるものとして，標本共分散がある。大きさ N の 2 変量の数値データ $((x_1, y_1), (x_2, y_2), \cdots\cdots, (x_N, y_N))$ について，このデータの標本共分散は

$$\frac{1}{N}\sum_{i=1}^{N}(x_i-\bar{x_i})(y_i-\bar{y_i})$$

で計算される。

・標本共分散の値が正の場合，そのデータは正の相関をもつという。一方で，標本共分散の値が負の場合，そのデータは負の相関をもつという。

・標本共分散から散らばりを取り除いて相関に関する情報のみを取り出したものを標本相関係数という。その際，標本相関係数の値がとりうる可能な範囲は，−1 以上 1 以下である。

確率論の概要

確率とは

・統計学において，偶然を表現するために確率論を用いる。ただし，現実の問題に確率論をあてはめる場合，観察によって確率の値を一意に定めることはできない。

・**重要用語** 頻度論的解釈，ベイズ的解釈，公理的確率論

事象の確率

・**確率の公理**

Ω を標本空間，$\mathcal{A}$ を事象の σ-加法族とする。また σ-加法族に含まれる事象を E とし，これに割り当てられる確率の値を $P(E)$ で表す。このとき，確率は次の 3 つの条件を満たさねばならない。

(1) $0 \leqq P(E) \leqq 1$

(2) $P(\Omega) = 1$

(3) $E_1, E_2, \cdots\cdots$ が互いに排反ならば

$$P\left(\bigcup_{i=1}^{\infty}E_i\right)=\sum_{i=1}^{\infty}P(E_i)$$

・**重要用語** 帰結，標本空間，事象，確率

確率変数とその分布

・例えば，ゲームの得点，未来の経済指標のように，潜在的にはさまざまな値をとる可能性があり，その値が定まる過程に偶然が関与すると考えられるような量を表すのに確率変数を使うことができる。

・帰結が与えられたときに確率変数がとる値を，その確率変数の実現値という。

・確率変数が，どのような確率でどのような実現値をとるかの様子を，その確率変数の確率分布という。

・**重要用語** 分布関数，分位数，確率密度関数，期待値

チャート式®シリーズ

大学教養　統計学

はじめに

　大学受験を目的としたチャート式の学習参考書は，およそ100年前に誕生しました。
戦争によって，発行が途絶えた時期もあったものの，多くの皆さんに愛され続けながら，チャート式の歴史は現在に至っています。
この間，時代は大きく変わりました。科学技術の進展に伴い，私たちを取り巻く環境や生活は驚くほど変化し，そして便利なものとなりました。
この発展を基礎で支える学問の1つが数学です。数学の応用範囲は以前にも増して広がり，現代において，数学の果たす役割はますます重要なものとなっています。

　チャートとは

　　　　問題の急所がどこにあるか，

　　　　その解法をいかにして思いつくか

をわかりやすく示したものであり，その性格は，100年前の刊行当時と何ら変わりありません。
チャートを用いて学習内容をわかりやすく解説するという特徴も，高等学校までのチャート式学習参考書と今回発行する大学向け参考書で，変わりのないところです。
チャート式は，わかりやすさを追究しながら，常に時代とともに進化を続けています。

> **CHART とは何？**
> C.O.D (*The Concise Oxford Dictionary*) には，
> CHART—Navigator's sea map with coast outlines, rocks, shoals, *etc.* と説明してある。
> 海図―浪風荒き問題の海に船出する若き船人に捧げられた海図―問題海の全面をことごとく一眸の中に収め，もっとも安らかな航路を示し，あわせて乗り上げやすい暗礁や浅瀬を一目瞭然たらしめる CHART！
> 昭和初年チャート式代数学巻頭言

　大学で学ぶ数学は，高校までの数学に比べて複雑で，奥の深いものです。
授業の進度も早いため，学生の皆さんには，主体的に学び，より積極的に探究しようとする態度が求められます。
チャート式は，自ら考える皆さんの味方です。
大学受験を目的として刊行されたチャート式ですが，受験問題が解けるようになることは1つの通過点であって，数学を学ぶことのゴールではありません。
これまで見たことのない数学の世界が，皆さんの前に広がっています。
新たな数学の学習をスタートさせましょう。チャート式といっしょに。

数研出版編集部

はしがき

　本書は，大学初年度に学ぶ統計学の内容を理解するために編集された学習参考書です。
本書と同時に発行した，大学生用のテキスト

数研講座シリーズ　大学教養　統計学

に掲載された問題のすべてと本書独自に採録した問題について，その問題を解決するための考え方を
示す指針と，詳しい解答を掲載しています。単に解き方を学ぶだけでなく，本書を上記のテキストと
一緒に読み進めることで，その発想やアイデアの源泉に精通し，理解が深まるように書かれています。
　大学で学ぶ統計学は，高校数学のⅠ，AやBで学習する

「データの分析，確率，統計的な推測」

を発展させたもので，そこで学習する内容は，より広い範囲に及びます。
例えば，統計学の理解において重要である確率は，「ある事柄が起こると期待される程度を表す数値」
と高校の数学Aで学習したことでしょう。偶然に左右されて起こる事柄について，どの程度起こりや
すいか，また起こりにくいかを数学的に考えるために，試行の結果として起こる事柄を事象として，

確率を　$\dfrac{\text{事象の起こる場合の数}}{\text{起こりうるすべての場合の数}}$

のように定義しました。この確率の考え方は，私たちにとって身近なものです。

　・明日の千代田区の降水確率は 30 % です。

　・1 個のさいころを 1 回投げて奇数が出る割合は $\dfrac{1}{2}$ です。

直感的には，確率とは事象の起こりやすさを表す数字であるということができます。上の 30 %（0.3）
や $\dfrac{1}{2}$（0.5）という数字は，雨の降りやすさ，奇数の出やすさを表しているという言い方もできます。
この数字が正しいことはどのようにしてわかるのでしょうか？
大学では，確率の公理に基づいて議論を展開していきます。上のさいころの例は，1，3，5 が出る確
率は $\dfrac{1}{2}$ と割り当てることができる，とします。ここで「割り当てる」という言葉を用いたのは，確
率の値があらかじめ決まっているものではないからです。この割り当ては自然ですが，そうでなけれ
ばならない理由は，与えない限りありません。すなわち，どの事象にも好きなように確率を割り当て
られるというわけです。ただし，この割り当てにもルールがあり，このルールが確率の公理なのです。
大学の統計学の理解につまづく理由は，このような違いによるものではないでしょうか。本書ではさ
いころなどでイメージされる確率論と，数字が並んだ表でイメージされるデータとの間のつながりが
目に見えるようにすることを目標にしました。
　本書は，高等学校のチャート式参考書と同様な方針のもとに編集されています。既習事項との円滑
な接続にも十分配慮していますので，安心して学習を進めることができます。
高校で数学を面白いと感じたのは，わかった！と思い，そして，問題を自力で解けたときではないで
しょうか。それは，大学の数学でも同じです。
本書で，しっかりと学習して，統計学の本質に触れてください。

本書の構成

章はじめ

　各章の初めに，その章で扱う節名と例題一覧を，以下の項目で示した。教科書との対応とは，同時発行した大学生用テキスト「数研講座シリーズ　大学教養　統計学」との対応を示すものである。レベルは3段階で1（易）〜3（難）で示した。

※　以下の文章における「教科書」は上記の本を表す。

▌**例題一覧**

例題番号 ▼	レベル ▼	例題タイトル ▼	教科書との対応	例題番号 ▼	レベル ▼	例題タイトル ▼	教科書との対応

基本 例題**000**　例題タイトル　　　　★☆☆

教科書の練習に対応している。★の数はレベル1〜3に対応している。

問題文に続いて，解答の方針等を示した **指針**，詳しい **解答** を適宜副文も付けて示した。

指針では，解答に必要な **定義**，**用語**，**命題** を適宜載せた。

解答では，参考事項・注意事項・検討事項・補足事項・研究事項を，それぞれ **参考**・**注意**・**検討**・**補足**・**研究** として適宜示した。

基本 例題**000**　例題タイトル　　　　★☆☆

教科書に載っていない，本書独自の問題で，内容は上記と同じである。

重要 例題**000**　例題タイトル　　　　★★☆

教科書の各章の章末問題に対応している。

指針 や **解答** は，上記の基本例題と同じである。

重要 例題**000**　例題タイトル　　　　★★☆

教科書の章末問題レベルで，本書独自の問題である。

指針 や **解答** は，上記の基本例題と同じである。

目　次

問題数

基本例題	140 題
基本例題	26 題
基本例題合計	**166 題**
重要例題	28 題
重要例題	6 題
重要例題合計	**34 題**
総問題数	200 題

0 統計学を学ぶに当たって

1 高校までの確率と統計
2 統計的な実証分析
3 新しい方法と伝統的な方法

例題一覧

1　高校までの確率と統計

2　統計的な実証分析

3　新しい方法と伝統的な方法

基本　例題**001**　質的データと量的データ　★☆☆・

データには次のような尺度がある。

　質的データ
　・名義尺度(食事の好み(和食，洋食，中華)，その他)
　・順序尺度(将来(安心，やや安心，どちらでもない，やや不安，不安)，その他)
　量的データ
　・間隔尺度(標高，その他)
　・比例尺度(身長，その他)

(1)　体重，体温，既往歴，自覚症状(有，やや有，無)は，どの尺度に当たるか答えよ。

(2)　各尺度の例を挙げよ。

指針　標本に含まれるある事例を観察して得られた情報を，その事例の **観測値** また **値** という。
　標本に含まれる事例のすべてから得た観測値を整理した記録を，その標本の **データ** という。
　性別，職種，地域，良い・悪いなど数値化できない(定性的)データを **質的データ** という。
　長さ，金額，人数など数値として大小や順序が想定できる(定量的)データを **量的データ** という。

解答　(1)　体重：比例尺度；　体温：間隔尺度；　既往歴：名義尺度；　自覚症状：順序尺度
　　　(2)　(例)　名義尺度：**性別，職業，血液型**
　　　　　　　　　順序尺度：**授業の満足度，成績評価，旅行に行きたい国の順位**
　　　　　　　　　間隔尺度：**気温，年号**
　　　　　　　　　比例尺度：**人口，血圧，年収**

補足　量的なデータは，さらに計量データと計数データに分類することができる。
　計量データ：経済収支，体重などのように連続した値をとるデータ。
　計数データ：ある病気の患者数，当たりくじの出現数などのように飛び飛びの(離散的な)値をとるデータ。

基本 | **例題 002** データ収集時の回答があいまいな場合の例 ★☆☆

データを集めても「わからない」という回答が多い場合に，データからの分析に偏りが生じる場合がある。そのような例を挙げよ。

指針 「わからない」に関連し，「その他」がある。「その他」は，調査対象者が，用意された回答選択肢以外の回答を行った場合に用いられる。実際に関心のある人だけの回答を用いると，全体の判断を誤ることがある。

解答 （例） 選挙の事前アンケート

   補足 回答する人の多くは選挙に関心のある人である可能性が高いと考えられる。

   インターネットを用いたアンケート

   郵送でのアンケート

   電話でのアンケート

   補足 詐欺の電話と疑う人の多くは回答しない可能性がある。

参考 調査対象者が質問の内容を理解しないときは，質問を繰り返し，それでもわからないようなら，「わからない」とする。質問の内容は，誰でもわかるはずの言葉を使用するように心がけていても，中には調査対象者の理解を超えることもある。

統計調査においては，質問で使用した言葉に対して，「わからない」と回答した人がどのくらいいたかは大切なデータとなる。よって，いい換えは行わない方がよい。

演 習 編

重要 　例題**001**　事例収集の着眼点　　　　　　　　　　　★☆☆

統計的な実証分析において事例を集める際，仮説と関係があるように集める必要がある。その理由を答えよ。

指針　実証分析においては，事例の集合(標本)から得られたエビデンス(データから見出された特徴や傾向)は仮説を反証するために使用される。

解答　(例)　考えている仮説と関係のない事例の集合からは，どのようなエビデンスが得られようとどの仮説も反証できず，意味がないから。

参考　興味の対象と観察可能な事例の集合に全く重なりがない場合もある。このような場合に標本を興味の対象として代用できるかどうかは，観察可能な集合の性質が興味の対象のものとどの程度類似しているかによる。

重要 　例題**002**　統計分析の目的とその目的にあった分析方法　　　★☆☆

統計的な実証分析においてデータを得た後，統計学の方法に当てはめる目的と，このとき用いられる方法にはどのようなものがあるか答えよ。

指針　実証分析の手順は図のように整理できる。
ここで問われていることは，図中の分析／解釈に当たる。

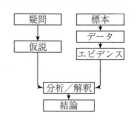

解答　目的1：データがもつ特徴や傾向を見出すこと。
　　　　目的1のための方法：記述統計の方法(詳しくは第2章を参照)とモデル(パラメータ)の
　　　　　　　　　　　　　　推定。
　　　　目的2：得られたデータが，偶然によるものといえそうかどうかを調べるため。
　　　　目的2のための方法：統計的仮説検定。

重要　例題**003**　仮説と結論　★★☆

統計的な実証分析を経て得られたエビデンスと整合的な仮説は，結論として報告できる。このとき，仮説が証明されたと断定することは避けるべきである理由を答えよ。

指針　統計学の実証分析においては，エビデンスが仮説と整合的であっても，仮説が正しいことが証明されたことにならない。

解答　通常，得られたエビデンスと整合的な仮説は複数存在するため，現在挙げられたもの以外にも将来的に得られたエビデンスと整合的な仮説が考え出される可能性があり，それを予見するのは不可能であるから。また，挙げられた仮説が現在利用可能なエビデンスと整合的であったとしても，将来的に新たな観察によって挙げられた仮説と矛盾するようなエビデンスが得られる可能性があるから。

重要　例題**004**　新しい方法と伝統的な方法　★★☆

統計的な実証分析を行う際，記述統計などの伝統的な統計学の方法と人工知能や機械学習などの新しい方法を用いることができる。それぞれの方法にはどのような利点があり，どのように使い分けるべきか答えよ。

指針　新しい方法は予測を行ったり，人間の判断を手助けするために使用されることが多い。伝統的な方法は，仮説を実証するために使用されることが多い。

解答　新しい方法の利点
・複雑な構造をもつデータも扱うことができる。
次の条件が揃っている場合には，新しい方法を使用するとよい。
・巨大なデータを処理することが可能である。
・私たちの興味が予測や判断にあるが，データを処理する過程を理解する必要がない。
伝統的な方法の利点
・モデルの構築も人の手によって行われるので，計算の過程を理解しやすい。
・必要なデータの大きさは，新しい方法のものよりも小さくても重要な示唆が得られることがよくある。
次の条件が揃っている場合には，伝統的な方法を使用するとよい。
・処理可能なデータの大きさが限られている。
・データの処理方法の理解が重要である。

参考　新しい方法の欠点
・十分な成果を得るには，巨大なデータが必要である。
・また，計算の過程を人間が理解することはできない。
伝統的な方法の欠点
・モデルの構築が人の手によるため，複雑な構造をもつデータを扱うことが難しい。

第1章

標本とデータ

1 クロスセクショナルなデータ
2 仮説と標本

例題一覧

1 クロスセクショナルなデータ

| 基本 | 例題003 | クロスセクショナルなデータ1 | ★☆☆ |

表のデータについて，次の問いに答え
よ。

(1) 標本の大きさを答えよ。

(2) 記録されている項目をすべて答え
よ。

(3) 観測値が数値である項目をすべて
答えよ。また，観測値がカテゴリカ
ルである項目をすべて答えよ。

No	重さ(g)	糖度(%)	キズの有無
1	85	11.8	あり
2	89	10.5	なし
3	88	10.2	なし
4	92	10.7	なし
5	83	11.2	なし

指針 標本とは観察のために集めた事例の集合である。

> **用語** 標本に含まれる事例のすべてから得た観測値を，どの事例のどの属性のものかがわかる
> ように整理した記録を，クロスセクショナルなデータという。

(1) 標本の大きさとは，標本に含まれる事例の数である。

(2) 項目とは，観測した属性である。

(3) 観測値が数値のものを選ぶ。観測値が数値以外の項目がカテゴリカルな項目である。

解答 (1) **5**

(2) **重さ，糖度，キズの有無**

(3) 観測値が数値である項目：**重さ，糖度**

観測値がカテゴリカルである項目：**キズの有無**

参考 観測値には，上で扱ったもの以外に，氏名のような固有名詞や文章で書かれるようなものもあ
る。

基本　例題 **004**　クロスセクショナルなデータ 2　　★☆☆

(1) 次のデータをクロスセクショナルなデータとして扱ったときに失われる情報があるか検討せよ。また，失われる情報の有用性を考え，クロスセクショナルなデータとして扱うべきでないものを挙げよ。

  (a) さいたま市の 8 月の平均気温を 1980 年から今年まで各年ごとに記録したもの。

  (b) さいたま市の今年 8 月の日々の最高気温，最低気温，湿度，天気を日ごとに記録したもの。

  (c) ある学生の過去 1 か月の日々の睡眠時間を日ごとに記録したもの。

  (d) 今年入学した学生 300 人の通学手段と家からの距離を学生ごとに記録したもの。

  (e) 今年発売されている国産の新車について，車種ごとの標準価格と燃費を記録したもの。

(2) クロスセクショナルなデータとして扱うことが適切である例を挙げよ。

指針 クロスセクショナルなデータの特徴は，標本を事例のばらばらな集まりとして扱うことである。この形式は，ある事例と他の事例の間の個別の関係を表現することに適していない。

解答 (1) (a) **クロスセクショナルなデータとして扱うと，時間的順序が失われる。**

  (b) **クロスセクショナルなデータとして扱うと，時間的順序が失われる。**

  (c) **クロスセクショナルなデータとして扱うと，時間的順序が失われる。**

  (d) **クロスセクショナルなデータとして扱っても失われる情報はない。**

  (e) **クロスセクショナルなデータとして扱っても失われる情報はない。**

以上から，クロスセクショナルなデータとして扱うべきでないものは

$$(a),\ (b),\ (c)$$

(2) (例)　**ある時点における日本の年齢別人口**

補足 事例同士の個別の関係が重要でない場合に，標本の特徴を調べたり，複数の標本を比較したりすることが目的であれば，与えられたデータをクロスセクショナルなものとして扱うことは適切である。

参考 単一の事例を，時間をおいて複数回観察して得られた情報を，観察時間ごとに記録したものを時系列データという。

基本 例題005 データの整理 ★☆☆

各観測値を x として，右の表のようなデータを得た。このデータに4番目の観測値 $x=6$ を加えて，同様の表を作れ。

番号	x	x^2
1	2	4
2	3	9
3	5	25
計	10	38

指針 表を作成することにより，データを整理することができる。

解答 **右の表** のようになる。

番号	x	x^2
1	2	4
2	3	9
3	5	25
4	6	36
計	16	74

補足 問題で与えられた標本の大きさが3の表から，標本平均値，標本分散は次のようになる。

標本平均値：$\dfrac{10}{3}$

標本分散：$\dfrac{38}{3} - \left(\dfrac{10}{3}\right)^2 = \dfrac{14}{9}$

また，解答で得た標本の大きさが4の表から，標本平均値，標本分散は次のようになる。

標本平均値：$\dfrac{16}{4} = 4$

標本分散：$\dfrac{74}{4} - 4^2 = \dfrac{5}{2}$

(標本平均値，標本分散について，詳しくは第2章を参照)

参考 各観測値が複数の変量からなる場合も同様に表にまとめることができる。例えば，各観測値が2変量 x, y からなるとき，右の表のようにまとめると，標本平均値，標本分散に加えて標本共分散，標本相関係数も求めることができる(標本共分散，標本相関係数について，詳しくは第2章を参照)。

番号	x	y	x^2	y^2	xy
1	2	3	4	9	6
2	3	2	9	4	6
3	5	2	25	4	10
計	10	7	38	17	22

2　仮説と標本

基本　例題006　興味の対象となる事例　★☆☆

次の事例を挙げよ。

(1)　興味の対象のすべてが観察可能である事例。

(2)　興味の対象の一部が観察可能でない事例。

(3)　興味の対象のすべてが観察不可能である事例。

指針　様々な統計調査などについて考え，各事例に該当するものを挙げる。

解答　(1)　(例)　**国勢調査**

(2)　(例)　**海水浴場の水質調査**

(3)　(例)　**ある学校の来年度入試受験者の最高得点**

基本　例題007　母集団と標本　★☆☆

母集団と標本の関係を3つ挙げよ。

指針　**用語**　私たちが興味の対象としている事例の集団が定まっており，そこから事例を集めて標本を作ることが可能であるとき，興味の対象の集団を **母集団** という。

解答　(例)　**家計調査における，日本国内の全世帯(母集団)と選定された約9000世帯(標本)**

会社標本調査における，内国普通法人(母集団)と選定された標本法人(標本)

労働力調査における，日本国内に移住している全人口(母集団)と選定された約4万世帯員(標本)

基本 例題**008** 標本調査と悉皆調査 ★☆☆

標本調査と悉皆調査(全数調査)の例を，それぞれ 3 つずつ挙げよ。

指針 **用語** 母集団から抽出された標本を観察するような調査方法を **標本調査** という。
用語 母集団のすべてを観察の対象とするような調査方法を **悉皆調査** や **全数調査** という。

解答 標本調査：(例) **家計調査，会社標本調査，労働力調査**
悉皆調査(全数調査)：(例) **国勢調査，従業員満足度調査，企業の入社試験**

基本 例題**009** 標本調査 1 ★☆☆

過去 10 年間に，ある地域で発生した飼い猫の落下事故がどのように発生したのか調べるために，その地域の獣医に把握している飼い猫の落下事故の状況を聞き取った。
(1) 興味のある事例の集合を答えよ。
(2) 標本となる事例の集合を答えよ。
(3) この調査は悉皆調査ではない。なぜなら，(1)の集合に含まれるが，標本に含まれない事例が存在する可能性があるからである。次のうち，標本に含まれない可能性が高い事例をすべて答えよ。
　(a) 飼い猫に軽傷を伴うもしくはけがのないような落下事故。
　(b) 飼い猫に重傷を伴うような落下事故。
　(c) 飼い猫が落下直後に死亡してしまったような落下事故。
　(d) 飼い猫にけがはあったが，飼い主がその原因が落下であると認識できていないような落下事故。
　(e) 過去 10 年間に廃業した獣医が把握していた落下事故。
(4) この調査結果をもとに飼い猫の安全対策を考えるとする。ただし，飼い猫を取り巻く環境は過去 10 年間で大きく変わっていないものとする。この調査結果のみから安全対策を考えるとき，(3)の事例のうち，標本に含まれない可能性が高い，特に注意すべき事例を答えよ。

指針 (3) 聞き取りを行った獣医が把握していない可能性が高い事例を答える。

解答 (1) **過去 10 年間に発生した飼い猫の落下事故の状況の集合。**
(2) **獣医に聞き取った，過去 10 年間に発生した飼い猫の落下事故の状況の集合。**
(3) (a)，(c)，(d)，(e)
(4) (a)

基本 | 例題 010　介入群と対照群 1 ★☆☆

介入群と対照群になりうるような対応関係を調べ，3つ挙げよ。

指針 比較のため，効果を確かめたい処置を施した標本を介入群，比較のため，効果を確かめたい処置を施さなかった標本を対照群と呼ぶ。

解答 （例）　**薬物治療群**(介入群)**と非薬物治療群**(対照群)

　　　　　　栄養介入群(介入群)**と通常栄養管理対照群**(対照群)

　　　　　　運動介入群(介入群)**と健康教育群**(対照群)

演 習 編

重要　例題**005**　クロスセクショナルなデータ3　★☆☆

(1)　次のデータをクロスセクショナルなデータとして扱ったときに失われる情報があるか検討せよ。さらに，失われる情報の有用性を考え，クロスセクショナルなデータとして扱うべきでないものを挙げよ。

(a)　ある銘柄の過去2年間の株価を毎週月曜日ごとに記録したもの。

(b)　スポーツテストを受けたある学生の50 m走，立幅跳び，垂直跳び，ソフトボール投げの結果を記録したもの。

(c)　ある学生の過去1年間の学習時間を週ごとに記録したもの。

(d)　昨年度入学した学生の微分積分学と統計学の前期試験の点数を学生ごとに記録したもの。

(e)　ある人の半年間の食事で摂取した野菜，肉，米の食事ごとの量と食後の体重を記録したもの。

(2)　クロスセクショナルなデータとして扱うことが不適切である例を挙げよ。

指針　基本例題004と同様にして考える。

(1)　(a)は時系列のデータである。クロスセクショナルなデータとして扱うと，株価の変化などに関する情報が失われる。

(c)は時系列データである。クロスセクショナルなデータとして扱うと，学習時間の変化などに関する情報が失われる。

(e)は時系列データである。クロスセクショナルなデータとして扱うと，食事の変化などに関する情報が失われる。

(2)　時系列データまたは順序や相互の位置関係が重要なデータの例を挙げればよい。

解答　(1)　(a)　**クロスセクショナルなデータとして扱うと，時間的順序に関する情報が失われる。**

(b)　**クロスセクショナルなデータとして扱っても失われる情報はない。**

(c)　**クロスセクショナルなデータとして扱うと，時間的順序に関する情報が失われる。**

(d)　**クロスセクショナルなデータとして扱っても失われる情報はない。**

(e)　**クロスセクショナルなデータとして扱うと，時間的順序に関する情報が失われる。**

(2)　(例)　**100メートル離れた地点Aと地点Bの間から1メートルおきに土壌を採取し，pH値を記録したもの。**

重要　例題 006　興味の対象と観察可能な集合　★☆☆

(1)　興味の対象を 1 つ挙げ，その代理となる標本を挙げよ。

(2)　(1)で挙げた代理となる標本について，興味の対象とどのような差異が生じる
　　可能性があるか自分の考えを述べよ。

指針　基本例題 006 と同様にして考える。

解答　(1)　(例)　興味の対象：施設の保護猫の体毛の色や模様と性格の関係
　　　　　　代理となる標本：**Web** 上で猫を飼っている人に飼い猫の体毛の色や模様と性格の関
　　　　　　　　　　　　　　係についてアンケートをとって，回答が得られた事例の集合

　　　　(2)　(例)　**飼い猫と保護施設の猫ではそもそも性格が違う可能性がある。**
　　　　　　また，アンケートに回答した人のうち，保護施設でなくブリーダーなどから定まっ
　　　　　　た品種の猫を購入した人が多い可能性がある。

重要　例題 007　標本調査 2　★☆☆

ある大学の合格者に対して，高校時代に注力しなかった教科を調査したところ，多
くが数学を挙げた。あなたがその大学の受験を予定しているとして，このエビデン
スから「数学の勉強だけに注力すべきである」と考えることは適当か答えよ。

指針　数学に注力しなくてもその大学に合格している人がいることから，数学の勉強だけに注力すべ
　　きであると考えるのはおかしいとわかる。

解答　適当でない。
　　　　得られたエビデンスは，**数学に注力しなくてもその大学に合格ができる場合が多いこ
　　　　と**を示している。

重要　例題**008**　標本抽出法　★★☆

(1) 代表的な標本抽出方法を調べ，3つ挙げよ。また，それぞれの方法はどのような場合に適した方法か答えよ。

(2) (1)で答えた方法のうちの1つについて，その方法を採用したときの利点を答えよ。

指針　まずはどのような標本抽出方法があるのか調べてみよう。

解答　(1)　(例)　[1]　**単純無作為抽出法**

大量生産された製品などのように，母集団に含まれる事例がおおむね均質であると思われるような場合に適している。

研究　母集団から疑似乱数などを使用して標本を抽出する方法である。

[2]　**層化抽出法**

各層から抽出する事例の数を適切に定めることによって，母集団の多様性を反映させることができるため，母集団が均質とは思えないような場合に適している。

研究　年齢・性別・職業など，事例のもつ属性によって母集団を層化し，各層から疑似乱数などを使用して標本を抽出する方法である。

[3]　**系統抽出法**

大量生産された製品などのように，母集団に含まれる事例がおおむね均質であると思われ，安価で標本抽出したい場合に適している。

研究　母集団に含まれる事例に通し番号を振り，疑似乱数などを使用して抽出する1番目の事例を選び，2番目以降の事例は(10個おきなど)等間隔で抽出していく方法である。

(2)　**[1] の方法を採用したときの利点は，考え方が単純で客観性が高く，工業製品の品質管理などに利用した場合に説得力が大きいこと。**

[2] の方法を採用したときの利点は，属性を反映した標本が得られること。

[3] の方法を採用したときの利点は，考え方が単純で客観性が高く，工業製品の品質管理などに利用した場合に説得力が大きいことと，より安価であること。

重要　例題**009**　標本調査3　★☆☆

(1) 標本調査の目的を答えよ。

(2) 標本調査の推測に誤差が生まれるのはなぜか答えよ。

指針　基本例題008を振り返ってみよう。

(2) 誤差について，詳しくは第4章を参照するとよい。

解答　(1)　**母集団のもつ傾向や特徴を推定すること。**

(2)　**母集団全体を調査しないから。**

重要　例題010　介入群と対照群2　★★★

新薬の効果を実際に確かめる実験を行う際には，被験者を介入群と対照群に分けるが，患者自身には(場合によっては医師にも)どちらに振り分けられたかを知らせないことがある。介入群の被験者には効果を確かめたい新薬が処方されるが，対照群の被験者には効果がないと考えられる **偽薬** が処方される。このとき，医師からすべての被験者に「あなたが処方される薬は新薬である可能性も偽薬である可能性もあります」と伝えられる。このような手順が取られる理由は，いわゆる **偽薬効果** の存在が知られているからである。偽薬効果とは，効果がないと考えられる薬でも「効果がある可能性がある」と伝えられて処方されると，被験者に身体的な反応が現れることである。

(1)　偽薬効果の存在を実証するには，どのような実験を行えばよいか答えよ。

(2)　この実験に伴う倫理的問題について説明せよ。

指針 (1)　注目している事例と比較するために，注目していない事例も観察するということを念頭に考える。

解答 (1)　患者を介入群と対照群に分け，介入群の患者には「効果がある可能性がある」と説明し，対照群の患者には「効果がない」と説明した上で，両方に対して効果がないと考えられる薬を処方する実験を行えばよい。

　　補足　両群に現れる身体的な反応の違いが有意であれば，偽薬効果が実証されたといえる。

(2)　介入群の患者に対して医師が患者に虚偽の説明をする必要がある。

重要 例題 011 介入群と対照群3 ★☆☆

健康維持やダイエットのために行う有酸素運動が，中性脂肪の量を低下させる効果があることを確かめたい。

有酸素運動する人を標本とし，標本に含まれる人に有酸素運動を行ってもらい，効果があるかどうかを観察する。この調査について，次の空欄を埋めよ。

この調査で「 1 」というエビデンスが得られたとしよう。このエビデンスを E_1' とする。エビデンス E_1' は「 2 」という仮説に整合的である。ところが，エビデンス E_1' は「 3 」という仮説とも整合的である。したがって，エビデンス E_1' だけでは「 2 」とは結論できない。ここで，前者の仮説を H_1，後者の仮説を H_0 とする。

有酸素運動の効果を実証するには，仮説 H_0 を反証する可能性のある調査を行う必要がある。このため，有酸素運動の効果を確かめる場合，有酸素運動を行うこととは別の有酸素運動を行わない人の標本も用意し，両者を 4 する方法が採用される。このような 4 を行った結果，「 5 」というエビデンスが得られたとしよう。このエビデンスは，仮説 H_1 と整合的で，仮説 H_0 とは矛盾するから，「 2 」と結論できる。

指針 介入群と対照群とする標本を定めて，結果を比較する。

解答 （例） 1 有酸素運動を行った多くの人の中性脂肪の量が低下した

2 有酸素運動は中性脂肪の量を低下させる効果がある

3 有酸素運動に中性脂肪の量を低下させる効果は全くないが，中性脂肪の量は時間の経過とともに自然に低下する

4 比較

5 有酸素運動を行った人の標本の方が，有酸素運動を行わなかった人の標本と比べ中性脂肪の量が低下した人の割合が高かった

第2章

2 クロスセクショナルなデータのための記述統計

1 記述統計の利用／**2** 数値データ―分布を知る／**3** 数値データ―真ん中の指標
4 数値データ―散らばりの指標／**5** 数値データ―対数値を見る／**6** 2つの数値データの比較
7 2変量の数値データ―分布を知る／**8** 2変量の数値データ―相関

例題一覧

1 記述統計の利用／2 数値データ─分布を知る

基本 例題 **011** 度数分布表 1 ★☆☆

次は，標本の大きさが 110 のデータである。このデータの，ビンの数が 10 の度数分布表を作れ。

0	2	0	48	53	30	97	81	50	45	50	45	90	61
89	92	97	53	83	82	98	43	94	52	71	47	59	82
100	58	63	93	90	100	74	27	82	63	77	91	100	3
74	78	85	0	2	3	95	83	92	83	95	98	100	100
15	97	65	57	43	88	92	95	87	50	67	32	52	76
89	78	34	39	90	23	70	89	58	56	69	72	73	78
63	69	90	59	89	92	72	78	76	59	67	45	79	77
67	49	80	0	84	54	82	55	78	54	67	55		

指針 **用語** 観測値がとりうる値の範囲をいくつかの区間に分割して，それぞれの区間に含まれる観測値の数を数え，まとめた表を **度数分布表** という。

分割した区間の 1 つ 1 つを **ビン** という。

それぞれのビンに含まれる観測値の数を **度数** という。

解答 **右の表** のようになる。（例）

ビン	度数
0 以上 10 以下	8
11 ～ 20	1
21 ～ 30	3
31 ～ 40	3
41 ～ 50	11
51 ～ 60	15
61 ～ 70	12
71 ～ 80	17
81 ～ 90	20
91 ～ 100	20
計	110

◀ビンは次のように定める必要がある。
・ビンは互いに重複がないようにする。
・すべての観測値がどれかのビンに含まれるようにする。
・ビンの幅はおおむね等しくなるようにする。

基本 例題 **012** 度数分布表 2 ★☆☆

度数分布表は，もとのデータの情報をすべてもっているわけではない。どのような情報が失われているか答えよ。

指針 どのように度数分布表を作るのか考えてみよう。

解答 個々の観測値がビンの中のどこに位置するかの情報が失われている。

基本　例題**013**　ヒストグラムのビンの幅　　★☆☆

同じデータをもとに作成した [1] 〜 [5] のヒストグラムについて，下の問いに答えよ。

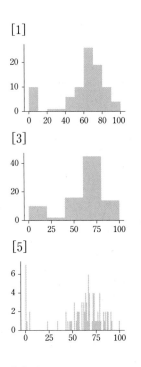
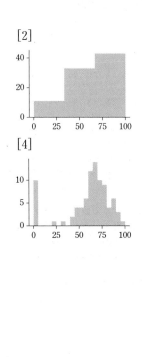

(1) [1] 〜 [5] のヒストグラムから1つを選んでそれを報告書に使用するとする。このとき，報告者の意図に応じて異なるヒストグラムを選ぶことが可能である。

　(a) 60〜70 のビンと 70〜80 のビンの度数が大きいことを強調したいとすると，[1] 〜 [5] のヒストグラムのうち，どれを選ぶのが適当か答えよ。

　(b) 観測値 0 の数が多いことを強調したいとすると，[1] 〜 [5] のヒストグラムのうち，どれを選ぶのが適当か答えよ。

(2) [1] 〜 [5] のヒストグラムの縦軸の目盛りに注目すると，[2]，[3] は等しいが，それ以外は互いに異なる。この理由を考えよ。

(3) 基本例題 011 の側注で，「ビンの幅はおおむね等しくなるようにする」とあるが，そうでない度数分布表やヒストグラムを作ることは可能である。ビンの幅が著しく異なるようなヒストグラムをもとにデータを考察するとき，どのような点に注意が必要であるか答えよ。

指針 用語 度数分布表を柱状のグラフにしたものが **ヒストグラム** である。

補足 ヒストグラムの各長方形の高さが，各区間の度数を表す。資料が視覚的にわかりやすい。
なお，各長方形は間を空けずに隣り合うようにかく。
度数分布表やヒストグラムのビンは自分で定める必要がある。
このとき，「正しい」定め方はない。記述統計の目的が，データの特徴や傾向を捉えることであるため，でき上がった度数分布表やヒストグラムにそのデータの特徴が現れていればよい。

(1) (a) 観測値 60～80 付近に度数が集中しているヒストグラムを選ぶ。
　(b) 観測値 0 に度数が集中しているヒストグラムを選ぶ。
(2) ヒストグラムを作る際に，縦軸の目盛りをどのようにとるか考えてみよう。
(3) ビンの幅がおおむね等しければ，度数は各ビンへの観測値の集中度合いを表していると考えることができる。すなわち，ヒストグラムの柱が高いビンに観測値が集中していると解釈することができる。この問題の状況はこれとは逆の状況である。

解答 (1) (a) **[1]，[3]**
　(b) **[5]**
(2) **[1]～[5] のヒストグラムはすべてビンの幅が異なり，それによって 1 つのビンの度数の最大値が決まるが，ヒストグラムの縦軸はその度数の最大値に応じて設定されるから。**
(3) **ビンの幅が著しく異なるようなヒストグラムをもとにデータを考察するとき，度数が必ずしも観測値の集中度合いを表すわけではないということに注意が必要である。**

補足 幅が広いビンの度数は，観測値が集中していなくても大きくなることがある。また，幅が狭いビンの度数は，観測値が集中していても小さくなることがある。

基本 例題014 スタージェスの公式 ★☆☆

基本例題 011 のデータについて，次の問いに答えよ。

(1) このデータから度数分布表を作るとき，スタージェスの公式を用いてビンの数を求めよ。ただし，$\log_2 110 = 6.78$ とする。

(2) (1)で求めたビンの数を用いて，度数分布表を1つ作れ。

(3) (2)で作った度数分布表から，ヒストグラムを作れ。また，ヒストグラムから読み取れる特徴を答えよ。

指針 ビンの数を半ば自動的に定めるための方法の1つである **スタージェスの公式** を用いて計算する。

用語 スタージェスの公式

ビンの数を，$(\log_2 N) + 1$ よりも大きい自然数のうち最も小さいものとする。

ただし，N は標本の大きさを表す。

(2) (1)で求めたビンの数となるようにしながら，ビンの幅がおおむね等しくなるように，ビンを定めていく。

解答 (1) $\log_2 110 + 1 = 6.78 + 1 = 7.78$

7.78 より大きい自然数の最小値は 8 であるから，スタージェスの公式により，ビンの数は **8**

(2) (例)

ビン	度数
0 以上 13 未満	8
13 以上 26 未満	2
26 以上 38 未満	4
38 以上 51 未満	12
51 以上 63 未満	16
63 以上 76 未満	17
76 以上 88 未満	22
88 以上 100 以下	29
計	110

(3) (例)

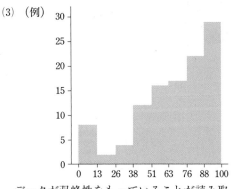

データが双峰性をもっていることが読み取れる。

3 数値データ―真ん中の指標

基本 / 例題 **015** 標本平均値 1 ★☆☆

次のデータは，ある生徒のある 1 週間における，1 日あたりの睡眠時間である。このデータの標本平均値を求めよ。

430, 440, 450, 420, 460, 480, 470 （分）

指針 大きさが 7 のデータであるから，すべての観測値の和を 7 で割る。

解答 $\dfrac{1}{7}(430+440+450+420+460+480+470)=$ **450** （分）

基本 / 例題 **016** 標本平均値 2 ★☆☆

古い資料からデータを作成しようとしたところ，5 件あるべき資料のうち 1 件の資料を紛失していた。残り 4 件の資料の値は 2，3，8，12 であり，紛失前の 5 件の資料の値から計算されたデータの標本平均値は 6 であることがわかっている。このとき，紛失した資料の値を求めよ。

指針 紛失した資料の値を文字でおき，方程式を立てる。

解答 紛失した資料の値を a として，紛失前の 5 件の資料の値から計算されたデータの標本平均値について，方程式を立てると

$$\dfrac{1}{5}(a+2+3+8+12)=6$$

である。
これを解いて $a=$ **5**

基本 / 例題 **017** 標本平均値 3 ★☆☆

基本例題 011 のデータの標本平均値を求めよ。

指針 基本例題 015，016 と同様にして求める。

解答 $\dfrac{1}{110}(0+2+0+\cdots\cdots+55)=\dfrac{\mathbf{7277}}{\mathbf{110}}$ $(=66.154545454\cdots\cdots)$

基本 例題 **018** 標本平均値 4 ★★☆

スキーのジャンプの飛型点は 5 人の審判が 20 点満点で採点し，最高点と最低点を切り捨てて，残りの人数の平均をとる。例えば，審判団の成績が 20，16，15，14，8 であるならば，最高点の 20 と最低点の 8 を切り捨てて，16，15，14 の平均である 15 が飛型点になる。この飛型点のつけ方の利点を答えよ。

指針 採点されてつけられた最高点と最低点を切り捨てることの意味を考えよう。

解答 **標本平均値に大きく影響を与える外れ値(他の値から極端にかけ離れた値)を除外できる可能性が高いこと。**

基本 例題 **019** 非対称性をもつデータ ★☆☆

非対称性をもつデータの例を 3 つ挙げよ。

指針 値が正に限定されるデータは非対称であることが多いことを念頭におく。

解答 (例)　世界の河川を標本とする長さの記録。
　　　　　日本の市町村を標本とする人口の記録。
　　　　　ある国の国民を標本とする所得額の記録。

基本 例題 **020** 中央値 1 ★☆☆

次のデータは，8 人の学生の右手の握力を測った結果である。その中央値を求めよ。
　　　38，56，43，41，35，49，51，31　(kg)

指針 定義 **中央値**
　　　データに含まれる値を小さい順に並べたとき，それをちょうど半分に分ける値をそのデータの **中央値** という。

　　データの大きさが偶数であるから，中央の 2 つの値の平均値が中央値である。

解答 値を小さい順に並べると
　　　　　31，35，38，41，43，49，51，56　(kg)

よって　　$\dfrac{1}{2}(41+43)=\mathbf{42}$ **(kg)**

基本 例題 **021** 中央値 2 ★☆☆

次のデータは，ある 6 店舗での精米 1kg あたりの価格である。ただし，a の値は 0 以上の整数である。

$$500 \quad 490 \quad 496 \quad 530 \quad 480 \quad a \quad (単位は円)$$

a の値がわからないとき，このデータの中央値として何通りの値がありうるか答えよ。

指針 データの大きさが 6（偶数）であるから，中央値は小さい方から 3 番目と 4 番目の値の平均値である。まず，a 以外の値を大きさの順に並べてみる。

解答 [1] $a \leqq 490$ のとき

中央値は，$\dfrac{1}{2}(490+496)=493$ の 1 通り。

[2] $491 \leqq a \leqq 499$ のとき

中央値は $\dfrac{1}{2}(a+496)=\dfrac{a}{2}+248$

a は，$499-491+1=9$ 通りの値をとりうるから，中央値も 9 通り。

[3] $500 \leqq a$ のとき

中央値は，$\dfrac{1}{2}(496+500)=498$ の 1 通り。

以上から，中央値は $1+9+1=\mathbf{11}$（**通り**）の値がありうる。

◀[1] a, 480, 490, 496, 500, 530
または
480, a, 490, 496, 500, 530
[2] 480, 490, a, 496, 500, 530
または
480, 490, 496, a, 500, 530
◀a が 491 以上 499 以下の整数値をとるとき，$\dfrac{a}{2}$ の値はすべて異なる。

◀[3] 480, 490, 496, 500, a, 530
または
480, 490, 496, 500, 530, a

参考 中央値は，x を整数とするとき $\dfrac{x+496}{2}$ $(490 \leqq x \leqq 500)$ とまとめることができる。

これから，$500-490+1=11$（通り）としてもよい。

基本 例題 **022** 中央値と標本平均値1　　　　　　　　　　★☆☆

次のデータは，ある商品の価格をA町の5店舗，B町の6店舗で調査した結果である。

A町　260, 280, 280, 300, 270　（円）

B町　280, 280, 260, 100, 280, 270　（円）

(1)　A町とB町のデータから，それぞれの中央値を求めよ。

(2)　A町とB町のデータから，それぞれの標本平均値を求めよ。

(3)　(1)と(2)で求めた中央値と標本平均値を比較し，代表値としてどちらが適していると考えられるか，自分の考えをその理由とともに答えよ。

指針 (1)　基本例題 020 と同様にして求める。

(2)　基本例題 015 と同様にして求める。

(3)　B町のデータには外れ値と判断される可能性のある値が含まれていることに着目する。

解答 (1)　A町の5店舗の価格を小さい方から順に並べると

260, 270, 280, 280, 300　（円）

よって，A町のデータの中央値は　　**280 円**

B町の6店舗の価格を小さい方から順に並べると

100, 260, 270, 280, 280, 280　（円）

よって，B町のデータの中央値は

$$\frac{1}{2}(270+280)=275\ (\text{円})$$

(2)　A町のデータの標本平均値は

$$\frac{1}{5}(260+280+280+300+270)=278\ (\text{円})$$

B町のデータの標本平均値は

$$\frac{1}{6}(280+280+260+100+280+270)=245\ (\text{円})$$

(3)　（例）　**A町のデータには外れ値と判断される可能性のある価格は含まれておらず，中央値，標本平均値は大きく異なっていない。一方で，B町のデータには外れ値と判断される可能性のある 100 円という価格が含まれているため，代表値として中央値が適していると考えられる。**

| 基本 | 例題023 | 中央値と標本平均値 2 | ★☆☆ |

次のデータは，ある町の 6 月から 11 月の間にゴミ集積場に集められたペットボトルのゴミの量である。

$$1.61,\ 4.12,\ 3.71,\ 2.87,\ 2.48,\ 2.13\ \ (t)$$

(1) 中央値と標本平均値を求めよ。

(2) 上記の 6 個の数値のうち 1 個が誤りであることがわかった。正しい数値に基づく中央値と標本平均値は，それぞれ 2.84 t，3.02 t であるという。誤っている数値を選び，正しい数値を求めよ。

指針 (2) 正しい数値に基づく中央値が (1) で求めたものよりも大きいから，誤っている数値は 1.61 t，2.13 t，2.48 t，2.87 t のいずれかであることがわかる。

解答 (1) 数値を小さい方から順に並べると

$$1.61,\ 2.13,\ 2.48,\ 2.87,\ 3.71,\ 4.12\ \ (t)$$

よって，中央値は

$$\frac{1}{2}(2.48+2.87)=\mathbf{2.675}\ (\mathbf{t})$$

また，標本平均値は

$$\frac{1}{6}(1.61+4.12+3.71+2.87+2.48+2.13)=\frac{16.92}{6}=\mathbf{2.82}\ (\mathbf{t})$$

(2) 誤っている数値は 1.61 t，2.13 t，2.48 t，2.87 t のいずれかである。

また，正しい数値に基づく数値の合計　3.02・6＝18.12 (t)

よって，正しい数値と誤っている数値の差は　18.12−16.92＝1.2 (t)

[1] 誤っている数値が 1.61 t であるとするとき

正しい数値は　1.61＋1.2＝2.81 (t)

このとき，数値を小さい方から順に並べると

$$2.13,\ 2.48,\ 2.81,\ 2.87,\ 3.71,\ 4.12\ \ (t)$$

よって，中央値は

$$\frac{1}{2}(2.81+2.87)=2.84\ (t)$$

これは適する。

[2] 誤っている数値が 2.13t であるとするとき

正しい数値は　2.13＋1.2＝3.33 (t)

このとき，数値を小さい方から順に並べると

$$1.61,\ 2.48,\ 2.87,\ 3.33,\ 3.71,\ 4.12\ \ (t)$$

よって，中央値は

$$\frac{1}{2}(2.87+3.33)=3.1\ (t)$$

これは不適である。

[3]　誤っている数値が 2.48 t であるとするとき

正しい数値は　　2.48＋1.2＝3.68 (t)

このとき，数値を小さい方から順に並べると

1.61, 2.13, 2.87, 3.68, 3.71, 4.12　(t)

よって，中央値は

$$\frac{1}{2}(2.87+3.68)=3.275 \, (t)$$

これは不適である。

[4]　誤っている数値が 2.87 t であるとするとき

正しい数値は　　2.87＋1.2＝4.07 (t)

このとき，数値を小さい方から順に並べると

1.61, 2.13, 2.48, 3.71, 4.07, 4.12　(t)

よって，中央値は

$$\frac{1}{2}(2.48+3.71)=3.095 \, (t)$$

これは不適である。

以上から，誤っている数値は **1.61 t** で，正しい数値は **2.81 t** である。

基本 | 例題 **024** | 中央値と標本平均値 3 | ★★☆

中央値が標本平均値より小さくなるのはどのような場合と考えられるか答えよ。

指針 データが，左右対称でなく左に偏っている分布に従うと考えられる。このようなデータの分布を「右に裾が長い分布」という。

解答 **データが右に裾が長い分布に従うと考えられる。**

参考 左右対称でなく右に偏っているデータの分布を「左に裾が長い分布」という。

基本 例題025 幾何平均 ★☆☆

幾何平均はデータに含まれる値がすべて正である場合のみ計算できる。
(1) データに0が含まれるとき，幾何平均の利用にどのような不都合があるか，幾何平均がどのように計算されるかを考えて答えよ。
(2) データに負の値が含まれるとき，幾何平均の利用にどのような不都合があるか答えよ。

指針 **定義** 幾何平均
次の大きさのNのデータを考える。
$$y_1, \ y_2, \ \cdots\cdots, \ y_N$$
このデータについて，$\sqrt[N]{y_1 \times y_2 \times \cdots\cdots \times y_N}$ で計算される値を幾何平均という。
(1) データに0が含まれるとき，データに含まれる0以外の値に関わらず幾何平均は0となる。
(2) データの大きさが偶数であり，データに0が含まれず，負の値が奇数個含まれるような場合を考えてみよう。

解答 (1) データに0が含まれるとき，データに含まれる0以外の値に関わらず幾何平均は**0となることが不都合である**。
(2) データに負の値が含まれるとき，データに含まれる値のすべての積が負の値となることがある。そこで，bを負の実数，Nを正の偶数とすると，次を満たすような実数aが存在しないことが不都合である。
$$a^N = b$$

基本 例題026 標本平均値と幾何平均と中央値 ★☆☆

基本例題020のデータについて，次の問いに答えよ。
(1) 標本平均値，幾何平均をそれぞれ求めよ。
(2) (1)で求めた標本平均値，幾何平均を基本例題020で求めた中央値と比較し，代表値としてどれが適しているか，理由とともに答えよ。

指針 (1) 幾何平均は8個の値の積の8乗根をとる。
(2) 基本例題020で求めた中央値と(1)で求めた標本平均値は大きく異ならないことを念頭において考える。

解答 (1) 標本平均値は $\dfrac{1}{8}(38+56+43+41+35+49+51+31)=\mathbf{43} \ (\mathbf{kg})$

幾何平均は $\sqrt[8]{38 \cdot 56 \cdot 43 \cdot 41 \cdot 35 \cdot 49 \cdot 51 \cdot 31}=\sqrt[8]{\mathbf{10172318044560}} \ (\mathbf{kg})$

(2) (1)で求めた幾何平均について $\sqrt[8]{10172318044560}=42.25980524611371\cdots\cdots$
また，中央値は 42 kg，標本平均値は 43 kg である。
よって，**標本平均値，幾何平均，中央値は大きく異なっていないから**，いずれも代表値として適していると考えられる。

基本 | 例題**027** | 標本平均値と中央値と最頻値 ★☆☆

次のデータがある。

$$(1, 2, 3, 4, 5) \quad (1, 1, 3, 5, 5) \quad (1, 1, 4, 4, 5)$$
$$(3, 3, 3, 3, 3) \quad (1, 1, 1, 1, 11)$$

これらデータの標本平均値，中央値，最頻値をそれぞれ求めよ。

指針 データの最頻値とは，データにおいて最も個数の多い値である。

解答 [1] データ $(1, 2, 3, 4, 5)$ について

標本平均値：$\dfrac{1}{5}(1+2+3+4+5)=\textbf{3}$

中央値：**3**

最頻値：**1, 2, 3, 4, 5**

[2] データ $(1, 1, 3, 5, 5)$ について

標本平均値：$\dfrac{1}{5}(1+1+3+5+5)=\textbf{3}$

中央値：**3**

最頻値：**1, 5**

[3] データ $(1, 1, 4, 4, 5)$ について

標本平均値：$\dfrac{1}{5}(1+1+4+4+5)=\textbf{3}$

中央値：**4**

最頻値：**1, 4**

[4] データ $(3, 3, 3, 3, 3)$ について

標本平均値：$\dfrac{1}{5}(3+3+3+3+3)=\textbf{3}$

中央値：**3**

最頻値：**3**

[5] データ $(1, 1, 1, 1, 11)$ について

標本平均値：$\dfrac{1}{5}(1+1+1+1+11)=\textbf{3}$

中央値：**1**

最頻値：**1**

基本 例題 **028** 高校数学 Σの計算1 ★☆☆

次の和を，Σを用いずに各項を書き並べて表せ。

(1) $\displaystyle\sum_{k=1}^{10} 3k$ (2) $\displaystyle\sum_{k=2}^{5} 2^{k+1}$ (3) $\displaystyle\sum_{i=1}^{n} \frac{1}{2i+1}$

指針 次の通り書き並べて表す。

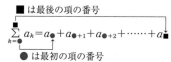

■ は最後の項の番号
$\displaystyle\sum_{k=●}^{■} a_k = a_● + a_{●+1} + a_{●+2} + \cdots\cdots + a_■$
● は最初の項の番号

> a_k の変数 k に，
> ●，●+1，●+2，……，■
> を代入し，和をとる。

解答 (1) $\displaystyle\sum_{k=1}^{10} 3k = 3+6+9+12+15+18+21+24+27+30$

(2) $\displaystyle\sum_{k=2}^{5} 2^{k+1} = 8+16+32+64$

(3) $\displaystyle\sum_{i=1}^{n} \frac{1}{2i+1} = \frac{1}{3}+\frac{1}{5}+\frac{1}{7}+\cdots\cdots+\frac{1}{2n+1}$

基本 例題 **029** 高校数学 Σの計算2 ★☆☆

次の和を，Σを用いて表せ。

(1) $1^3+2^3+3^3+\cdots\cdots+n^3$ (2) $1+3+9+\cdots\cdots+3^{n-1}$
(3) $1-2+3-\cdots\cdots+(-1)^{n-1}\cdot n$ (4) $1\cdot3+2\cdot4+3\cdot5+\cdots\cdots+n(n+2)$

指針 これらの和がどのような数列の和であるか考える。

解答 (1) $1^3+2^3+3^3+\cdots\cdots+n^3 = \displaystyle\sum_{k=1}^{n} k^3$

(2) $1+3+9+\cdots\cdots+3^{n-1} = \displaystyle\sum_{k=1}^{n} 3^{k-1}$

(3) $1-2+3-\cdots\cdots+(-1)^{n-1}\cdot n = \displaystyle\sum_{k=1}^{n} (-1)^{k-1}\cdot k$

(4) $1\cdot3+2\cdot4+3\cdot5+\cdots\cdots+n(n+2) = \displaystyle\sum_{k=1}^{n} k(k+2)$

基本 例題030 高校数学　Σの計算3 ★☆☆

数列 $\left\{y_i\right\}_{i=1}^{99}$ の奇数番目のみの和を，Σを用いて表せ。

指針 数列 $\left\{y_i\right\}_{i=1}^{99}$ は数列 y_1, y_2, ……, y_{99} を表す。この数列の奇数番目のみを取り出した部分列がどのように表されるかを考える。

解答 数列 $\left\{y_i\right\}_{i=1}^{99}$ の奇数番目のみを取り出した部分列は　　$\left\{y_{2k-1}\right\}_{k=1}^{50}$

よって，数列 $\left\{y_i\right\}_{i=1}^{99}$ の奇数番目の和は　　$\displaystyle\sum_{k=1}^{50} y_{2k-1}$

基本 例題031 高校数学　Σの性質1 ★☆☆

数列 $\{x_i\}$ に対して，a を i に無関係な定数とするとき，等式 $\displaystyle\sum_{i=1}^{N} ax_i = a\sum_{i=1}^{N} x_i$ が成り立つことを，N に関する数学的帰納法により示せ。

指針 次の手順で示す。
  [1]　$n=1$ のときを証明。
  [2]　$n=k$ のときに成り立つという仮定のもとで，$n=k+1$ のときも成り立つことを証明。

解答 $\displaystyle\sum_{i=1}^{N} ax_i = a\sum_{i=1}^{N} x_i$ …… ① とする。

[1]　$N=1$ のとき

$$（左辺）=ax_1,\quad（右辺）=ax_1$$

よって，① は成り立つ。

[2]　$N=k$ のとき，① が成り立つと仮定すると

$$\sum_{i=1}^{k} ax_i = a\sum_{i=1}^{k} x_i \quad\text{……②}$$

$N=k+1$ のときを考えると，② から

$$\sum_{i=1}^{k+1} ax_i = \sum_{i=1}^{k} ax_i + ax_{k+1} = a\sum_{i=1}^{k} x_i + ax_{k+1}$$

$$= a\left(\sum_{i=1}^{k} x_i + x_{k+1}\right) = a\sum_{i=1}^{k+1} x_i$$

よって，$N=k+1$ のときにも ① は成り立つ。

[1]，[2] から，すべての自然数 N について ① は成り立つ。　∎

基本 例題 032 高校数学 Σの性質2 ★☆☆

2つの数列 $\{x_i\}$, $\{y_i\}$ に対して，$\displaystyle\sum_{i=1}^{N}(x_i+y_i)=\sum_{i=1}^{N}x_i+\sum_{i=1}^{N}y_i$ が成り立つことを，N に関する数学的帰納法により示せ。

指針 基本例題 031 と同様にして示す。

解答 $\displaystyle\sum_{i=1}^{N}(x_i+y_i)=\sum_{i=1}^{N}x_i+\sum_{i=1}^{N}y_i$ …… ① とする。

[1] $N=1$ のとき

$$（左辺）=x_1+y_1$$
$$（右辺）=x_1+y_1$$

よって，① は成り立つ。

[2] $N=k$ のとき，① が成り立つと仮定すると

$$\sum_{i=1}^{k}(x_i+y_i)=\sum_{i=1}^{k}x_i+\sum_{i=1}^{k}y_i \quad\text{……②}$$

$N=k+1$ のときを考えると，② から

$$\sum_{i=1}^{k+1}(x_i+y_i)=\sum_{i=1}^{k}(x_i+y_i)+(x_{k+1}+y_{k+1})$$
$$=\sum_{i=1}^{k}x_i+\sum_{i=1}^{k}y_i+x_{k+1}+y_{k+1}$$
$$=\sum_{i=1}^{k+1}x_i+\sum_{i=1}^{k+1}y_i$$

よって; $N=k+1$ のときにも ① は成り立つ。

[1]，[2] から，すべての自然数 N について ① は成り立つ。 ■

基本 / 例題033　高校数学　Σの性質3　　　　★☆☆

2つの数列 $\{x_i\}_{i=1}^{3}$, $\{y_i\}_{i=1}^{3}$ に対して，等式 $\sum\limits_{i=1}^{3} x_i y_i = \left(\sum\limits_{i=1}^{3} x_i\right)\left(\sum\limits_{i=1}^{3} y_i\right)$ が成り立つような例と成り立たないような例を1つずつ挙げよ。

指針 数列 $\{x_i\}_{i=1}^{3}$ を $x_1=0$, $x_2=0$, $x_3=0$ で定め，数列 $\{y_i\}_{i=1}^{3}$ を $y_1=1$, $y_2=1$, $y_3=1$ で定めるなど，単純な数列 $\{x_i\}_{i=1}^{3}$, $\{y_i\}_{i=1}^{3}$ で小手調べするとよい。

解答 $\sum\limits_{i=1}^{3} x_i y_i = \left(\sum\limits_{i=1}^{3} x_i\right)\left(\sum\limits_{i=1}^{3} y_i\right)$ ……① とする。

（成り立つような例）

数列 $\{x_i\}_{i=1}^{3}$ を $x_1=0$, $x_2=0$, $x_3=0$, 数列 $\{y_i\}_{i=1}^{3}$ を $y_1=1$, $y_2=1$, $y_3=1$ でそれぞれ定める と

$$\sum\limits_{i=1}^{3} x_i y_i = 0\cdot1+0\cdot1+0\cdot1=0$$

$$\left(\sum\limits_{i=1}^{3} x_i\right)\left(\sum\limits_{i=1}^{3} y_i\right)=(0+0+0)(1+1+1)=0$$

よって，① は成り立つ。

（成り立たない例）

数列 $\{x_i\}_{i=1}^{3}$ を $x_1=1$, $x_2=1$, $x_3=1$, 数列 $\{y_i\}_{i=1}^{3}$ を $y_1=1$, $y_2=1$, $y_3=1$ でそれぞれ定める と

$$\sum\limits_{i=1}^{3} x_i y_i = 1\cdot1+1\cdot1+1\cdot1=3$$

$$\left(\sum\limits_{i=1}^{3} x_i\right)\left(\sum\limits_{i=1}^{3} y_i\right)=(1+1+1)(1+1+1)=9$$

よって，① は成り立たない。

４ 数値データ─散らばりの指標

基本 例題 034 偏差 ★☆☆

次の大きさ 3 のデータについて，次の問いに答えよ。

$$5, \ 6, \ 7$$

(1) 標本平均値を求めよ。　　　　　(2) それぞれの観測値の偏差を求めよ。

指針 (2) それぞれの観測値から標本平均値を引いた値が偏差であり，この値を求める。

解答 (1) $\dfrac{1}{3}(5+6+7)=$ **6**

(2) 観測値 5 の偏差：$5-6=$ **-1**

観測値 6 の偏差：$6-6=$ **0**

観測値 7 の偏差：$7-6=$ **1**

基本 例題 035 偏差の平均値 1 ★★☆

(1) 次の 3 つの観測値からなる大きさ 3 のデータの偏差の平均値を求めよ。

$$3, \ 5, \ 10$$

(2) 基本例題 034 のデータの偏差の平均値を求めよ。

(3) 偏差の平均値はデータの散らばりの指標に適していないことが知られている。

(1), (2) で求めたデータの偏差の平均値を比較することにより，その理由を答えよ。

指針 (3) (1), (2) から，偏差の平均値は常に 0 になることが推測できる。

解答 (1) データの標本平均値は　　　$\dfrac{1}{3}(3+5+10)=6$

よって，それぞれの観測値の偏差は順に

$$3-6=-3, \ 5-6=-1, \ 10-6=4$$

ゆえに，データの偏差の平均値は　　　$\dfrac{1}{3}\{(-3)+(-1)+4\}=$ **0**

(2) $\dfrac{1}{3}\{(-1)+0+1\}=$ **0**

(3) (2) のデータに比べて，明らかに (1) のデータの方が散らばっているにも関わらず，

(1), (2) の偏差の平均値はどちらも **0** で等しいから。

補足 データの偏差の平均値は常に 0 になることの証明は重要例題 013 を参照。

基本　例題 **036**　標本分散　　　　　　　　　　　　★☆☆

(1)　基本例題 035 (1) のデータの標本分散を求めよ。

(2)　基本例題 034 のデータの標本分散を求めよ。

(3)　(1)，(2) のデータの標本分散を比較せよ。

指針　(1)，(2)　偏差の2乗の平均値が標本分散であり，この値を求める。

解答　(1)　$\dfrac{1}{3}\{(-3)^2+(-1)^2+4^2\}=\dfrac{26}{3}$

(2)　$\dfrac{1}{3}\{(-1)^2+0^2+1^2\}=\dfrac{2}{3}$

(3)　(2) のデータに比べて，明らかに (1) のデータの方が散らばっているが，(1)，(2) の標本分散はそれを反映している可能性があると考えられる。

基本　例題 **037**　データの修正による標本平均値，標本分散の変化　　　　★☆☆

次のデータは，ある6人の懸垂の記録回数である。

14，11，10，18，16，9　（回）

(1)　このデータの標本平均値を求めよ。

(2)　このデータには記録ミスがあり，18回は正しくは17回，9回は正しくは10回であった。この誤りを修正するとき，このデータの標本平均値，標本分散は修正前からどのように変化するかを答えよ。

(3)　(2) の修正後，他の1人の懸垂の記録回数を調べたところ13回であった。この1人の記録回数を追加した7人のデータの標本分散は追加前からどのように変化するかを答えよ。

指針　(3)　追加する1人の懸垂の記録回数は追加前の6人の懸垂の記録回数の標本平均値に等しいことに着目する。

解答　(1)　$\dfrac{1}{6}(14+11+10+18+16+9)=\textbf{13}$（回）

(2)　データの合計が変化しないため，**データの平均値は修正前から変化しない。**

　　修正前のデータの分散は

$$\frac{1}{6}\{(14-13)^2+(11-13)^2+(10-13)^2+(18-13)^2+(16-13)^2+(9-13)^2\}=\frac{32}{3}$$

　　修正後のデータの分散は

$$\frac{1}{6}\{(14-13)^2+(11-13)^2+(10-13)^2+(17-13)^2+(16-13)^2+(10-13)^2\}=\frac{24}{3}$$

　　よって，**データの分散は修正前より小さくなる。**

(3)　追加する 1 人の懸垂の記録回数は 6 人のデータの平均値に等しいから，7 人のデータの平均値は 13 回である。

　　よって，追加する 1 人の懸垂の記録回数の偏差は 0 であるから，**7 人のデータの分散は追加前より小さくなる。**

基本 例題038 標本分散が 0 のデータ ★☆☆

データの標本分散が 0 となるのは，データがどのような性質をもつときか答えよ。また，データの標本分散が 0 であるような例を挙げよ。

指針 観測値の偏差が 0 になる場合を考えればよい。

解答 データの標本分散が 0 となるのは，**データに含まれる観測値がすべて同一であるという性質をもつとき** である。

　　そのようなデータの例は　　(1, 1, 1)

基本 例題039 標本標準偏差 ★☆☆

基本例題 034 のデータの標本標準偏差を求めよ。ただし，$\sqrt{2}=1.41$，$\sqrt{3}=1.73$とする。

指針 基本例題 036 (2) で求めた標本分散の平方根が標本標準偏差であり，この値を求める。

解答 データの標本分散が $\frac{2}{3}$ であるから

$$\sqrt{\frac{2}{3}}=\frac{\sqrt{2}}{\sqrt{3}}=\frac{\sqrt{2}\sqrt{3}}{3}=\frac{1.41\cdot1.73}{3}=\textbf{0.8131}$$

基本　例題**040**　標本標準偏差と観測値　★☆☆

右の表は，ある製品を成型できる2台の工作機械 X，Y の1
時間あたりの不良品の数を x, y として，5時間にわたって
調べたものである。ただし，単位は個である。

x	5	4	8	12	6
y	6	9	8	5	7

(1) x, y のデータの標本平均値，標本分散，標本標準偏差をそれぞれ求めよ。

(2) x, y のデータについて，標本標準偏差によりデータの標本平均値からの散らばりの度合いを比較せよ。

指針 (2) 標本標準偏差が大きければ，データの標本平均値からの散らばりの度合いが大きいと判断できる。

解答 (1) x のデータについて

標本平均値は　　　$\dfrac{1}{5}(5+4+8+12+6)=\textbf{7}$ **(個)**

標本分散は　　　$\dfrac{1}{5}\{(5-7)^2+(4-7)^2+(8-7)^2+(12-7)^2+(6-7)^2\}=\textbf{8}$

標本標準偏差は　　$\sqrt{8}=2\sqrt{2}$ **(個)**

y のデータについて

標本平均値は　　　$\dfrac{1}{5}(6+9+8+5+7)=\textbf{7}$ **(個)**

標本分散は　　　$\dfrac{1}{5}\{(6-7)^2+(9-7)^2+(8-7)^2+(5-7)^2+(7-7)^2\}=\textbf{2}$

標本標準偏差は　　$\sqrt{2}$ **(個)**

(2) x のデータの標本標準偏差の方が y のデータの標本標準偏差に比べて大きいから，データの標本平均値からの散らばりの度合いは x のデータの方が大きい。

| 基本 | 例題041 | 標本分散と標本標準偏差 | ★☆☆ |

右のデータは，ある喫茶店の2つの試作メニュー X，Y を，7人のモニターが20点満点で採点した 結果である。ただし，x は X の採点結果，y は Y の採点結果である。

| x | 10 | 18 | 15 | 8 | 11 | 19 | 17 |
| y | 13 | 15 | 11 | 10 | 9 | 14 | 12 |

(1) x, y のデータの標本平均値，標本分散，標本標準偏差をそれぞれ求めよ。

(2) x, y のデータについて，標本標準偏差によりデータの標本平均値からの散らばりの度合いを比較せよ。

指針 (1) 基本例題040と同様にして求める。

解答 (1) x のデータについて

標本平均値は $\dfrac{1}{7}(10+18+15+8+11+19+17)=\textbf{14 (点)}$

標本分散は $\dfrac{1}{7}\{(10-14)^2+(18-14)^2+(15-14)^2+(8-14)^2$
$+(11-14)^2+(19-14)^2+(17-14)^2\}$
$=\textbf{16}$

標本標準偏差は $\sqrt{16}=\textbf{4 (点)}$

y のデータについて

標本平均値は $\dfrac{1}{7}(13+15+11+10+9+14+12)=\textbf{12 (点)}$

標本分散は $\dfrac{1}{7}\{(13-12)^2+(15-12)^2+(11-12)^2+(10-12)^2$
$+(9-12)^2+(14-12)^2+(12-12)^2\}$
$=\textbf{4}$

標本標準偏差は $\sqrt{4}=\textbf{2 (点)}$

(2) x のデータの標本標準偏差の方が y のデータの標本標準偏差に比べて大きいから，データの標本平均値からの散らばりの度合いは x のデータの方が大きい。

基本 例題 042 標本平均値と標本標準偏差 ★★☆

表はA群とB群のそれぞれ6個の観測値と，その標本平均値と標本標準偏差を示したものである。A群のデータの標本平均値はB群のデータの標本平均値より大きいが，A群のデータの観測値は区間 $[51-2,\ 51+2]$ に収まっているのに対して，B群のデータの観測値は区間 $[50-20,\ 50+20]$ に収まっている。このとき，A群のデータの観測値の方がB群のデータの観測値より大きいとは判断できない。その理由を答えよ。

	1	2	3	4	5	6	標本平均値	標本標準偏差
A	49	50	51	51	52	53	51	$\dfrac{\sqrt{15}}{3}$
B	30	40	50	50	60	70	50	$\dfrac{10\sqrt{15}}{3}$

指針 基本例題 040(2) の 指針 と同様。

解答 A群のデータの標本標準偏差は $\dfrac{\sqrt{15}}{3}$ であり，B群のデータの標本標準偏差は $\dfrac{10\sqrt{15}}{3}$ であるから，B群のデータの標本標準偏差はA群のデータの標本標準偏差に比べて大きい。

よって，データの標本平均値からの散らばりの度合いはB群のデータの方が大きい。

したがって，A群のデータの観測値の方がB群のデータの観測値より大きいとは判断できない。

基本 例題043 偏差値 ★☆☆

次は，標本の大きさが 87 のデータであり，標本平均値は $\dfrac{5218}{87}$

($=59.977011494\cdots\cdots$)，標本標準偏差は $\dfrac{\sqrt{35934478434}}{7569}$ ($=25.044776917\cdots\cdots$) である。観測値 0，100 の偏差，偏差値をそれぞれ求めよ。

0	0	100	79	4	0	48	0	73	49	72	47	73	74
67	0	68	65	91	52	63	64	75	63	60	64	91	1
73	71	83	64	66	85	64	88	79	68	87	60	80	43
79	62	77	77	78	92	23	0	4	34	88	68	72	52
87	76	0	84	83	85	55	56	67	43	57	67	57	52
68	62	56	72	67	73	55	67	67	45	65	54	72	79
65	62	60											

指針 偏差値は，$\dfrac{偏差}{標本標準偏差}\times10+50$ により求められる。

解答 観測値 0 の偏差は $\qquad 0-\dfrac{5218}{87}=-\dfrac{5218}{87}$ ($=-59.977011494\cdots\cdots$)

観測値 0 の偏差値は

$$\dfrac{-\dfrac{5218}{87}}{\dfrac{\sqrt{35934478434}}{7569}}\cdot10+50=50-\dfrac{26090\sqrt{35934478434}}{206519991}$$ ($=26.052087949\cdots\cdots$)

観測値 100 の偏差は $\qquad 100-\dfrac{5218}{87}=\dfrac{3482}{87}$ ($=40.022988505\cdots\cdots$)

観測値 100 の偏差値は

$$\dfrac{\dfrac{3482}{87}}{\dfrac{\sqrt{35934478434}}{7569}}\cdot10+50=50+\dfrac{17410\sqrt{35934478434}}{206519991}$$ ($=65.980572970\cdots\cdots$)

基本 例題044 標本標準偏差が 0 のデータ ★☆☆

標本標準偏差が 0 となるのは，データがどのような性質をもつときか答えよ。また，データの標本標準偏差が 0 であるような例を挙げよ。

指針 標本標準偏差が 0 となるのは，すべての観測値の偏差が 0 となるときである。

解答 データの標本標準偏差が 0 となるのは，**データに含まれる観測値がすべて同一である**
という性質をもつときである。
そのようなデータの例は $\qquad$ (1, 1, 1)

基本 例題 **045** 平均絶対偏差　　　　　　　　　　　★☆☆

基本例題 035(1) のデータの平均絶対偏差を求めよ。また，標本分散と標本標準偏差のうち，平均絶対偏差と比較する意味があるのはどちらか，理由とともに答えよ。

指針 次の大きさ N のデータを考える。

$$y_1, \ y_2, \ \cdots\cdots, \ y_N$$

このデータの偏差の絶対値の平均値

$$\frac{1}{N}\sum_{i=1}^{N}\left|y_i - \frac{1}{N}\sum_{j=1}^{N}y_j\right|$$

を **平均絶対偏差** と呼ぶ。

標本分散と標本標準偏差のうち，平均絶対偏差と同じ単位をもつのは標本標準偏差である。

解答 データの平均絶対偏差は

$$\frac{1}{3}(|-3|+|-1|+|4|)=\frac{8}{3}$$

標本標準偏差は平均絶対偏差と同じ単位をもつため，平均絶対偏差と比較する意味があるのは標本標準偏差である。

基本 例題 **046** 最大値と最小値　　　　　　　　　　　★☆☆

(1) 基本例題 043 のデータの最大値，最小値を求めよ。

(2) 基本例題 011 のデータの最大値，最小値を求めよ。

(3) (1), (2)でそれぞれ求めた最大値，最小値を比較して，差異があるか答えよ。

指針 (1), (2) **用語 最大値と最小値**

データに含まれる観測値のうち，最も大きい値をそのデータの **最大値** という。また，最も小さい値をそのデータの **最小値** という。

解答 (1) 最大値は **100**；最小値は **0** である。

(2) 最大値は **100**；最小値は **0** である。

(3) (1), (2)でそれぞれ求めた最大値，最小値はどちらも等しく，差異はない。

基本 / 例題 047 データの範囲 ★☆☆

次のデータは，A組，B組の図書室での本の貸し出し冊数を月ごとに調べたものである。それぞれのデータの範囲を求めよ。また，求めたデータの範囲を用いて，データの散らばり度合いを比較せよ。

   A組 27，19，15，32， 9，23，38，41，17，21，31，29 （冊）

   B組 18，23，16，33，21，15，12，28，35，37，22，19 （冊）

指針 データの最大値から最小値を引いた差をデータの **範囲** という。データの範囲はデータの散らばりの度合いを表す。

解答 A組のデータの範囲は $41-9=32$（冊）

   B組のデータの範囲は $37-12=25$（冊）

A組のデータの範囲の方がB組のデータの範囲に比べて大きいから，データの散らばり度合はA組のデータの方が大きい。

基本 / 例題 048 データの散らばりと四分位範囲 ★★☆

次のデータは，Aさん，Bさんのある定期テストの得点である。

   Aさん 45，67，52，96，42，72，58，83，89

   Bさん 72，60，66，82，37，70，75，81，98 （単位は点）

Aさん，Bさんのデータの四分位範囲と四分位偏差を求めよ。また，四分位範囲によってデータの散らばりの度合いを比較せよ。

指針 データを値の大きさの順に並べたとき，4等分する位置にくる3つの値を **四分位数** という。四分位数は，小さい方から順に **第1四分位数**，**第2四分位数**（中央値），**第3四分位数** という。また，第3四分位数から第1四分位数を引いた差を **四分位範囲** という。さらに，四分位範囲を2で割った値を **四分位偏差** という。

解答　2人の得点を小さい方から順に並べると

$\quad\quad$ A さん　42, 45, 52, 58, 67, 72, 83, 89, 96

$\quad\quad$ B さん　37, 60, 66, 70, 72, 75, 81, 82, 98

A さんのデータについて

$\quad\quad$ 第1四分位数は　$\dfrac{45+52}{2}=48.5$（点）

$\quad\quad$ 第3四分位数は　$\dfrac{83+89}{2}=86$（点）

よって，四分位範囲は　$86-48.5=\mathbf{37.5}$（点）

$\quad\quad$ 四分位偏差は　$\dfrac{37.5}{2}=\mathbf{18.75}$（点）

B さんのデータについて

$\quad\quad$ 第1四分位数は　$\dfrac{60+66}{2}=63$（点）

$\quad\quad$ 第3四分位数は　$\dfrac{81+82}{2}=81.5$（点）

よって，四分位範囲は　$81.5-63=\mathbf{18.5}$（点）

$\quad\quad$ 四分位偏差は　$\dfrac{18.5}{2}=\mathbf{9.25}$（点）

A さんのデータの四分位範囲の方が B さんのデータの四分位範囲に比べて大きいから，データの散らばりの度合いは A さんのデータの方が大きいと考えられる。

基本　例題049　四分位数と中央値　★☆☆

中央値が第1四分位数と第3四分位数の平均値よりも小さくなるのはどのような場合と考えられるか答えよ。

指針　基本例題 024 と考え方は同じである。

解答　**第1四分位範囲と中央値の範囲の散らばりの度合いよりも，中央値と第3四分位数の範囲の散らばりの度合いの方が大きい場合であると考えられる。**

基本 例題050 ヒストグラムと箱ひげ図　　　　　★☆☆

下の図 [1] は，40 人の生徒の漢字テストの得点をヒストグラムにしたものである。
ただし，各階級は 5 点以上 10 点未満のように区切っている。このデータを箱ひげ
図にまとめたとき，ヒストグラムと矛盾するものを，下の図 [2] の ① ～ ④ からす
べて選べ。

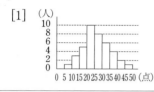
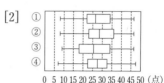

指針 **箱ひげ図** は，データの最小値，第 1 四分位数，中央値，第 3 四分位数，最大値を箱と線(ひげ)
で表現する図である。箱の長さは四分位範囲を表す。なお，箱ひげ図に標本平均値を入れるこ
ともある。第 1 四分位数を Q_1，中央値を Q_2，第 3 四分位数を Q_3 とすると，箱ひげ図は下の
ようになる。

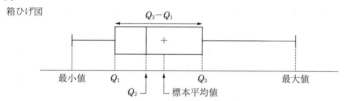

解答 40 人のデータを小さい方から順に並べたとき，ヒストグラム [1] から，データの最小
値，第 1 四分位数，中央値，第 3 四分位数，最大値が入る階級は次のようになること
がわかる。

最小値	5 点以上 10 点未満	……(a)
第 1 四分位数	20 点以上 25 点未満	……(b)
中央値	25 点以上 30 点未満	……(c)
第 3 四分位数	30 点以上 35 点未満	……(d)
最大値	45 点以上 50 点未満	……(e)

箱ひげ図 ② は，(d) に矛盾する。

箱ひげ図 ③ は，(b) に矛盾する。

箱ひげ図 ①，④ は，(a) ～ (e) のどれにも矛盾しない。

よって，矛盾する箱ひげ図は　　②，③

5 数値データ—対数値を見る

基本 / 例題 **051** 　高校数学　対数の性質 　　　　　　　　　　★☆☆

a, b, c, d を実数とし，$a>1$，$c>0$ とする。

(1) $a^b=1$ のとき，$b=0$ であることを証明せよ。

(2) $b=\log_a c$ とすることにより，等式 $a^{\log_a c}=c$ が成り立つことを証明せよ。

(3) c_1，c_2 を正の実数とするとき，等式 $\log_a c_1 c_2=\log_a c_1+\log_a c_2$ が成り立つことを証明せよ。ただし，必要ならば，b_1，b_2 を実数とするとき，等式 $a^{b_1}a^{b_2}=a^{b_1+b_2}$ が成り立つことも利用してよい。

(4) 等式 $\log_a c^d=d\log_a c$ が成り立つことを証明せよ。ただし，必要ならば，等式 $(a^b)^d=a^{bd}$ が成り立つことも利用してよい。

指針 (3) $c_1=a^{b_1}$，$c_2=a^{b_2}$ とおく。

(4) $c=a^b$ とおく。

解答 (1) $a^b=1$ から　　$b=\log_a 1=0$ ■

(2) $b=\log_a c$ とすると　　$a^b=c$

すなわち　　$a^{\log_a c}=c$ ■

(3) $c_1=a^{b_1}$，$c_2=a^{b_2}$ とおくと

$$b_1=\log_a c_1,\ \ b_2=\log_a c_2$$

よって　　$\log_a c_1 c_2=\log_a a^{b_1}a^{b_2}=\log_a a^{b_1+b_2}$

$$=b_1+b_2=\log_a c_1+\log_a c_2\ \blacksquare$$

(4) $c=a^b$ とおくと

$$b=\log_a c$$

よって　　$\log_a c^d=\log_a (a^b)^d=\log_a a^{bd}$

$$=bd=d\log_a c\ \blacksquare$$

6　2つの数値データの比較

| 基本 | 例題 **052** | 報告の記述 | ★ ☆☆ |

下の報告には（　）による挿入を含めると 26 個の文章が含まれている。これらを次の 3 つに分類せよ。

(1)　事実とその根拠の記述

(2)　用語や表現の説明・定義

(3)　筆者の意見

試験の点数—報告

本学部で開講している科目Ａは，20XX 年度は対面形式で講義が行われ，その翌年度はリモート形式で講義が行われた(対面・リモートそれぞれの形式の詳細については，各年度のシラバスを参照)。この科目の，20XX 年度の対面形式の全受講生の試験の点数を記録したもの(下の表 1，以下データＰとする)と，翌年のリモート形式の全受講生の試験の点数を記録したもの(下の表 2，以下データＲとする)の記述統計量の比較を報告する。

表1

0	0	100	79	4	0	48	0	73	49	72	47	73	74
67	0	68	65	91	52	63	64	75	63	60	64	91	1
73	71	83	64	66	85	64	88	79	68	87	60	80	43
79	62	77	77	78	92	23	0	4	34	88	68	72	52
87	76	0	84	83	85	55	56	67	43	57	67	57	52
68	62	56	72	67	73	55	67	67	45	65	54	72	79
65	62	60											

表2

0	2	0	48	53	30	97	81	50	45	50	45	90	61
89	92	97	53	83	82	98	43	94	52	71	47	59	82
100	58	63	93	90	100	74	27	82	63	77	91	100	3
74	78	85	0	2	3	95	83	92	83	95	98	100	100
15	97	65	57	43	88	92	95	87	50	67	32	52	76
89	78	34	39	90	23	70	89	58	56	69	72	73	78
63	69	90	59	89	92	72	78	76	59	67	45	79	77
67	49	80	0	84	54	82	55	78	54	67	55		

下の表 3 は，主な記述統計量の比較である。これを見ると，データＲの標本平均値の方がデータＰのものよりも 6 点程度高いことがわかる。このことは，リモート形式の講義の方が高い学習効果をもっている可能性があることをうかがわせる。標本標準偏差を比較すると，データＰの方が小さいが，差はわずかである。

表3

	データP(対面)	データR(リモート)
大きさ	87	110
標本平均値	59.98	66.15
中央値	66	72
標本標準偏差	25.04	26.57
最小値	0	0
最大値	100	100

下の図は両方のデータのヒストグラムの比較である。これを見ると，両方のデータについて，5点以下のビンにデータの集中が見られる。その割合は，データPで11％，データRで7％である。5点以下のビンへのデータの集中の理由としては，履修登録をしたものの実質的に履修しなかったり，途中で受講を断念したりする受講生が一定数いた可能性があることが考えられる。

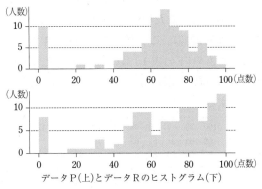

データP(上)とデータRのヒストグラム(下)

リモート形式の講義の方がこうした受講生の割合は小さい。

また，これらのヒストグラムでは，6点以上の受講生の分布の様子が2つのデータで大きく異なるように見える。ここでは便宜的に6点以上の受講生は，最後まで講義の受講を継続したものとみなし，「継続した受講生」と呼ぶことにする。継続した受講生に着目した記述統計量を比較すると，下の表4の通りである。ここでも標本平均値はデータRの方が大きく，リモート形式の方が学習効果が高い可能性があることがうかがえる。ただし，継続した受講生の標本標準偏差を比較するとデータRのものの方が大きく，リモート形式の方が点数の散らばりが大きいことがわかる。特に，リモート形式では継続した受講生のうち単位取得に至っていない受講生の割合が7％であり，これは対面形式の3％の2倍以上の水準である。このことは，講義についてこられる受講生とそうでない受講生の差が，リモート形式では大きいことを示唆している。

表4

	データP（対面）	データR（リモート）
継続者数	77	102
継続率	89 %	93 %
単位認定率（全体）	86 %	86 %
単位認定率（継続者のみ）	97 %	93 %
継続者標本平均値	67.65	71.25
継続者中央値	67	75
継続者標本標準偏差	14.01	20.13

継続者の記述統計量。点数が6点以上の受講生を「継続者」として扱っており，必ずしも受講状況を表していない。

以上から，いわゆる学習効果を試験の点数の標本平均値で測るとすれば，リモート形式の講義の方が高い学習効果をもつといえる。その一方で，リモート形式の講義は点数の散らばりが対面形式のものよりも大きく，単位取得に至らない受講生の割合も大きい。よって，リモート形式の講義は，ついてこられない受講生を多く生む可能性があり，こうした受講生への対応が必要であるといえる。講義形式に関わらず，履修登録をしたものの実質的に履修していない受講生が1割程度いる可能性がある。これらの受講生に対する対応としては，受講するかどうかを適切に判断できるよう，シラバスの記述を改善するなどの対策が考えられる。

指針 (1) 事実は，（表などから）確認可能であるものである。
(3) 筆者の意見は，「〜と考えられる」など，それとわかる表現が使用される。

解答 (1) ① 本学部で開講している科目Aは，20XX年度は対面形式で講義が行われ，その翌年度はリモート形式で講義が行われた。
② 対面・リモートそれぞれの形式の詳細については，各年度のシラバスを参照。
③ この科目の，20XX年度の対面形式の全受講生の試験の点数を記録したものと，翌年のリモート形式の全受講生の試験の点数を記録したものの記述統計量の比較を報告する。
④ 下の表3は，主な記述統計量の比較である。
⑤ これを見ると，データRの標本平均値の方がデータPのものよりも6点程度高いことがわかる。
⑥ 標本標準偏差を比較すると，データPの方が小さいが，差はわずかである。
⑦ 下の図は両方のデータのヒストグラムの比較である。
⑧ これを見ると，両方のデータについて，5点以下のビンにデータの集中が見られる。
⑨ その割合は，データPで11 %，データRで7 %である。
⑩ リモート形式の講義の方がこうした受講生の割合は小さい。

⑪　継続した受講生に着目した記述統計量を比較すると，下の表4の通りである。

⑫　ただし，継続した受講生の標本標準偏差を比較するとデータRのものの方が大きく，リモート形式の方が点数の散らばりが大きいことがわかる。

⑬　特に，リモート形式では継続した受講生のうち単位取得に至っていない受講生の割合が7％であり，これは対面形式の3％の2倍以上の水準である。

⑭　その一方で，リモート形式の講義は点数の散らばりが対面形式のものよりも大きく，単位取得に至らない受講生の割合も大きい。

(2)　①　下の表1，以下データPとする。

　　②　下の表2，以下データQとする。

　　③　ここでは便宜的に6点以上の受講生は，最後まで講義の受講を継続したものとみなし，「継続した受講生」と呼ぶことにする。

(3)　①　このことは，リモート形式の講義の方が高い学習効果をもっている可能性があることをうかがわせる。

　　②　5点以下のビンへのデータの集中の理由としては，履修登録をしたものの実質的に履修しなかったり，途中で受講を断念したりする受講生が一定数いた可能性があることが考えられる。

　　③　また，これらのヒストグラムでは，6点以上の受講生の分布の様子が2つのデータで大きく異なるように見える。

　　④　ここでも標本平均値はデータRの方が大きく，リモート形式の方が学習効果が高い可能性があることがうかがえる。

　　⑤　このことは，講義についてこられる受講生とそうでない受講生の差が，リモート形式では大きいことを示唆している。

　　⑥　以上から，いわゆる学習効果を試験の点数の標本平均値で測るとすれば，リモート形式の講義の方が高い学習効果をもつといえる。

　　⑦　よって，リモート形式の講義は，ついてこられない受講生を多く生む可能性があり，こうした受講生への対応が必要であるといえる。

　　⑧　講義形式に関わらず，履修登録をしたものの実質的に履修していない受講生が1割程度いる可能性がある。

　　⑨　これらの受講生に対する対応としては，受講するかどうかを適切に判断できるよう，シラバスの記述を改善するなどの対策が考えられる。

7 2変量の数値データ—分布を知る

基本 **例題053** 2変量の数値データと2つの数値データ ★☆☆

2つの数値データと2変量の数値データは互いに異なるものである。どのように異なるのか説明せよ。

指針 まずはそれぞれがどのようなものなのか整理してみよう。

解答 2つの数値データとは，2つのクロスセクショナルなデータから1つずつ数値項目を取り出して作った2つのデータである。

2変量の数値データとは，1つのクロスセクショナルなデータから2つの数値項目を取り出して作ったデータである。

補足 例えば，基本例題052で扱ったデータは2つの数値データであるのに対して，基本例題055で扱うことになるデータは2変量の数値データである。

基本 **例題054** 散布図 ★☆☆

次の表は，10人の生徒に漢字と英単語のテストを行った得点の結果である。

生徒の番号	1	2	3	4	5	6	7	8	9	10
漢字	4	8	7	5	6	3	9	8	6	4
英単語	5	9	3	6	2	7	9	4	8	7

この2つのテストの散布図を，次の①〜③から選べ。

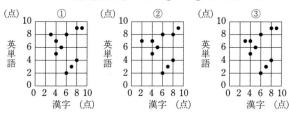

指針 **用語** **散布図**

2変量の数値データが与えられたとき，片方の変量を横軸，もう片方の変量を縦軸に対応させた座標平面を考え，個々の観測値を座標平面上の点で表したグラフを **散布図** という。

① には生徒6を表す点がない。② には生徒2, 6を表す点がない。

解答 ③

8　2変量の数値データ―相関

基本　例題 **055**　観測値の位置と偏差　　★☆☆

下のデータは昨年対面形式で講義が行われた科目Aの受講生のデータから，15回の講義のうちの出席回数(回)と試験の点数を取り出して並べたものである。出席率(%)の標本平均値は $\dfrac{21040}{261}$，試験の点数の標本平均値は $\dfrac{5218}{87}$ であるとき，次の問いに答えよ。

番号	出席回数	点数	番号	出席回数	点数	番号	出席回数	点数
1	0	0	31	15	83	61	15	83
2	1	0	32	15	64	62	15	85
3	13	100	33	15	66	63	15	55
4	15	79	34	15	85	64	0	56
5	0	4	35	8	64	65	9	67
6	5	0	36	14	88	66	15	43
7	7	48	37	15	79	67	14	57
8	6	0	38	14	68	68	15	67
9	12	73	39	14	87	69	15	57
10	12	49	40	13	60	70	14	52
11	15	72	41	15	80	71	13	68
12	15	47	42	15	43	72	13	62
13	10	73	43	15	79	73	15	56
14	11	74	44	15	62	74	15	72
15	15	67	45	13	77	75	15	67
16	13	0	46	10	77	76	14	73
17	14	68	47	15	78	77	15	55
18	15	65	48	15	92	78	12	67
19	5	91	49	3	23	79	15	67
20	15	52	50	1	0	80	15	45
21	15	63	51	1	4	81	10	65
22	13	64	52	6	34	82	7	54
23	13	75	53	15	88	83	15	72
24	14	63	54	15	68	84	14	79
25	15	60	55	15	72	85	15	65
26	15	64	56	14	52	86	10	62
27	15	91	57	10	87	87	9	60
28	0	1	58	14	76			
29	14	73	59	15	0			
30	15	71	60	15	84			

(1) 2番目の受講生について，出席率の偏差と点数の偏差を求めよ。

(2) 3番目の受講生について，出席率の偏差と点数の偏差を求めよ。

指針 出席率の偏差を求める際，まずは出席回数から出席率を求める。

解答 (1) 出席率は $\dfrac{1}{15}\cdot 100=\dfrac{20}{3}$

標本平均値 $\dfrac{21040}{261}$ との差を計算すると，偏差は

$$\dfrac{20}{3}-\dfrac{21040}{261}=-\dfrac{\mathbf{19300}}{\mathbf{261}}$$

また，点数の観測値は 0 であるから，標本平均値 $\dfrac{5218}{87}$ との差を計算すると，偏差は

$$0-\dfrac{5218}{87}=-\dfrac{\mathbf{5218}}{\mathbf{87}}$$

補足 求めた 2 つの偏差はどちらも負であり，その積は正である。

散布図上での点 $\left(\dfrac{20}{3},\ 0\right)$ は，出席率の偏差と点数の偏差の両方が負の領域に入ることがわかる。

(2) 出席率は $\dfrac{13}{15}\cdot 100=\dfrac{260}{3}$

標本平均値 $\dfrac{21040}{261}$ との差を計算すると，偏差は

$$\dfrac{260}{3}-\dfrac{21040}{261}=\dfrac{\mathbf{1580}}{\mathbf{261}}$$

また，点数の観測値は 100 であるから，標本平均値 $\dfrac{5218}{87}$ との差を計算すると，偏差は

$$100-\dfrac{5218}{87}=\dfrac{\mathbf{3482}}{\mathbf{87}}$$

補足 求めた 2 つの偏差はどちらも正であり，その積は正である。

よって，散布図上での点 $\left(\dfrac{260}{3},\ 100\right)$ は，出席率の偏差と点数の偏差の両方が正の領域に入ることがわかる。

基本　例題056　標本共分散1　★☆☆

右の表のように，2つの変量 x, y をもつ数値データが与えられたとする。

番号	1	2	3
x	2	4	6
y	3	5	10

(1) 変量 x, y のデータの標本平均値をそれぞれ求めよ。

(2) 1番目の観測値 $(2, 3)$ について，変量 x, y の偏差をそれぞれ求めよ。また，これら2つの偏差の積を求めよ。

(3) 2番目の観測値 $(4, 5)$ と3番目の観測値 $(6, 10)$ についても，(2) と同じように偏差の積を求めよ。

(4) (2), (3) で求めた3つの偏差の積の平均値を求め，このデータの標本共分散を求めよ。

指針　**定義**　**標本共分散**

次の大きさ N の2変量の数値データを考える。
$$(x_1, y_1), (x_2, y_2), \cdots\cdots, (x_N, y_N)$$
このデータについて　$\dfrac{1}{N}\sum_{i=1}^{N}\left(x_i - \dfrac{1}{N}\sum_{j=1}^{N}x_j\right)\left(y_i - \dfrac{1}{N}\sum_{j=1}^{N}y_j\right)$

で計算される値を標本共分散という。

(2) (1) から，変量 x の偏差は $2-4$，変量 y の偏差は $3-6$ を計算する。

解答　(1) 変量 x の標本平均値は　$\dfrac{1}{3}(2+4+6)=\mathbf{4}$

変量 y の標本平均値は　$\dfrac{1}{3}(3+5+10)=\mathbf{6}$

(2) 変量 x の偏差は　$2-4=\mathbf{-2}$
変量 y の偏差は　$3-6=\mathbf{-3}$
これら2つの偏差の積は　$(-2)\cdot(-3)=\mathbf{6}$

(3) [1] 2番目の観測値 $(4, 5)$ について
変量 x の偏差は　$4-4=0$
変量 y の偏差は　$5-6=-1$
これら2つの偏差の積は　$0\cdot(-1)=\mathbf{0}$
[2] 3番目の観測値 $(6, 10)$ について
変量 x の偏差は　$6-4=2$
変量 y の偏差は　$10-6=4$
これら2つの偏差の積は　$2\cdot4=\mathbf{8}$

(4) (2), (3) で求めた3つの偏差の積の平均値，すなわちこのデータの標本共分散は
$$\dfrac{1}{3}(6+0+8)=\dfrac{\mathbf{14}}{\mathbf{3}}$$

基本 例題057 標本相関係数1 ★☆☆

基本例題056のデータについて，次の問いに答えよ。

(1) 変量xの標本分散と標本標準偏差を求めよ。

(2) 変量yの標本標準偏差を求めよ。

(3) データの標本相関係数を求めよ。

指針 **定義** **標本相関係数**

2つの変量x，yをもつデータの標本共分散をs_{xy}，変量xの標本標準偏差をs_x，変量yの標本標準偏差をs_yとする。このデータについて，$\frac{s_{xy}}{s_x s_y}$で計算される値を標本相関係数という。

(1)，(2) 基本例題056(2)，(3)で求めた偏差を利用する。

(3) 基本例題056(4)で求めた標本共分散を利用する。

解答 (1) 変量xの標本分散は

$$\frac{1}{3}\{(-2)^2 + 0^2 + 2^2\} = \frac{8}{3}$$

よって，変量xの標本標準偏差は

$$\sqrt{\frac{8}{3}} = \frac{2\sqrt{6}}{3} \ (=1.632993161 \cdots\cdots)$$

(2) 変量yの標本分散は

$$\frac{1}{3}\{(-3)^2 + (-1)^2 + 4^2\} = \frac{26}{3}$$

よって，変量yの標本標準偏差は

$$\sqrt{\frac{26}{3}} = \frac{\sqrt{78}}{3} \ (=2.943920288 \cdots\cdots)$$

(3) $$\frac{\dfrac{14}{3}}{\dfrac{2\sqrt{6}}{3} \cdot \dfrac{\sqrt{78}}{3}} = \frac{7\sqrt{13}}{26} \ (=0.970725343 \cdots\cdots)$$

基本 / 例題 **058** 標本相関係数 2 　　　　　　　　　　★☆☆

次の表は，10 人の生徒の右手と左手の握力を測定した結果である。

生徒番号	①	②	③	④	⑤	⑥	⑦	⑧	⑨	⑩
右手の握力 (kg)	36	42	35	33	38	32	39	40	34	41
左手の握力 (kg)	27	39	35	25	41	23	43	31	29	37

右手と左手の握力の間には，どのような相関があると考えられるか，標本相関係数
を計算して答えよ。

指針 標本相関係数の値について，値が 1 に近いほど正の相関関係が強く，値が -1 に近いほど負
の相関関係が強い。相関関係がないとき，値は 0 に近くなる。

解答 右手の握力を x (kg)，左手の握力を y (kg) とし，x, y のデータの標本平均値をそれ
ぞれ $\overline{x}$, $\overline{y}$ とすると

$$\overline{x}=\frac{370}{10}=37, \quad \overline{y}=\frac{330}{10}=33$$

生徒番号	x	y	$x-\overline{x}$	$y-\overline{y}$	$(x-\overline{x})(y-\overline{y})$	$(x-\overline{x})^2$	$(y-\overline{y})^2$
①	36	27	-1	-6	6	1	36
②	42	39	5	6	30	25	36
③	35	35	-2	2	-4	4	4
④	33	25	-4	-8	32	16	64
⑤	38	41	1	8	8	1	64
⑥	32	23	-5	-10	50	25	100
⑦	39	43	2	10	20	4	100
⑧	40	31	3	-2	-6	9	4
⑨	34	29	-3	-4	12	9	16
⑩	41	37	4	4	16	16	16
計	370	330			164	110	440

標本相関係数は

$$\frac{\dfrac{164}{10}}{\sqrt{\dfrac{110}{10}} \cdot \sqrt{\dfrac{440}{10}}}=\frac{164}{220}=\frac{41}{55}=0.745 \cdots\cdots$$

よって，**右手と左手の握力の間には，正の相関がある**と考えられる。

演　習　編

重要　例題 **012**　標本平均値 5　　　★★☆

大きさ N の数値データ $(y_1, y_2, \cdots\cdots, y_N)$ が与えられたとする。数直線を，重さが無視できて曲がらない棒と考えて，データに含まれるすべての観測値について，数直線上で観測値に当たる位置に 1 g のおもりをつける。このおもり付き数直線の重心の位置が標本平均値 $\dfrac{1}{N}\displaystyle\sum_{i=1}^{N} y_i$ であることを示せ。ただし，重力加速度を g とし，i 番目の観測値 y_i に位置するおもりが，位置 μ にある支点に及ぼすねじりの力を t_i とすると $t_i = \dfrac{y_i - \mu}{1000} g$ であり，重心の位置はねじりの力の総和が 0 の位置であることを利用してもよい。また，$t_i < 0$ のときねじりの方向は反時計回りで，$t_i > 0$ のときねじりの方向は時計回りである。

指針　ねじりの力の総和が 0 になるような支点の位置がおもり付き数直線の重心の位置である。

解答　$\displaystyle\sum_{i=1}^{N} t_i = 0$ すなわち $\displaystyle\sum_{i=1}^{N} \dfrac{y_i - \mu}{1000} g = 0$ とすると

$$\sum_{i=1}^{N} (y_i - \mu) = 0$$

よって　　$\displaystyle\sum_{i=1}^{N} y_i - \sum_{i=1}^{N} \mu = 0$

すなわち　　$\displaystyle\sum_{i=1}^{N} y_i - N\mu = 0$

したがって，$\mu = \dfrac{1}{N}\displaystyle\sum_{i=1}^{N} y_i$ であるから，おもり付き数直線の重心の位置は標本平均値 $\dfrac{1}{N}\displaystyle\sum_{i=1}^{N} y_i$ である。　■

重要　**例題013**　偏差の平均値2　　　　★★☆

大きさ N の数値データ $(y_1, y_2, \cdots\cdots, y_N)$ が与えられたとする。このデータの標本平均値を $\bar{y}$ とするとき，$\dfrac{1}{N}\displaystyle\sum_{i=1}^{N}(y_i-\bar{y})=0$ が成り立つことを示せ。

指針　$\bar{y}=\dfrac{1}{N}\displaystyle\sum_{i=1}^{N}y_i$ であることを用いて示す。

解答
$$\frac{1}{N}\sum_{i=1}^{N}(y_i-\bar{y})=\frac{1}{N}\sum_{i=1}^{N}y_i-\frac{1}{N}\sum_{i=1}^{N}\bar{y}$$
$$=\bar{y}-\frac{1}{N}\cdot N\bar{y}$$
$$=0 \quad \blacksquare$$

補足　本例題から，偏差の平均値は0であることがわかる。

重要　**例題014**　標本共分散2　　　　★☆☆

2つの変量 x, y をもつデータについて，変量 x の標本標準偏差を s_x，2つの変量 x, y の標本共分散を s_{xy} とするとき，$s_x=0$ ならば $s_{xy}=0$ であることを示せ。

指針　まずは，s_x, s_{xy} がどのように表されるか確認する。
その上で，$s_x=0$ から何が得られるか考えてみよう。

解答　2つの変量 x, y をもつデータの大きさを N とし，数値データを
$((x_1, y_1), (x_2, y_2), \cdots\cdots, (x_N, y_N))$ とする。
また，2つの変量 x, y のデータの標本平均値をそれぞれ $\bar{x}$, $\bar{y}$ とする。
$s_x{}^2=\dfrac{1}{N}\displaystyle\sum_{i=1}^{N}(x_i-\bar{x})^2$ であるから，$s_x=0$ ならば，すべての i (i は $1\leqq i\leqq N$ を満たす自然数) に対して $x_i-\bar{x}=0$ が成り立つ。

よって　$s_{xy}=\dfrac{1}{N}\displaystyle\sum_{i=1}^{N}(x_i-\bar{x})(y_i-\bar{y})=\dfrac{1}{N}\displaystyle\sum_{i=1}^{N}0\cdot(y_i-\bar{y})=0 \quad \blacksquare$

重要　例題 015　度数分布表 3　★☆☆

次は，標本の大きさが 50 のデータである。

51	57	74	64	67	25	85	44	44	60	57	46	72	47
45	63	81	67	62	66	53	38	83	39	33	58	34	52
47	57	37	43	33	76	58	81	43	61	49	46	45	72
61	56	68	65	63	50	65	42						

(1) このデータから度数分布表を作るとき，スタージェスの公式を用いてビンの数を求めよ。ただし，$\log_2 50 = 5.64$ とする。

(2) (1)で求めたビンの数を用いて，度数分布表を 1 つ作れ。

(3) (2)で作った度数分布表の階級値を用いて，データの標本平均値，データの標本分散，データの最頻値を求めよ。

指針 (3) 階級値とは各ビンの真ん中の値である。

解答 (1) $\log_2 50 + 1 = 5.64 + 1 = 6.64$

6.64 より大きい自然数の最小値は 7 であるから，スタージェスの公式により，ビンの数は　**7**

(2) (例)

ビン	度数
20 以上 30 未満	1
30 ～ 40	6
40 ～ 50	12
50 ～ 60	10
60 ～ 70	13
70 ～ 80	4
80 ～ 90	4
計	50

(3) (例) データの標本平均値は

$$\frac{1}{50}(25 \cdot 1 + 35 \cdot 6 + 45 \cdot 12 + 55 \cdot 10 + 65 \cdot 13 + 75 \cdot 4 + 85 \cdot 4) = \frac{281}{5} = \mathbf{56.2}$$

データの標本分散は

$$\frac{1}{50}(25^2 \cdot 1 + 35^2 \cdot 6 + 45^2 \cdot 12 + 55^2 \cdot 10 + 65^2 \cdot 13 + 75^2 \cdot 4 + 85^2 \cdot 4) - \left(\frac{281}{5}\right)^2 = \frac{5464}{25}$$

$$= \mathbf{218.56}$$

データの最頻値は　**65**

重要 例題**016**　標本相関係数3　　　　　　　　★★☆

次の2つの変量 x, y をもつ，大きさ N のデータが与えられたとする。

$$(x_1,\ y_1),\ (x_2,\ y_2),\ \cdots\cdots,\ (x_N,\ y_N)$$

また，t を実数とし，2つの変量 x, y のデータの標本平均値をそれぞれ $\overline{x}$, $\overline{y}$ とする。さらに，$f(t)=\dfrac{1}{N}\sum_{i=1}^{N}\{(x_i-\overline{x})t-(y_i-\overline{y})\}^2$ とし，2つの変量 x, y のデータの標本分散をそれぞれ $s_x{}^2$, $s_y{}^2$，2つの変量 x, y のデータの標本共分散を s_{xy} とし，$s_x{}^2\neq0$, $s_y{}^2\neq0$ とする。

(1) データに含まれる観測値や実数 t の値に関わらず，$f(t)\geqq0$ であることを示せ。

(2) $f(t)$ の右辺を整理すると，実数 a, b, c を用いて $f(t)=at^2-2bt+c$ のように変数 t の2次式で表すことができる。a, b, c を $s_x{}^2$, $s_y{}^2$, s_{xy} を用いて表せ。

(3) t の2次方程式 $f(t)=0$ の判別式を D とするとき，D を $s_x{}^2$, $s_y{}^2$, s_{xy} を用いて表せ。また，D が満たす不等式を答えよ。

(4) 2つの変量 x, y の標本相関係数を ρ_{xy} とする。(3)を利用して，$-1\leqq\rho_{xy}\leqq1$ であることを示せ。

指針
(2) $f(t)=\dfrac{1}{N}\sum_{i=1}^{N}\{(x_i-\overline{x})t-(y_i-\overline{y})\}^2$ の右辺を変形し，得られた結果と $f(t)=at^2-2bt+c$ の係数を比較する。

(3) (1)から，$y=f(t)$ のグラフは t 軸と共有点をもたない，または t 軸と接することがわかる。

解答 (1) $\{(x_i-\overline{x})t-(y_i-\overline{y})\}^2\geqq0$ であるから　　$f(t)\geqq0$ ■

(2) $f(t)=\dfrac{1}{N}\sum_{i=1}^{N}\{(x_i-\overline{x})t-(y_i-\overline{y})\}^2$

$=\dfrac{1}{N}\sum_{i=1}^{N}\{(x_i-\overline{x})^2t^2-2(x_i-\overline{x})(y_i-\overline{y})t+(y_i-\overline{y})^2\}$

$=t^2\cdot\dfrac{1}{N}\sum_{i=1}^{N}(x_i-\overline{x})^2-2t\cdot\dfrac{1}{N}\sum_{i=1}^{N}(x_i-\overline{x})(y_i-\overline{y})+\dfrac{1}{N}\sum_{i=1}^{N}(y_i-\overline{y})^2$

$=s_x{}^2t^2-2s_{xy}t+s_y{}^2$

よって　　$\boldsymbol{a=s_x{}^2,\ b=s_{xy},\ c=s_y{}^2}$

(3) $f(t)=0$ すなわち $s_x{}^2t^2-2s_{xy}t+s_y{}^2=0$ の判別式 D は

$$D=(-2s_{xy})^2-4s_x{}^2s_y{}^2=\boldsymbol{4s_{xy}{}^2-4s_x{}^2s_y{}^2}$$

また，(1)から　　$\boldsymbol{D\leqq0}$

(4) (3)から　　$4s_{xy}{}^2-4s_x{}^2s_y{}^2\leqq0$　　すなわち　　$\dfrac{s_{xy}{}^2}{s_x{}^2s_y{}^2}\leqq1$

よって　　$-1\leqq\dfrac{s_{xy}}{s_xs_y}\leqq1$　　すなわち　　$-1\leqq\rho_{xy}\leqq1$ ■

重要 例題 017 データの相関 ★★☆

図 1 は，変量 x のデータを横軸に，変量 y のデータを縦軸にとった散布図であり，
図 2 は，変量 y のデータを横軸に，変量 z のデータを縦軸にとった散布図であり，
図 3 は変量 z のデータを横軸に，変量 x のデータを縦軸にとった散布図である。

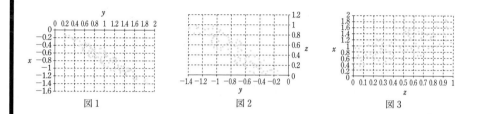

図 1 　　　　　　　　　図 2 　　　　　　　　　図 3

(1) 図 1 ～ 3 から読み取れることとして正しいものを，次の (ア) ～ (キ) のうちからすべて選べ。

(ア) x と y の間には負の相関関係がある。

(イ) y が最小値をとるとき，z は最大値をとる。

(ウ) $y \geqq -0.4$ かつ $z \geqq 0.4$ となることがある。

(エ) y と z の間の相関関係は，x と y の間の相関関係より強い。

(オ) z が大きければ，x も大きい傾向がある。

(カ) $x \geqq 1.5$ であるとき，$z \geqq 0.4$ である。

(キ) z と x の相関係数は，-0.2 と 0.2 の間である。

(2) 新たな変量 v, w を $v=2x+1$, $w=-3y+2$ によって作る。x, y の標本分散を $s_x{}^2$, $s_y{}^2$ とし，v, w の標本分散を $s_v{}^2$, $s_w{}^2$ とするとき，$s_v{}^2$, $s_w{}^2$ を，$s_x{}^2$, $s_y{}^2$ を用いて表せ。また，x と y の標本共分散を s_{xy} とし，v と w の標本共分散を s_{vw} とするとき，s_{vw} を，s_{xy} を用いて表せ。さらに，v と w の間の相関についてわかることを答えよ。

指針 (1) (エ) 散布図における点の分布が 1 つの直線に接近しているほど強い相関関係がある。
　　　 (キ) 相関関係がないとき，相関係数は 0 に近い値をとる。
　 (2) $s_v{}^2=2^2 s_x{}^2$, $s_w{}^2=(-3)^2 s_y{}^2$, $s_{vw}=2 \cdot (-3) s_{xy}$ が成り立つ。

解答 (1) (ア) 図1の点は全体に右下がりに分布しているから，正しい。

　　 (イ) y が最小値をとるとき，z は最大値をとらないから，正しくない。

　　 (ウ) $y \geqq -0.4$ かつ $z \geqq 0.4$ となることはないから，正しくない。

　　 (エ) 図1，図2ともに，点は全体に右下がりに分布しているが，図1の方が図2に比べて，1本の直線に接近している。

　　　　よって，x と y の間の相関関係は y と z の間の相関関係より強いから，正しくない。

　　 (オ) 図3の点は全体に右上がりに分布しているから，正しい。

　　 (カ) $x \geqq 1.5$ であるとき，$z \geqq 0.4$ であるから，正しい。

　　 (キ) 図3の点は全体に右上がりに分布しており，正の相関関係がある。一方，z と x の相関係数が -0.2 と 0.2 の間であるとき z と x の間にはほとんど相関関係はない。よって，正しくない。

　　　　以上から，正しいものは　　(ア)，(オ)，(カ)

(2) $s_v{}^2 = 2^2 s_x{}^2 = 4s_x{}^2$, $s_w{}^2 = (-3)^2 s_y{}^2 = 9s_y{}^2$, $s_{vw} = 2 \cdot (-3)s_{xy} = -6s_{xy}$

　　　また　　　　$s_v = 2s_x$, $s_w = 3s_y$

　　　よって，x と y の相関係数を r_{xy}，v と w の相関係数を r_{vw} とすると

$$r_{vw} = \frac{s_{vw}}{s_v s_w} = \frac{-6s_{xy}}{2s_x \cdot 3s_y} = -\frac{s_{xy}}{s_x s_y} = -r_{xy}$$

　　　ここで，x と y の間には負の相関関係があるから　　　$r_{xy} < 0$

　　　ゆえに　　　$r_{vw} > 0$

　　　したがって，**v と w の間には正の相関関係がある。**

補足 a, b, c, d を定数として，変量 x, y から，新たな変量 v, w を $v = ax + b$, $w = cy + d$ によって作る。x, y の標本分散を $s_x{}^2$, $s_y{}^2$ とし，v, w の標本分散を $s_v{}^2$, $s_w{}^2$ とすると，$s_v{}^2 = a^2 s_x{}^2$, $s_w{}^2 = c^2 s_y{}^2$ が成り立つ。また，x, y の標本標準偏差を s_x, s_y とし，v, w の標本標準偏差を s_v, s_w とすると，$s_v = |a| s_x$, $s_w = |c| s_y$ が成り立つ。さらに，x と y の標本共分散を s_{xy} とし，v と w の標本共分散を s_{vw} とすると，$s_{vw} = acs_{xy}$ が成り立つ。

第3章

確率の概念

■ 確率とは／■ 事象の確率
■ 確率変数とその分布／■ 確率変数の変換
■ 分散と標準偏差／■ 多変数の確率変数
■ 正規分布とその他のパラメトリックな分布

例題一覧

① 確率とは

基本 / 例題 059 確率と現実 ★☆☆

ある日の天気予報で次の2点が予報された。

(1) 明日の最高気温は 25 °C である。

(2) 明日の降水確率は 30 % である。

これらのうち，明日が過ぎれば正しいか正しくないかが確かめられるのはどちらか答えよ。

指針 明日の最高気温が 25 °C であるという事象が起こるかどうかは明日が過ぎれば確かめることができる。一方で，確率を用いて表現された事項が厳密に正しいかどうかは確かめることができない。

解答 (1)

② 事象の確率

基本 / 例題 060 事象 ★☆☆

地面に，1辺が 1 m の正方形を描く。少し離れたところから，その正方形に向かってビー玉を投げ，ビー玉が落ちて止まった点をビー玉が落ちた点と呼ぶことにする。ただし，ビー玉が正方形の外に出てしまったら，入るまで何度でも投げることとする。また，ビー玉の大きさは無視できる（ビー玉を点とみなせる）ものとする。ビー玉が落ちた点が正方形の下半分にあるという事象を E^L とし，ビー玉の落ちた点が正方形の上半分にあるという事象を E^U とするとき，正方形を含む平面上に直交する座標軸を定めて，事象 E^L, E^U を内包的記法により表せ。ただし，正方形の上半分と下半分の境界線上にビー玉が落ちた場合は下半分に落ちたこととする。

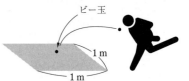

ビー玉
1 m
1 m

指針 正方形の周上を含む内部を $\{(u, v)\in \mathrm{R}^2 \mid 0\leq u\leq 1,\ 0\leq v\leq 1\}$ とすると，E^L の表す領域は $0\leq u\leq 1,\ 0\leq v\leq \dfrac{1}{2}$，$E^U$ の表す領域は $0\leq u\leq 1,\ \dfrac{1}{2}<v\leq 1$ である。

解答 (例) $E^L=\left\{(u,\ v)\in \mathrm{R}^2 \left| 0\leq u\leq 1,\ 0\leq v\leq \dfrac{1}{2}\right.\right\}$

$E^U=\left\{(u,\ v)\in \mathrm{R}^2 \left| 0\leq u\leq 1,\ \dfrac{1}{2}<v\leq 1\right.\right\}$

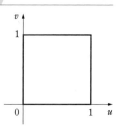

基本 例題**061** 事象の σ-加法族 ★☆☆

基本例題 060 において，ビー玉を投げる正方形を右の図の
ような uv 直交座標平面上の正方形とする。ビー玉を投げ
る人がどこにビー玉が落ちるかについて完全なコントロー
ルをもっていないとすると，ビー玉が落ちる点の位置は偶
然が関与して決まると考えることができる。このとき，実
現する可能性のある帰結のすべては，「ビー玉が正方形の周
上を含む内部に落ちること」と書くことができるから，標本空間を Ω とすると，Ω
は次のように表される。

$$\Omega = \{(u,\ v) \in \mathrm{R}^2 \mid 0 \le u \le 1,\ 0 \le v \le 1\}$$

また，ビー玉が正方形の右半分に落ちた場合を成功として E^{S} とし，ビー玉が正方
形の左半分に落ちた場合を失敗として E^{F} とする。ただし，正方形の右半分と左半
分の境界線上にビー玉が落ちた場合は左半分に落ちたこととする。このとき，E^{S}，
E^{F} は次のように表される。

$$E^{\mathrm{S}} = \left\{(u,\ v) \in \mathrm{R}^2 \;\middle|\; \frac{1}{2} < u \le 1,\ 0 \le v \le 1\right\}, \quad E^{\mathrm{F}} = \left\{(u,\ v) \in \mathrm{R}^2 \;\middle|\; 0 \le u \le \frac{1}{2},\ 0 \le v \le 1\right\}$$

以上を踏まえて，$\{\varnothing,\ E^{\mathrm{S}},\ E^{\mathrm{F}},\ \Omega\}$ は σ-加法族であることを示せ。

指針 「$E_1 \in \mathcal{A}$，$E_2 \in \mathcal{A}$，$\cdots\cdots \implies \displaystyle\bigcup_{i=1}^{\infty} E_i \in \mathcal{A}$」を示す際は，$E_1 \in \mathcal{A}$，$E_2 \in \mathcal{A}$，$\cdots\cdots$ とし，

$G = \{E_1,\ E_2,\ \cdots\cdots\}$ とするとき，まず $\Omega \in G$ の場合を考える。次に，$\Omega \in G$ の場合，E^{S}，E^{F}
が G の要素かどうかで場合分けして考える。

解答 $\mathcal{A} = \{\varnothing,\ E^{\mathrm{S}},\ E^{\mathrm{F}},\ \Omega\}$ とする。

[1] $\Omega \in \mathcal{A}$

[2] $\varnothing \in \mathcal{A}$ に対して，$\varnothing^{\mathrm{c}} = \Omega$ であるから $\qquad \varnothing^{\mathrm{c}} \in \mathcal{A}$

$\quad\ E^{\mathrm{S}} \in \mathcal{A}$ に対して，$(E^{\mathrm{S}})^{\mathrm{c}} = E^{\mathrm{F}}$ であるから $\qquad (E^{\mathrm{S}})^{\mathrm{c}} \in \mathcal{A}$

$\quad\ E^{\mathrm{F}} \in \mathcal{A}$ に対して，$(E^{\mathrm{F}})^{\mathrm{c}} = E^{\mathrm{S}}$ であるから $\qquad (E^{\mathrm{F}})^{\mathrm{c}} \in \mathcal{A}$

$\quad\ \Omega \in \mathcal{A}$ に対して，$\Omega^{\mathrm{c}} = \varnothing$ であるから $\qquad \Omega^{\mathrm{c}} \in \mathcal{A}$

[3] $E_1 \in \mathcal{A}$，$E_2 \in \mathcal{A}$，$\cdots\cdots$ とし，$G = \{E_1,\ E_2,\ \cdots\cdots\}$ とする。

$\quad$ [A] $\Omega \in G$ のとき $\qquad \displaystyle\bigcup_{i=1}^{\infty} E_i = \Omega \in \mathcal{A}$

$\quad$ [B] $\Omega \in G$ のとき

$\qquad$ (i) $E^{\mathrm{S}} \in G$ かつ $E^{\mathrm{F}} \in G$ のとき $\qquad \displaystyle\bigcup_{i=1}^{\infty} E_i = \Omega \in \mathcal{A}$

$\qquad$ (ii) $E^{\mathrm{S}} \in G$ かつ $E^{\mathrm{F}} \in G$ のとき $\qquad \displaystyle\bigcup_{i=1}^{\infty} E_i = E^{\mathrm{S}} \in \mathcal{A}$

(iii) $E^{\mathrm{S}}\in G$ かつ $E^{\mathrm{F}}\in G$ のとき $\displaystyle\bigcup_{i=1}^{\infty} E_i = E^{\mathrm{F}} \in \mathscr{A}$

(iv) $E^{\mathrm{S}}\in G$ かつ $E^{\mathrm{F}}\in G$ のとき $\displaystyle\bigcup_{i=1}^{\infty} E_i = \emptyset \in \mathscr{A}$

以上から，$\{\emptyset,\ E^{\mathrm{S}},\ E^{\mathrm{F}},\ \Omega\}$ は σ-加法族である。　■

基本　例題 062　σ-加法族の構成　★☆☆

標本空間が $\{1,\ 2,\ 3,\ 4,\ 5,\ 6\}$ であるとする。次のような σ-加法族を構成せよ。
(1) 事象 $\{2,\ 4,\ 6\}$ を含む σ-加法族のうち最小のもの
(2) 事象 $\{1,\ 2,\ 3\}$，$\{2,\ 4,\ 6\}$ を含む σ-加法族のうち最小のもの

指針 標本空間を Ω とする。求める最小の σ-加法族を $\mathscr{A}$ とし，σ-加法族 $\mathscr{A}$ に含めるべき事象を $E_1,\ E_2,\ \cdots\cdots,\ E_n$ とすると，次の手順で σ-加法族 $\mathscr{A}$ を構成することができる。
[1]　$\emptyset,\ E_1,\ E_2,\ \cdots\cdots,\ E_n,\ \Omega$ を族 $\mathscr{A}$ の要素とする。
[2]　[1] で考えた族 $\mathscr{A}$ の要素であるすべての事象の余事象のうち，族 $\mathscr{A}$ にまだ含まれていないものを族 $\mathscr{A}$ の要素として追加する。
[3]　[2] で考えた族 $\mathscr{A}$ の要素であるすべての事象の組合せの和集合と共通部分のうち，族 $\mathscr{A}$ にまだ含まれていないものを族 $\mathscr{A}$ の要素として追加する。
[4]　新たに追加すべき族 $\mathscr{A}$ の要素である事象がなくなるまで [2]，[3] を繰り返す。

解答 求める σ-加法族を $\mathscr{A}$ とする。
(1)　まず，$\emptyset\in\mathscr{A}$，$\{2,\ 4,\ 6\}\in\mathscr{A}$，$\{1,\ 2,\ 3,\ 4,\ 5,\ 6\}\in\mathscr{A}$ である。
　　次に，$\{1,\ 3,\ 5\}\in\mathscr{A}$ である。
　　以上から　　$\mathscr{A}=\{\emptyset,\ \{1,\ 3,\ 5\},\ \{2,\ 4,\ 6\},\ \{1,\ 2,\ 3,\ 4,\ 5,\ 6\}\}$
(2)　まず，$\emptyset\in\mathscr{A}$，$\{1,\ 2,\ 3\}\in\mathscr{A}$，$\{2,\ 4,\ 6\}\in\mathscr{A}$，$\{1,\ 2,\ 3,\ 4,\ 5,\ 6\}\in\mathscr{A}$ である。
　　次に，$\{4,\ 5,\ 6\}\in\mathscr{A}$，$\{1,\ 3,\ 5\}\in\mathscr{A}$ である。
　　また　　$\{1,\ 2,\ 3\}\cup\{2,\ 4,\ 6\}=\{1,\ 2,\ 3,\ 4,\ 6\}$，$\{1,\ 2,\ 3\}\cap\{2,\ 4,\ 6\}=\{2\}$
　　　　　　$\{1,\ 2,\ 3\}\cup\{1,\ 3,\ 5\}=\{1,\ 2,\ 3,\ 5\}$，$\{1,\ 2,\ 3\}\cap\{1,\ 3,\ 5\}=\{1,\ 3\}$
　　　　　　$\{2,\ 4,\ 6\}\cup\{4,\ 5,\ 6\}=\{2,\ 4,\ 5,\ 6\}$，$\{2,\ 4,\ 6\}\cap\{4,\ 5,\ 6\}=\{4,\ 6\}$
　　　　　　$\{4,\ 5,\ 6\}\cup\{1,\ 3,\ 5\}=\{1,\ 3,\ 4,\ 5,\ 6\}$，$\{4,\ 5,\ 6\}\cap\{1,\ 3,\ 5\}=\{5\}$
　　さらに　　$\{1,\ 2,\ 3,\ 4,\ 6\}\cap\{1,\ 3,\ 4,\ 5,\ 6\}=\{1,\ 3,\ 4,\ 6\}$
　　　　　　$\{2\}\cup\{5\}=\{2,\ 5\}$
　　以上から　　$\mathscr{A}=\{\emptyset,\ \{2\},\ \{5\},\ \{1,\ 3\},\ \{2,\ 5\},\ \{4,\ 6\},$
　　　　　　　　$\{1,\ 2,\ 3\},\ \{1,\ 3,\ 5\},\ \{2,\ 4,\ 6\},\ \{4,\ 5,\ 6\},$
　　　　　　　　$\{1,\ 2,\ 3,\ 5\},\ \{1,\ 3,\ 4,\ 6\},\ \{2,\ 4,\ 5,\ 6\},$
　　　　　　　　$\{1,\ 2,\ 3,\ 4,\ 6\},\ \{1,\ 3,\ 4,\ 5,\ 6\},\ \{1,\ 2,\ 3,\ 4,\ 5,\ 6\}\}$

基本 例題 **063** 確率の公理 1 ★★☆

(1) 基本例題 061 の σ-加法族 $\{\varnothing,\ E^{\mathrm{S}},\ E^{\mathrm{F}},\ \Omega\}$ に対して，

$P(\varnothing)=0,\ P(E^{\mathrm{S}})=\dfrac{1}{2},\ P(E^{\mathrm{F}})=\dfrac{1}{2},\ P(\Omega)=1$ という確率の割り当て方は，

下の公理を満たすことを示せ。また，σ-加法族 $\{\varnothing,\ E^{\mathrm{S}},\ E^{\mathrm{F}},\ \Omega\}$ に対して，

$P(\varnothing)=0,\ P(E^{\mathrm{S}})=\dfrac{2}{3},\ P(E^{\mathrm{F}})=\dfrac{1}{3},\ P(\Omega)=1$ という確率の割り当て方も考えら

れるが，これら以外の確率の割り当て方の例を挙げよ。

(2) 確率の割り当て方が，下の **公理** のみで定まるのは，σ-加法族がどのような場合か答えよ。

公理 **確率の公理**

Ω を標本空間，$\mathcal{A}$ を事象の σ-加法族とする。また，σ-加法族 $\mathcal{A}$ に含まれる事象 E に割り当てられる確率を $P(E)$ で表す。このとき，確率 $P(E)$ は次の 3 つの条件を満たす。

[1] σ-加法族 $\mathcal{A}$ に含まれるすべての事象 E には確率 $P(E)$ が割り当てられ，$0\leqq P(E)\leqq 1$ が成り立つ。

[2] $P(\Omega)=1$

[3] σ-加法族 $\mathcal{A}$ から，互いに排反になるように事象 $E_1,\ E_2,\ \cdots\cdots$ を選ぶとき，

$P\left(\displaystyle\bigcup_{i=1}^{\infty} E_i\right)=\displaystyle\sum_{i=1}^{\infty} P(E_i)$ が成り立つ。

指針 (1)において，公理の条件 [3] が成り立つことを示す際，$E_1\in\mathcal{A},\ E_2\in\mathcal{A},\ \cdots\cdots$ とし，$G=\{E_1,\ E_2,\ \cdots\cdots\}$ とすると，事象 $E_1,\ E_2,\ \cdots\cdots$ は互いに排反であることから，G に含まれる $\varnothing$ 以外の要素は限られることを念頭におく。

解答 (1) [1] $P(\varnothing)=0$ であるから $\qquad 0\leqq P(\varnothing)\leqq 1$

$\qquad\qquad P(E^{\mathrm{S}})=\dfrac{1}{2}$ であるから $\qquad 0\leqq P(E^{\mathrm{S}})\leqq 1$

$\qquad\qquad P(E^{\mathrm{F}})=\dfrac{1}{2}$ であるから $\qquad 0\leqq P(E^{\mathrm{F}})\leqq 1$

$\qquad\qquad P(\Omega)=1$ であるから $\qquad 0\leqq P(\Omega)\leqq 1$

$\quad$ [2] $P(\Omega)=1$

$\quad$ [3] $E_1\in\mathcal{A},\ E_2\in\mathcal{A},\ \cdots\cdots$ とし，$G=\{E_1,\ E_2,\ \cdots\cdots\}$ とする。

$\qquad$ 事象 $E_1,\ E_2,\ \cdots\cdots$ は互いに排反であるから，次の 5 つの場合が考えられる。

$\qquad$ (ア) $E^{\mathrm{S}}\in G,\ E^{\mathrm{F}}\in G,\ \Omega\in G$ $\qquad$ (イ) $E^{\mathrm{S}}\in G,\ E^{\mathrm{F}}\in G,\ \Omega\notin G$

$\qquad$ (ウ) $E^{\mathrm{S}}\in G,\ E^{\mathrm{F}}\notin G,\ \Omega\notin G$ $\qquad$ (エ) $E^{\mathrm{S}}\notin G,\ E^{\mathrm{F}}\in G,\ \Omega\notin G$

$\qquad$ (オ) $E^{\mathrm{S}}\notin G,\ E^{\mathrm{F}}\notin G,\ \Omega\notin G$

(ア) のとき

ある $k \in \mathrm{N}$ に対して $E_k = \Omega$ であり，$i \neq k$ を満たす任意の $i \in \mathrm{N}$ に対して $E_i = \varnothing$ であるから $\qquad \bigcup\limits_{i=1}^{\infty} E_i = \Omega$

$P(\varnothing) = 0$ であるから $\qquad P\left(\bigcup\limits_{i=1}^{\infty} E_i\right) = P(\Omega) = \sum\limits_{i=1}^{\infty} P(E_i)$

(イ) のとき

ある $k \in \mathrm{N}$ に対して $E_k = E^{\mathrm{S}}$，ある $l \in \mathrm{N}$ に対して $E_l = E^{\mathrm{F}}$ であり $(k \neq l)$，$i \neq k, l$ を満たす任意の $i \in \mathrm{N}$ に対して $E_i = \varnothing$ であるから $\qquad \bigcup\limits_{i=1}^{\infty} E_i = \Omega$

$P(\varnothing) = 0$，$P(E^{\mathrm{S}}) + P(E^{\mathrm{F}}) = P(\Omega)$ であるから

$$P\left(\bigcup\limits_{i=1}^{\infty} E_i\right) = P(\Omega) = \sum\limits_{i=1}^{\infty} P(E_i)$$

(ウ) のとき

ある $k \in \mathrm{N}$ に対して $E_k = E^{\mathrm{S}}$ であり，$i \neq k$ を満たす任意の $i \in \mathrm{N}$ に対して $E_i = \varnothing$ であるから $\qquad \bigcup\limits_{i=1}^{\infty} E_i = E^{\mathrm{S}}$

$P(\varnothing) = 0$ であるから $\qquad P\left(\bigcup\limits_{i=1}^{\infty} E_i\right) = P(E^{\mathrm{S}}) = \sum\limits_{i=1}^{\infty} P(E_i)$

(エ) のとき

ある $k \in \mathrm{N}$ に対して $E_k = E^{\mathrm{F}}$ であり，$i \neq k$ を満たす任意の $i \in \mathrm{N}$ に対して $E_i = \varnothing$ であるから $\qquad \bigcup\limits_{i=1}^{\infty} E_i = E^{\mathrm{F}}$

$P(\varnothing) = 0$ であるから $\qquad P\left(\bigcup\limits_{i=1}^{\infty} E_i\right) = P(E^{\mathrm{F}}) = \sum\limits_{i=1}^{\infty} P(E_i)$

(オ) のとき

任意の $i \in \mathrm{N}$ に対して $E_i = \varnothing$ であるから $\qquad \bigcup\limits_{i=1}^{\infty} E_i = \varnothing$

$P(\varnothing) = 0$ であるから $\qquad P\left(\bigcup\limits_{i=1}^{\infty} E_i\right) = P(\varnothing) = \sum\limits_{i=1}^{\infty} P(E_i)$

以上から，与えられた確率の割り当て方は 公理 を満たす。 ∎

また，他の確率の割り当て方の例は

$$P(\varnothing) = 0, \quad P(E^{\mathrm{S}}) = \frac{1}{3}, \quad P(E^{\mathrm{F}}) = \frac{2}{3}, \quad P(\Omega) = 1$$

(2) Ω を標本空間として，σ-加法族 $\{\varnothing, \Omega\}$ を考えると，公理から $P(\varnothing) = 0$，$P(\Omega) = 1$ と定まる。

$\varnothing$，Ω 以外の事象を要素とする σ-加法族を考えると，$\varnothing$，Ω 以外の事象に割り当てられる確率は 公理 のみで定まらない。

よって，確率の割り当て方が 公理 のみで定まるのは，**σ-加法族の要素が空集合と標本空間のみである場合** である。

基本 例題 064 確率の公理 2 ★☆☆

E_1, E_2 を $E_1 \subset E_2$ を満たす任意の事象とする。このとき，基本例題 063 の **公理** によると，これらの事象の確率 $P(E_1)$, $P(E_2)$ について，$P(E_1) \leq P(E_2)$ が成り立つことが必要である。確率 $P(E_1)$, $P(E_2)$ について，$P(E_1) \leq P(E_2)$ が成り立たないならば，**公理** の条件 [1] が成り立たないことを示せ。

指針 $E_1 \subset E_2$ を満たしている任意の事象 E_1, E_2 の確率 $P(E_1)$, $P(E_2)$ について，$P(E_1) \leq P(E_2)$ が成り立たないということは $P(E_1) > P(E_2)$ が成り立つということである。新たな事象 E_3 を $E_3 = E_1 \cup (E_1{}^c \cap E_2)$ で定めて考えるとよい。

解答 $E_3 = E_1 \cup (E_1{}^c \cap E_2)$ とすると，$E_1 \subset E_2$ より $E_1 \cup E_2 = E_2$ であるから

$$E_3 = E_1 \cup (E_1{}^c \cap E_2) = (E_1 \cup E_1{}^c) \cap (E_1 \cup E_2) = E_1 \cup E_2 = E_2$$

また　　　　　$E_1 \cap (E_1{}^c \cap E_2) = \varnothing$

よって　　　　$P(E_3) = P(E_1 \cup (E_1{}^c \cap E_2)) = P(E_1) + P((E_1{}^c \cap E_2))$

ゆえに　　　　$P(E_2) = P(E_1) + P((E_1{}^c \cap E_2))$

すなわち　　　$P((E_1{}^c \cap E_2)) = P(E_2) - P(E_1)$

確率 $P(E_1)$, $P(E_2)$ について，$P(E_1) \leq P(E_2)$ が成り立たないならば，$P(E_1) > P(E_2)$ であるから　　$P((E_1{}^c \cap E_2)) < 0$

したがって，確率 $P(E_1)$, $P(E_2)$ について，$P(E_1) \leq P(E_2)$ が成り立たないならば，**公理** の条件 [1] は成り立たない。　■

基本 例題 065 確率の連続性 ★★☆

次の命題を示せ。

命題　確率の連続性

事象の無限列 E_1, E_2, …… に対して，次が成り立つ。

$$\lim_{n \to \infty} P\left(\bigcup_{i=1}^{n} E_i \right) = P\left(\bigcup_{i=1}^{\infty} E_i \right), \quad \lim_{n \to \infty} P\left(\bigcap_{i=1}^{n} E_i \right) = P\left(\bigcap_{i=1}^{\infty} E_i \right)$$

指針 基本例題 063 で扱った **公理** の条件 [3] を用いて示す。$\mathcal{A}$ を事象の σ-加法族とするとき，第 1 式を示すには，$\{B_n\} \subset \mathcal{A}$ を $B_1 = E_1$, $B_{n+1} = \bigcup_{i=1}^{n+1} E_i \setminus \bigcup_{i=1}^{n} E_i$ で定めるとよい。このように定めると，B_1, B_2, …… は互いに排反な事象の列である。なお，$\bigcup_{i=1}^{n+1} E_i \setminus \bigcup_{i=1}^{n} E_i$ は $\bigcup_{i=1}^{n+1} E_i$ の要素のうち $\bigcup_{i=1}^{n} E_i$ の要素でないもの全体からなる集合を表す（「\」は差集合を表す記号である）。第 2 式は第 1 式とド・モルガンの公式，補集合の性質を利用して示す。補集合の性質について，詳しくは重要例題 018 を参照するとよい。

解答　$\mathcal{A}$ を事象の σ-加法族とする。

まず，$\displaystyle\lim_{n\to\infty}P\Big(\bigcup_{i=1}^{n}E_i\Big)=P\Big(\bigcup_{i=1}^{\infty}E_i\Big)$ を示す。

$\{B_n\}\subset\mathcal{A}$ を $B_1=E_1$，$B_{n+1}=\displaystyle\bigcup_{i=1}^{n+1}E_i\backslash\bigcup_{i=1}^{n}E_i$ で定める。

$k<l$ を満たす任意の $k\in\mathbb{N}$，$l\in\mathbb{N}$ に対して，$\rho=B_k\cap B_l$ とすると

$$\rho\in B_k \quad \text{かつ} \quad \rho\in B_l$$

[1]　$k=1$ のとき　　$\rho\in B_1$　かつ　$\rho\in B_l$

　すなわち　　$\rho\in E_1$　かつ　$\rho\in\displaystyle\bigcup_{i=1}^{l}E_i\backslash\bigcup_{i=1}^{l-1}E_i$

　よって　　　$\rho\in E_1$　かつ　$\rho\in\displaystyle\bigcup_{i=1}^{l}E_i$　かつ　$\rho\notin\displaystyle\bigcup_{i=1}^{l-1}E_i$

　これは矛盾であるから　　$B_1\cap B_l=\varnothing$

[2]　$2\leqq k$ のとき　　$\rho\in B_k$　かつ　$\rho\in B_l$

　すなわち　　$\rho\in\displaystyle\bigcup_{i=1}^{k}E_i\backslash\bigcup_{i=1}^{k-1}E_i$　かつ　$\rho\in\displaystyle\bigcup_{i=1}^{l}E_i\backslash\bigcup_{i=1}^{l-1}E_i$

　よって　　$\rho\in\displaystyle\bigcup_{i=1}^{k}E_i$　かつ　$\rho\notin\displaystyle\bigcup_{i=1}^{k-1}E_i$　かつ　$\rho\in\displaystyle\bigcup_{i=1}^{l}E_i$　かつ　$\rho\notin\displaystyle\bigcup_{i=1}^{l-1}E_i$

　これは矛盾であるから　　$B_k\cap B_l=\varnothing$

[1]，[2] より，事象の列 B_1，B_2，…… は互いに排反であるから

$$\lim_{n\to\infty}P\Big(\bigcup_{i=1}^{n}E_i\Big)=\lim_{n\to\infty}P\Big(\bigcup_{i=1}^{n}B_i\Big)=\lim_{n\to\infty}\sum_{i=1}^{n}P(B_i)=\sum_{i=1}^{\infty}P(B_i)=P\Big(\bigcup_{i=1}^{\infty}B_i\Big)=P\Big(\bigcup_{i=1}^{\infty}E_i\Big)$$

次に，$\displaystyle\lim_{n\to\infty}P\Big(\bigcap_{i=1}^{n}E_i\Big)=P\Big(\bigcap_{i=1}^{\infty}E_i\Big)$ を示す。

ド・モルガンの公式により

$$\lim_{n\to\infty}P\Big(\bigcap_{i=1}^{n}E_i\Big)=\lim_{n\to\infty}P\Big(\Big(\bigcup_{i=1}^{n}E_i{}^{c}\Big)^{c}\Big)=\lim_{n\to\infty}\Big\{1-P\Big(\bigcup_{i=1}^{n}E_i{}^{c}\Big)\Big\}=1-\lim_{n\to\infty}P\Big(\bigcup_{i=1}^{n}E_i{}^{c}\Big)$$

$$=1-P\Big(\bigcup_{i=1}^{\infty}E_i{}^{c}\Big)=1-P\Big(\Big(\bigcap_{i=1}^{\infty}E_i\Big)^{c}\Big)=P\Big(\bigcap_{i=1}^{\infty}E_i\Big) \quad\blacksquare$$

3 確率変数とその分布

基本例題 061 において，ゲームの得点を表す確率変数 Y^M を $(u, v) \in \Omega$ に対して $Y^M(u, v) = u$ で定める。

(1) 得点が 0.3 以下である事象 $\{(u, v) \in \Omega \mid Y^M(u, v) \leqq 0.3\}$ を図示せよ。

(2) 「得点が 0.2 よりも大きく，0.3 以下である事象」を内包的記法で表し，図示せよ。

(3) 「得点が 0.3 であるという事象」を内包的記法で表し，図示せよ。

指針 (2) 得点が 0.2 よりも大きく，0.3 以下であるという条件は，$0.2 < Y^M(u, v) \leqq 0.3$ と書ける。

(3) 得点が 0.3 であるという条件は，$Y^M(u, v) = 0.3$ と書ける。

解答 (1) **右の図の斜線部分** のようになる。
ただし，**境界線を含む**。

(2) $\{(u, v) \in \Omega \mid 0.2 < Y^M(u, v) \leqq 0.3\}$
右の図の斜線部分 のようになる。ただし，**境界線は**
$\{(u, v) \in \Omega \mid u - 0.2,\ 0 \leqq v \leqq 1\}$ **のみ含まず**，その他
は含む。

(3) $\{(u, v) \in \Omega \mid Y^M(u, v) = 0.3\}$
右の図の太線部分 のようになる。

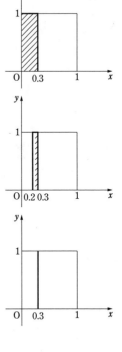

基本　例題067　確率変数と確率　　　★☆☆

基本例題 066 において，ビー玉を投げる位置と正方形は十分に離れていて，正方形のどこにビー玉が落ちるかは投げる前に全くわからず，正方形とその内部のどの点もビー玉の落ちやすさは同じであるとする。その仮定のもとで正方形に含まれるある領域を考えたとき，ビー玉がその領域に落ちる確率は，その領域の面積に等しいと考えるものとする。例えば，得点が 0.3 以下である事象は
$\{(u, v) \in \Omega \mid Y^{\mathrm{M}}(u, v) \leqq 0.3\}$ と表すことができ，その領域の面積は 0.3 であるから，$P(\{(u, v) \in \Omega \mid Y^{\mathrm{M}}(u, v) \leqq 0.3\}) = 0.3$ である。さらに，
$P(\{(u, v) \in \Omega \mid Y^{\mathrm{M}}(u, v) \leqq 0.3\})$ をより簡便に $P(Y^{\mathrm{M}} \leqq 0.3)$ と表すと
$P(Y^{\mathrm{M}} \leqq 0.3) = 0.3$ である。このとき，$P(\{(u, v) \in \Omega \mid 0.2 < Y^{\mathrm{M}}(u, v) \leqq 0.3\})$，
$P(\{(u, v) \in \Omega \mid Y^{\mathrm{M}}(u, v) = 0.3\})$ を同様に簡便に表し，上の仮定のもとで，これらの確率を答えよ。

指針 確率を簡便に表すには，確率変数 Y^{M} が満たすべき条件に着目する。また，領域
$\{(u, v) \in \Omega \mid 0.2 < Y^{\mathrm{M}}(u, v) \leqq 0.3\}$ の面積は 0.1，領域 $\{(u, v) \in \Omega \mid Y^{\mathrm{M}}(u, v) = 0.3\}$ の面積は 0 である。

解答 $P(\{(u, v) \in \Omega \mid 0.2 < Y^{\mathrm{M}}(u, v) \leqq 0.3\})$ をより簡便に表すと

$$P(0.2 < Y^{\mathrm{M}} \leqq 0.3)$$

また，領域 $\{(u, v) \in \Omega \mid 0.2 < Y^{\mathrm{M}}(u, v) \leqq 0.3\}$ の面積は 0.1 であるから

$$P(0.2 < Y^{\mathrm{M}} \leqq 0.3) = \mathbf{0.1}$$

$P(\{(u, v) \in \Omega \mid Y^{\mathrm{M}}(u, v) = 0.3\})$ をより簡便に表すと

$$P(Y^{\mathrm{M}} = 0.3)$$

また，領域 $\{(u, v) \in \Omega \mid Y^{\mathrm{M}}(u, v) = 0.3\}$ の面積は 0 であるから

$$P(Y^{\mathrm{M}} = 0.3) = \mathbf{0}$$

基本 例題 068 分布関数の性質 ★★★

Ω を標本空間，Y を確率変数，その分布関数を $P(Y \leqq x)$ とする。

(1) (a) $a < b$ のとき，$\{\omega \in \Omega \mid Y(\omega) \leqq a\} \subset \{\omega \in \Omega \mid Y(\omega) \leqq b\}$ が成り立つことを示せ。

  (b) $a < b$ のとき，$P(Y \leqq a) \leqq P(Y \leqq b)$ が成り立つことを示せ。

(2) (a) $\displaystyle\bigcap_{i=1}^{\infty} \{\omega \in \Omega \mid Y(\omega) \leqq -i\} = \varnothing$ が成り立つことを示せ。

  (b) 自然数 n に対して，$x < -n$ のとき
$\{\omega \in \Omega \mid Y(\omega) \leqq x\} \subset \{\omega \in \Omega \mid Y(\omega) \leqq -n\}$ が成り立つことを示せ。

  (c) 自然数 n に対して，$\displaystyle\bigcap_{i=1}^{n} \{\omega \in \Omega \mid Y(\omega) \leqq -i\} = \{\omega \in \Omega \mid Y(\omega) \leqq -n\}$ が成り立つことを示せ。

  (d) $\displaystyle\lim_{x \to -\infty} P(Y \leqq x) = 0$ が成り立つことを示せ。

(3) (a) $\displaystyle\bigcup_{i=1}^{\infty} \{\omega \in \Omega \mid Y(\omega) \leqq i\} = \Omega$ が成り立つことを示せ。

  (b) 自然数 n に対して，$n < x$ のとき $\{\omega \in \Omega \mid Y(\omega) \leqq n\} \subset \{\omega \in \Omega \mid Y(\omega) \leqq x\}$ が成り立つことを示せ。

  (c) 自然数 n に対して，$\displaystyle\bigcup_{i=1}^{n} \{\omega \in \Omega \mid Y(\omega) \leqq i\} = \{\omega \in \Omega \mid Y(\omega) \leqq n\}$ が成り立つことを示せ。

  (d) $\displaystyle\lim_{x \to \infty} P(Y \leqq x) = 1$ が成り立つことを示せ。

指針 (1) (b) $P(Y \leqq a) = P(\{\omega \in \Omega \mid Y(\omega) \leqq a\})$，$P(Y \leqq b) = P(\{\omega \in \Omega \mid Y(\omega) \leqq b\})$ であることに着目する。

  (2) (a) $\rho \in \displaystyle\bigcap_{i=1}^{\infty} \{\omega \in \Omega \mid Y(\omega) \leqq -i\}$ が存在すると仮定して，矛盾を導く。

  (b) (1)(a)において，$a = x$, $b = -n$ として考える。

  (c) $\displaystyle\bigcap_{i=1}^{n} \{\omega \in \Omega \mid Y(\omega) \leqq -i\} \subset \{\omega \in \Omega \mid Y(\omega) \leqq -n\}$ かつ
$\displaystyle\bigcap_{i=1}^{n} \{\omega \in \Omega \mid Y(\omega) \leqq -i\} \supset \{\omega \in \Omega \mid Y(\omega) \leqq -n\}$ が成り立つことを示す。

  (d) (1)(b)，(2)(a)，(2)(b)，(2)(c)と確率の連続性を用いて示す。

(3) (a) $\displaystyle\bigcup_{i=1}^{\infty}\{\omega\in\Omega\mid Y(\omega)\leqq i\}\subset\Omega$ かつ $\displaystyle\bigcup_{i=1}^{\infty}\{\omega\in\Omega\mid Y(\omega)\leqq i\}\supset\Omega$ が成り立つことを示す。

(b) (1)(a)において, $a=n$, $b=x$ として考える。

(c) $\displaystyle\bigcup_{i=1}^{n}\{\omega\in\Omega\mid Y(\omega)\leqq i\}\subset\{\omega\in\Omega\mid Y(\omega)\leqq n\}$ かつ

$\displaystyle\bigcup_{i=1}^{n}\{\omega\in\Omega\mid Y(\omega)\leqq i\}\supset\{\omega\in\Omega\mid Y(\omega)\leqq n\}$ が成り立つことを示す。

(d) (1)(b), (3)(a), (3)(b), (3)(c)と確率の連続性を用いて示す。

解答 (1) (a) $\mu\in\{\omega\in\Omega\mid Y(\omega)\leqq a\}$ とすると $Y(\mu)\leqq a$

$a<b$ であるから $Y(\mu)\leqq b$

よって $\mu\in\{\omega\in\Omega\mid Y(\omega)\leqq b\}$

ゆえに $\{\omega\in\Omega\mid Y(\omega)\leqq a\}\subset\{\omega\in\Omega\mid Y(\omega)\leqq b\}$ ■

(b) $P(Y\leqq a)=P(\{\omega\in\Omega\mid Y(\omega)\leqq a\})$, $P(Y\leqq b)=P(\{\omega\in\Omega\mid Y(\omega)\leqq b\})$

$a<b$ より, (a)から $P(\{\omega\in\Omega\mid Y(\omega)\leqq a\})\leqq P(\{\omega\in\Omega\mid Y(\omega)\leqq b\})$

すなわち $P(Y\leqq a)\leqq P(Y\leqq b)$ ■

(2) (a) $\displaystyle\rho\in\bigcap_{i=1}^{\infty}\{\omega\in\Omega\mid Y(\omega)\leqq -i\}$ が存在すると仮定すると, 任意の $i\in\mathrm{N}$ に対して,

$Y(\rho)\leqq -i$ となる。

ところが, アルキメデスの原理から, 次を満たすような $j\in\mathrm{N}$ が存在する。

$j>-Y(\rho)$ すなわち $-j<Y(\rho)$

これは矛盾であるから $\displaystyle\bigcap_{i=1}^{\infty}\{\omega\in\Omega\mid Y(\omega)\leqq -i\}=\varnothing$ ■

(b) (1)(a)から, 成り立つ。 ■

(c) $\displaystyle\nu\in\bigcap_{i=1}^{n}\{\omega\in\Omega\mid Y(\omega)\leqq -i\}$ とすると, $1\leqq i\leqq n$ を満たす任意の $i\in\mathrm{N}$ に対して,

$Y(\nu)\leqq -i$ となる。

よって $Y(\nu)\leqq -n$

ゆえに, $\nu\in\{\omega\in\Omega\mid Y(\omega)\leqq -n\}$ であるから

$$\bigcap_{i=1}^{n}\{\omega\in\Omega\mid Y(\omega)\leqq -i\}\subset\{\omega\in\Omega\mid Y(\omega)\leqq -n\}$$

$\xi\in\{\omega\in\Omega\mid Y(\omega)\leqq -n\}$ とすると, $1\leqq i\leqq n$ を満たす任意の $i\in\mathrm{N}$ に対して

$-n\leqq -i$ であるから $Y(\xi)\leqq -i$

よって, $\displaystyle\xi\in\bigcap_{i=1}^{n}\{\omega\in\Omega\mid Y(\omega)\leqq -i\}$ であるから

$$\bigcap_{i=1}^{n}\{\omega\in\Omega\mid Y(\omega)\leqq -i\}\supset\{\omega\in\Omega\mid Y(\omega)\leqq -n\}$$

したがって $\displaystyle\bigcap_{i=1}^{n}\{\omega\in\Omega\mid Y(\omega)\leqq -i\}=\{\omega\in\Omega\mid Y(\omega)\leqq -n\}$ ■

(d) (1)(b), (2)(b)から, $x < -n$ のとき

$$0 \le P(\{\omega \in \Omega \mid Y(\omega) \le x\}) \le P(\{\omega \in \Omega \mid Y(\omega) \le -n\})$$

(2)(a), (2)(c)と確率の連続性から

$$\lim_{n \to \infty} P(\{\omega \in \Omega \mid Y(\omega) \le -n\}) = \lim_{n \to \infty} P\left(\bigcap_{i=1}^{n} \{\omega \in \Omega \mid Y(\omega) \le -i\}\right)$$

$$= P\left(\bigcap_{i=1}^{\infty} \{\omega \in \Omega \mid Y(\omega) \le -i\}\right)$$

$$= P(\varnothing) = 0$$

したがって, はさみうちの原理により $\displaystyle \lim_{x \to -\infty} P(Y \le x) = 0$ ■

(3) (a) $\sigma \in \displaystyle\bigcup_{i=1}^{\infty} \{\omega \in \Omega \mid Y(\omega) \le i\}$ とすると, $\sigma \in \Omega$ であるから

$$\bigcup_{i=1}^{\infty} \{\omega \in \Omega \mid Y(\omega) \le i\} \subset \Omega$$

$\tau \in \Omega$ とすると, ある $i \in \mathrm{N}$ が存在して, $Y(\tau) \le i$ となる。

よって, $\tau \in \displaystyle\bigcup_{i=1}^{\infty} \{\omega \in \Omega \mid Y(\omega) \le i\}$ であるから $\displaystyle\bigcup_{i=1}^{\infty} \{\omega \in \Omega \mid Y(\omega) \le i\} \supset \Omega$

以上から $\displaystyle\bigcup_{i=1}^{\infty} \{\omega \in \Omega \mid Y(\omega) \le i\} = \Omega$ ■

(b) (1)(a)から, 成り立つ。 ■

(c) $\varphi \in \displaystyle\bigcup_{i=1}^{n} \{\omega \in \Omega \mid Y(\omega) \le i\}$ とすると, $1 \le i \le n$ を満たすある $i \in \mathrm{N}$ に対して, $Y(\varphi) \le i$ となる。

$i \le n$ であるから $Y(\varphi) \le n$

よって, $\varphi \in \{\omega \in \Omega \mid Y(\omega) \le n\}$ であるから

$$\bigcup_{i=1}^{n} \{\omega \in \Omega \mid Y(\omega) \le i\} \subset \{\omega \in \Omega \mid Y(\omega) \le n\}$$

また, 明らかに $\displaystyle\bigcup_{i=1}^{n} \{\omega \in \Omega \mid Y(\omega) \le i\} \supset \{\omega \in \Omega \mid Y(\omega) \le n\}$

したがって $\displaystyle\bigcup_{i=1}^{n} \{\omega \in \Omega \mid Y(\omega) \le i\} = \{\omega \in \Omega \mid Y(\omega) \le n\}$ ■

(d) (1)(b), (3)(b)から, $n < x$ のとき

$$P(\{\omega \in \Omega \mid Y(\omega) \le n\}) \le P(\{\omega \in \Omega \mid Y(\omega) \le x\}) \le 1$$

(3)(a), (3)(c)と確率の連続性から

$$\lim_{n \to \infty} P(\{\omega \in \Omega \mid Y(\omega) \le n\}) = \lim_{n \to \infty} P\left(\bigcup_{i=1}^{n} \{\omega \in \Omega \mid Y(\omega) \le i\}\right)$$

$$= P\left(\bigcup_{i=1}^{\infty} \{\omega \in \Omega \mid Y(\omega) \le i\}\right)$$

$$= P(\Omega) = 1$$

したがって, はさみうちの原理により $\displaystyle \lim_{x \to \infty} P(Y \le x) = 1$ ■

基本　例題 **069**　分布関数と分布　　　　★★★

Y を確率変数とする。

(1)　$P(2<Y)=1-P(Y\leqq 2)$ が成り立つことを示せ。

(2)　$P(2<Y\leqq 3)=P(Y\leqq 3)-P(Y\leqq 2)$ が成り立つことを示せ。

(3)　$P(Y=3)=P(Y\leqq 3)-\lim_{n\to\infty}P\left(Y\leqq 3-\dfrac{1}{n}\right)$ が成り立つことを示せ。

指針　Ω を標本空間とする。

(1)　$E_1=\{\omega\in\Omega\mid Y(\omega)\leqq 2\}$, $E_2=\{\omega\in\Omega\mid 2<Y(\omega)\}$ とし, $\Omega=E_1\cup E_2$, $E_1\cap E_2=\varnothing$ であることを示す。

(2)　$F_1=\{\omega\in\Omega\mid Y(\omega)\leqq 3\}$, $F_2=\{\omega\in\Omega\mid Y(\omega)\leqq 2\}$, $F_3=\{\omega\in\Omega\mid 2<Y(\omega)\leqq 3\}$ とし, $F_1=F_2\cup F_3$, $F_2\cap F_3=\varnothing$ であることを示す。

(3)　$G_1=\{\omega\in\Omega\mid Y(\omega)\leqq 3\}$, $G_2=\{\omega\in\Omega\mid Y(\omega)=3\}$, $G_3=\{\omega\in\Omega\mid Y(\omega)<3\}$ とし,

$G_1=G_2\cup G_3$, $G_2\cap G_3=\varnothing$ であることを示す。そして, $G_3=\displaystyle\bigcup_{i=1}^{\infty}\left\{\omega\in\Omega\ \middle|\ Y(\omega)\leqq 3-\dfrac{1}{i}\right\}$,

$\displaystyle\bigcup_{i=1}^{n}\left\{\omega\in\Omega\ \middle|\ Y(\omega)\leqq 3-\dfrac{1}{i}\right\}=\left\{\omega\in\Omega\ \middle|\ Y(\omega)\leqq 3-\dfrac{1}{n}\right\}$ であることを順に示す。

用語　**分布関数**

Y を確率変数とする。実数 x に対して, 確率 $P(Y\leqq x)$ を, x を引数とする関数とみなしたものを, 確率変数 Y の **分布関数** という。

解答　Ω を標本空間とする。

(1)　$E_1=\{\omega\in\Omega\mid Y(\omega)\leqq 2\}$, $E_2=\{\omega\in\Omega\mid 2<Y(\omega)\}$ とする。

$\alpha\in\Omega$ とすると, $Y(\alpha)\leqq 2$ または $2<Y(\alpha)$ が成り立つ。

よって, $\alpha\in E_1\cup E_2$ であるから　　$\Omega\subset E_1\cup E_2$

$\Omega\supset E_1\cup E_2$ は明らかに成り立つから

$$\Omega=E_1\cup E_2$$

また, $\gamma\in E_1\cap E_2$ が存在すると仮定すると, $\gamma\in E_1$ かつ $\gamma\in E_2$ であるから

$$Y(\gamma)\leqq 2\quad かつ\quad 2<Y(\gamma)$$

これは矛盾であるから　　$E_1\cap E_2=\varnothing$

よって, 事象 E_1, E_2 は互いに排反であるから　　$P(\Omega)=P(E_1)+P(E_2)$

したがって　　$P(\{\omega\in\Omega\mid Y(\omega)\leqq 2\})+P(\{\omega\in\Omega\mid 2<Y(\omega)\})=1$

すなわち　　$P(2<Y)=1-P(Y\leqq 2)$　■

(2)　$F_1=\{\omega\in\Omega\mid Y(\omega)\leqq 3\}$, $F_2=\{\omega\in\Omega\mid Y(\omega)\leqq 2\}$, $F_3=\{\omega\in\Omega\mid 2<Y(\omega)\leqq 3\}$ とする。

$\delta \in F_1$ とすると，$Y(\delta) \leqq 2$ または $2 < Y(\delta) \leqq 3$ が成り立つ。

よって，$\delta \in F_2 \cup F_3$ であるから $\qquad F_1 \subset F_2 \cup F_3$

$\varepsilon \in F_2 \cup F_3$ とすると，$Y(\varepsilon) \leqq 2$ または $2 < Y(\varepsilon) \leqq 3$ が成り立つ。

よって $\qquad Y(\varepsilon) \leqq 3$

ゆえに，$\varepsilon \in F_1$ であるから $\qquad F_1 \supset F_2 \cup F_3$

したがって $\qquad F_1 = F_2 \cup F_3$

また，$\zeta \in F_2 \cap F_3$ が存在すると仮定すると，$\zeta \in F_2$ かつ $\zeta \in F_3$ であるから

$$Y(\zeta) \leqq 2 \quad かつ \quad 2 < Y(\zeta) \leqq 3$$

これは矛盾であるから $\qquad F_2 \cap F_3 = \varnothing$

よって，事象 F_2，F_3 は互いに排反であるから $\qquad P(F_1) = P(F_2) + P(F_3)$

したがって

$$P(\{\omega \in \Omega \mid Y(\omega) \leqq 3\}) = P(\{\omega \in \Omega \mid Y(\omega) \leqq 2\}) + P(\{\omega \in \Omega \mid 2 < Y(\omega) \leqq 3\})$$

すなわち $\qquad P(2 < Y \leqq 3) = P(Y \leqq 3) - P(Y \leqq 2)$ ■

(3) $G_1 = \{\omega \in \Omega \mid Y(\omega) \leqq 3\}$，$G_2 = \{\omega \in \Omega \mid Y(\omega) = 3\}$，$G_3 = \{\omega \in \Omega \mid Y(\omega) < 3\}$ とする。

$\eta \in G_1$ とすると，$Y(\eta) = 3$ または $Y(\eta) < 3$ が成り立つ。

よって，$\eta \in G_2 \cup G_3$ であるから $\qquad G_1 \subset G_2 \cup G_3$

$\theta \in G_2 \cup G_3$ とすると，$Y(\theta) = 3$ または $Y(\theta) < 3$ が成り立つ。

よって $\qquad Y(\theta) \leqq 3$

ゆえに，$\theta \in G_1$ であるから $\qquad G_1 \supset G_2 \cup G_3$

したがって $\qquad G_1 = G_2 \cup G_3$

また，$\iota \in G_2 \cap G_3$ が存在すると仮定すると，$\iota \in G_2$ かつ $\iota \in G_3$ であるから

$$Y(\iota) = 3 \quad かつ \quad Y(\iota) < 3$$

これは矛盾であるから $\qquad G_2 \cap G_3 = \varnothing$

よって，事象 G_2，G_3 は互いに排反であるから $\qquad P(G_1) = P(G_2) + P(G_3)$

したがって $\qquad P(G_2) = P(G_1) - P(G_3)$ ……①

次に，$G_3 = \bigcup\limits_{i=1}^{\infty} \left\{\omega \in \Omega \mid Y(\omega) \leqq 3 - \dfrac{1}{i}\right\}$ を示す。

$\kappa \in G_3$ とすると $\qquad Y(\kappa) < 3$

アルキメデスの原理から，次を満たすような $j \in \mathbf{N}$ が存在する。

$$\{3 - Y(\kappa)\}j > 1 \quad すなわち \quad Y(\kappa) < 3 - \dfrac{1}{j}$$

よって $\qquad \kappa \in \left\{\omega \in \Omega \mid Y(\omega) \leqq 3 - \dfrac{1}{j}\right\}$

ゆえに，$\kappa \in \bigcup\limits_{i=1}^{\infty} \left\{\omega \in \Omega \mid Y(\omega) \leqq 3 - \dfrac{1}{i}\right\}$ であるから

$$G_3 \subset \bigcup\limits_{i=1}^{\infty} \left\{\omega \in \Omega \mid Y(\omega) \leqq 3 - \dfrac{1}{i}\right\}$$

$\lambda \in \overset{\infty}{\underset{i=1}{\cup}} \left\{ \omega \in \Omega \middle| Y(\omega) \leqq 3 - \dfrac{1}{i} \right\}$ とすると，ある $j \in \mathbb{N}$ が存在して，$Y(\lambda) \leqq 3 - \dfrac{1}{j}$ となる。

よって　　$Y(\lambda) < 3$

ゆえに，$\lambda \in G_3$ であるから　　$G_3 \supset \overset{\infty}{\underset{i=1}{\cup}} \left\{ \omega \in \Omega \middle| Y(\omega) \leqq 3 - \dfrac{1}{i} \right\}$

したがって　　$G_3 = \overset{\infty}{\underset{i=1}{\cup}} \left\{ \omega \in \Omega \middle| Y(\omega) \leqq 3 - \dfrac{1}{i} \right\}$

これと確率の連続性から

$$P(G_3) = P \left(\overset{\infty}{\underset{i=1}{\cup}} \left\{ \omega \in \Omega \middle| Y(\omega) \leqq 3 - \dfrac{1}{i} \right\} \right)$$

$$= \lim_{n \to \infty} P \left(\overset{n}{\underset{i=1}{\cup}} \left\{ \omega \in \Omega \middle| Y(\omega) \leqq 3 - \dfrac{1}{i} \right\} \right) \quad \cdots\cdots ②$$

さらに，$\overset{n}{\underset{i=1}{\cup}} \left\{ \omega \in \Omega \middle| Y(\omega) \leqq 3 - \dfrac{1}{i} \right\} = \left\{ \omega \in \Omega \middle| Y(\omega) \leqq 3 - \dfrac{1}{n} \right\}$ を示す。

$\mu \in \overset{n}{\underset{i=1}{\cup}} \left\{ \omega \in \Omega \middle| Y(\omega) \leqq 3 - \dfrac{1}{i} \right\}$ とすると，$1 \leqq i \leqq n$ を満たすある $i \in \mathbb{N}$ に対して，

$Y(\mu) \leqq 3 - \dfrac{1}{i}$ となる。

$i \leqq n$ であるから　　$Y(\mu) \leqq 3 - \dfrac{1}{n}$

よって，$\mu \in \left\{ \omega \in \Omega \middle| Y(\omega) \leqq 3 - \dfrac{1}{n} \right\}$ であるから

$$\overset{n}{\underset{i=1}{\cup}} \left\{ \omega \in \Omega \middle| Y(\omega) \leqq 3 - \dfrac{1}{i} \right\} \subset \left\{ \omega \in \Omega \middle| Y(\omega) \leqq 3 - \dfrac{1}{n} \right\}$$

また，明らかに　　$\overset{n}{\underset{i=1}{\cup}} \left\{ \omega \in \Omega \middle| Y(\omega) \leqq 3 - \dfrac{1}{i} \right\} \supset \left\{ \omega \in \Omega \middle| Y(\omega) \leqq 3 - \dfrac{1}{n} \right\}$

したがって　　$\overset{n}{\underset{i=1}{\cup}} \left\{ \omega \in \Omega \middle| Y(\omega) \leqq 3 - \dfrac{1}{i} \right\} = \left\{ \omega \in \Omega \middle| Y(\omega) \leqq 3 - \dfrac{1}{n} \right\} \quad \cdots\cdots ③$

①，②，③ から　　$P(G_2) = P(G_1) - P(G_3)$

$$= P(G_1) - \lim_{n \to \infty} P \left(\overset{n}{\underset{i=1}{\cup}} \left\{ \omega \in \Omega \middle| Y(\omega) \leqq 3 - \dfrac{1}{i} \right\} \right)$$

$$= P(G_1) - \lim_{n \to \infty} P \left(\left\{ \omega \in \Omega \middle| Y(\omega) \leqq 3 - \dfrac{1}{n} \right\} \right)$$

すなわち　　$P(Y = 3) = P(Y \leqq 3) - \lim_{n \to \infty} P \left(Y \leqq 3 - \dfrac{1}{n} \right)$　∎

基本 例題 070 逆関数 ★☆☆

下の 命題 の逆関数に関する条件について，$F_Y{}^{-1}$ が逆関数として存在しないのは，分布関数 F_Y がどのような特徴をもつときか答えよ。また，その特徴は，確率変数 Y の分布に対してどのような意味があるか答えよ。

命題 分位数と分布関数の逆関数

Y を連続な確率変数，その分布関数を $F_Y(x) = P(Y \leq x)$ とする。また，α は $0 < \alpha < 1$ を満たすとする。α に対して，確率変数 Y の分布関数の逆関数が存在し，それを $F_Y{}^{-1}$ とするとき，確率変数 Y の左側 α ー分位数は $F_Y{}^{-1}(\alpha)$ で与えられる。

指針 $\beta \in \mathbb{R}$, $\gamma \in \mathbb{R}$ が $\beta \neq \gamma$ を満たして，$F_Y(\beta) = F_Y(\gamma) = \alpha$ となるとする。$F_Y{}^{-1}(\alpha)$ が存在すると仮定すると，$\beta = F_Y{}^{-1}(\alpha)$, $\gamma = F_Y{}^{-1}(\alpha)$ となるから，$\beta = \gamma$ であるが，これは $\beta \neq \gamma$ に矛盾である。

解答 $F_Y{}^{-1}(\alpha)$ が存在しないのは，分布関数が次の特徴をもつときである。
$\beta \in \mathbb{R}$, $\gamma \in \mathbb{R}$ が $\beta \neq \gamma$ を満たして，$F_Y(\beta) = F_Y(\gamma)$ となる。
この特徴は，分布関数に単射性がないということであり，確率変数 Y の分布に対して，実現する確率が 0 となる事象の領域があるという意味がある。

補足 詳しくは基本例題 072 で扱う 命題 の [2] を参照するとよい。

基本 例題 071 分布関数と確率密度関数 ★☆☆

確率変数 U の分布関数 $P(U \leq x)$ が $P(U \leq x) = \begin{cases} 0 & (x < 0) \\ x^2 & (0 \leq x \leq 1) \\ 1 & (1 < x) \end{cases}$ で定められるとする。

(1) 確率変数 U の分布関数のグラフをかけ。

(2) 確率変数 U の確率密度関数を求め，そのグラフをかけ。

(3) 確率変数 U の実現値は，0.1 付近と 0.9 付近のどちらに位置しやすいか答えよ。

指針 (2) まず，与えられた分布関数を引数 x に関して微分することにより確率密度関数を求める。

解答 (1) グラフは右のようになる。

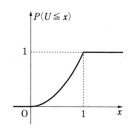

(2)　$\dfrac{\mathrm{d}}{\mathrm{d}x}P(U\leqq x)=\begin{cases} 0 & (x<0) \\ 2x & (0\leqq x\leqq 1) \\ 0 & (1<x) \end{cases}$

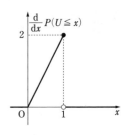

そのグラフは右のようになる。

(3)　**確率変数 U の実現値は，0.9付近に位置しやすい。**

基本 例題072 確率密度関数の非負性 ★☆☆

Y を連続な確率変数とし，定義域を I とする Y の確率密度関数を f_Y とすると，$x\in I$ に対して，$f_Y(x)\geqq 0$ である。これは次の **命題** のどの条件から得られるか答えよ。

命題 分布関数の性質

Y を確率変数とし，その分布関数を $P(Y\leqq x)$ とすると，これは次を満たす。

[1]　分布関数 $P(Y\leqq x)$ の定義域は実数全体で，$x\in \mathrm{R}$ に対して
　　$0\leqq P(Y\leqq x)\leqq 1$ が成り立つ。

[2]　$a<b$ のとき $P(Y\leqq a)\leqq P(Y\leqq b)$ が成り立つ。

[3]　$\displaystyle\lim_{x\to -\infty}P(Y\leqq x)=0$

[4]　$\displaystyle\lim_{x\to \infty}P(Y\leqq x)=1$

指針　Y の確率密度関数は次で定められる。
$$f_Y(x)=\lim_{h\to +0}\frac{P(Y\leqq x)-P(Y\leqq x-h)}{h}=\lim_{h\to +0}\frac{P(Y\leqq x+h)-P(Y\leqq x)}{h}$$
[2] に着目すると，$h>0$ のとき，$P(Y\leqq x-h)\leqq P(Y\leqq x)$, $P(Y\leqq x)\leqq P(Y\leqq x+h)$ が成り立つ。これから $f_Y(x)\geqq 0$ が得られる。

解答　[2]

参考　$f_Y(x)\geqq 0$ は [2] から次のように得られる。

定義から　$f_Y(x)=\displaystyle\lim_{h\to +0}\frac{P(Y\leqq x)-P(Y\leqq x-h)}{h}=\lim_{h\to +0}\frac{P(Y\leqq x+h)-P(Y\leqq x)}{h}$

$h>0$ のとき，$P(Y\leqq x-h)\leqq P(Y\leqq x)$, $P(Y\leqq x)\leqq P(Y\leqq x+h)$ であるから
$$\frac{P(Y\leqq x)-P(Y\leqq x-h)}{h}\geqq 0,\quad \frac{P(Y\leqq x+h)-P(Y\leqq x)}{h}\geqq 0$$
よって　　$f_Y(x)\geqq 0$

補足　問題で扱った確率密度関数の性質を **非負性** という。また，**命題** の [2] は基本例題 068 (1) で示した。この性質を **単調非減少性** という。さらに，**命題** の [3], [4] は基本例題 068 (2), (3) でそれぞれ示した。

基本 例題 073 確率変数の期待値1 ★☆☆

基本例題 071 において，確率変数 U の確率密度関数から，確率変数 U の期待値を求めよ。

指針 確率変数 U の確率密度関数を f_U とすると，確率変数 U の期待値は $\int_{-\infty}^{\infty} x f_U(x)\mathrm{d}x$ により求めることができる。

解答 $f_U(x)=\begin{cases} 0 & (x<0) \\ 2x & (0\leqq x \leqq 1) \\ 0 & (1<x) \end{cases}$ とすると，確率変数 U の期待値は

$$\int_{-\infty}^{\infty} x f_U(x)\mathrm{d}x = \int_{-\infty}^{0} x f_U(x)\mathrm{d}x + \int_{0}^{1} x f_U(x)\mathrm{d}x + \int_{1}^{\infty} x f_U(x)\mathrm{d}x$$

$$= \int_{-\infty}^{0} x\cdot 0\,\mathrm{d}x + \int_{0}^{1} x\cdot 2x\,\mathrm{d}x + \int_{1}^{\infty} x\cdot 0\,\mathrm{d}x = \int_{0}^{1} 2x^2\,\mathrm{d}x$$

$$= \left[\frac{2}{3}x^3\right]_0^1 = \frac{2}{3}$$

基本 例題 074 確率変数の期待値2 ★☆☆

基本例題 072 において，$\int_{-\infty}^{\infty} u f_Y(u)\mathrm{d}u - \mu\int_{-\infty}^{\infty} f_Y(u)\mathrm{d}u = \int_{-\infty}^{\infty} u f_Y(u)\mathrm{d}u - \mu$ は，次の **命題** のどの条件から得られるか答えよ。

命題 確率密度関数の性質

Y を連続な確率変数とし，Y の分布関数を $P(Y\leqq x)$，I を定義域とする Y の確率密度関数を f_Y とする。

[1] $u\in I$ に対して $0\leqq f_Y(u)\leqq 1$ が成り立つ。

[2] $a\in I$, $b\in I$ に対して，$a<b$ のとき，
$\int_{a}^{b} f_Y(u)\mathrm{d}u = P(Y\leqq b) - P(Y\leqq a) = P(a<Y\leqq b)$ が成り立つ。

[3] $x\in \mathrm{R}$ に対し，$\int_{-\infty}^{x} f_Y(u)\mathrm{d}u = P(Y\leqq x)$ が成り立つ。

[4] $\int_{-\infty}^{\infty} f_Y(u)\mathrm{d}u = 1$ が成り立つ。

指針 左辺の $\int_{-\infty}^{\infty} f_Y(u)\mathrm{d}u$ を 1 におき換えると，右辺が得られることに注目する。

解答 [4]

4　確率変数の変換

基本　例題 075　1次関数による変換　★☆☆

基本例題 067 において，最初に参加料 600 円が徴収され，得点を 1000 倍しただけ
の賞金がもらえるものとする。よって，得点を x，このゲームに参加したときの収
支を $g^{\mathrm{M}}(x)$ とすると，得点と収支の関係は $g^{\mathrm{M}}(x)=1000x-600$ と表すことができ
る。ゲームの得点を確率変数 Y^{M} で表し，これを関数 g^{M} の引数とすると，
$g^{\mathrm{M}}(Y^{\mathrm{M}})=1000Y^{\mathrm{M}}-600$ となる。$\omega\in\Omega$ を任意の帰結とするとき，
$g^{\mathrm{M}}(Y^{\mathrm{M}}(\omega))(=1000Y^{\mathrm{M}}(\omega)-600)$ は実数であることを示せ。

指針　帰結とは，実現する可能性のある1つずつの結果である。基本例題 066 から，確率変数 Y^{M}
は $(u, v)\in\Omega$ に対して $Y^{\mathrm{M}}(u, v)=u$ で定まる。

解答　任意の $\omega\in\Omega$ は $\omega=(u, v)$ $(0\leqq u\leqq1, 0\leqq v\leqq1)$ と表すことができる。
確率変数 Y^{M} は $Y^{\mathrm{M}}(u, v)=u$ で定まるから，$Y^{\mathrm{M}}(u, v)\in\mathrm{R}$ である。
したがって，$g^{\mathrm{M}}(Y^{\mathrm{M}}(u, v))$ は実数である。　■

基本　例題 076　1次関数と分布関数1　★☆☆

基本例題 075 において，確率変数 Y^{M} の分布関数は $P(Y^{\mathrm{M}}\leqq x)=\begin{cases} 0 & (x<0) \\ x & (0\leqq x\leqq1) \\ 1 & (1<x) \end{cases}$

である。新たな確率変数 Z^{M} を $Z^{\mathrm{M}}=g^{\mathrm{M}}(Y^{\mathrm{M}}(\omega))(=1000Y^{\mathrm{M}}-600)$ で定めるとき，
確率変数 Z^{M} の分布関数を求め，そのグラフをかけ。

指針　$z=g^{\mathrm{M}}(x)$ とすると，$z=1000x-600$ ……(*) である。$x<0$ のとき $z<-600$，$0\leqq x\leqq1$ の
とき $-600\leqq z\leqq400$，$1<x$ のとき $400<z$ である。
また，(*) を x について解くと，$x=\dfrac{z+600}{1000}$ である。

解答　$P(Y^{\mathrm{M}}\leqq x)=\begin{cases} 0 & (x<0) \\ x & (0\leqq x\leqq1) \\ 1 & (1<x) \end{cases}$ であるから

$P(Z^{\mathrm{M}}\leqq z)=\begin{cases} 0 & (z<-600) \\ \dfrac{z+600}{1000} & (-600\leqq z\leqq400) \\ 1 & (400<z) \end{cases}$

そのグラフは右のようになる。

基本 例題077 1次関数と分布関数2 ★★★

Yを確率変数, $a \in \mathrm{R}$, $b \in \mathrm{R}$ とする。新たな確率変数Zを $Z = aY + b$ で定める。

(1) $0 < a$ のとき, $P(Z \leqq x) = P\left(Y \leqq \dfrac{x-b}{a}\right)$ が成り立つことを示せ。

(2) $a < 0$ とする。

(ア) $P(Z \leqq x) = P\left(Y \geqq \dfrac{x-b}{a}\right)$ が成り立つことを示せ。

(イ) $P\left(Y < \dfrac{x-b}{a}\right) = \lim\limits_{n \to \infty} P\left(Y \leqq \dfrac{x-b}{a} - \dfrac{1}{n}\right)$ が成り立つことを示し,

$P(Z \leqq x) = 1 - \lim\limits_{n \to \infty} P\left(Y \leqq \dfrac{x-b}{a} - \dfrac{1}{n}\right)$ が成り立つことを示せ。

(ウ) 確率変数Yが連続であるならば, $P(Z \leqq x) = 1 - P\left(Y \leqq \dfrac{x-b}{a}\right)$ が成り立つことを示せ。

指針 (1) $Z \leqq x$ ならば $aY + b \leqq x$ である。$0 < a$ のもとでこれを変形する。
(2) (ア) (1)と同様にして考える。
(イ) $P(Z \leqq x) = 1 - \lim\limits_{n \to \infty} P\left(Y \leqq \dfrac{x-b}{a} - \dfrac{1}{n}\right)$ は, $P\left(Y \geqq \dfrac{x-b}{a}\right) = 1 - P\left(Y < \dfrac{x-b}{a}\right)$ であることを示し, (ア)を利用すると得られる。
(ウ) 確率変数Yが連続であるから, $P\left(Y = \dfrac{x-b}{a}\right) = 0$ であることを利用する。

解答 (1) $P(Z \leqq x) = P(aY + b \leqq x) = P(aY \leqq x - b) = P\left(Y \leqq \dfrac{x-b}{a}\right)$ ■

(2) (ア) $P(Z \leqq x) = P(aY + b \leqq x) = P(aY \leqq x - b) = P\left(Y \geqq \dfrac{x-b}{a}\right)$ ■

(イ) Ω を標本空間とする。

$\alpha \in \bigcup\limits_{i=1}^{n}\left\{\omega \in \Omega \;\middle|\; Y(\omega) \leqq \dfrac{x-b}{a} - \dfrac{1}{i}\right\}$ とすると, $1 \leqq i \leqq n$ を満たすある $i \in \mathrm{N}$ が存在

して, $Y(\alpha) \leqq \dfrac{x-b}{a} - \dfrac{1}{i}$ となる。

このとき, $i \leqq n$ に対して $\dfrac{x-b}{a} - \dfrac{1}{i} \leqq \dfrac{x-b}{a} - \dfrac{1}{n}$ が成り立つから

$$Y(\alpha) \leqq \dfrac{x-b}{a} - \dfrac{1}{n}$$

ゆえに, $\alpha \in \left\{\omega \in \Omega \;\middle|\; Y(\omega) \leqq \dfrac{x-b}{a} - \dfrac{1}{n}\right\}$ であるから

$$\bigcup\limits_{i=1}^{n}\left\{\omega \in \Omega \;\middle|\; Y(\omega) \leqq \dfrac{x-b}{a} - \dfrac{1}{i}\right\} \subset \left\{\omega \in \Omega \;\middle|\; Y(\omega) \leqq \dfrac{x-b}{a} - \dfrac{1}{n}\right\}$$

また，明らかに次が成り立つ。

$$\bigcup_{i=1}^{n}\left\{\omega\in\Omega\ \middle|\ Y(\omega)\leqq\frac{x-b}{a}-\frac{1}{i}\right\}\supset\left\{\omega\in\Omega\ \middle|\ Y(\omega)\leqq\frac{x-b}{a}-\frac{1}{n}\right\}$$

したがって

$$\bigcup_{i=1}^{n}\left\{\omega\in\Omega\ \middle|\ Y(\omega)\leqq\frac{x-b}{a}-\frac{1}{i}\right\}=\left\{\omega\in\Omega\ \middle|\ Y(\omega)\leqq\frac{x-b}{a}-\frac{1}{n}\right\}\quad\cdots\cdots①$$

① と確率の連続性から

$$\lim_{n\to\infty}P\left(\left\{\omega\in\Omega\ \middle|\ Y(\omega)\leqq\frac{x-b}{a}-\frac{1}{n}\right\}\right)$$

$$=\lim_{n\to\infty}P\left(\bigcup_{i=1}^{n}\left\{\omega\in\Omega\ \middle|\ Y(\omega)\leqq\frac{x-b}{a}-\frac{1}{i}\right\}\right)$$

$$=P\left(\bigcup_{i=1}^{\infty}\left\{\omega\in\Omega\ \middle|\ Y(\omega)\leqq\frac{x-b}{a}-\frac{1}{i}\right\}\right)\quad\cdots\cdots②$$

さらに，$\beta\in\left\{\omega\in\Omega\ \middle|\ Y(\omega)<\dfrac{x-b}{a}\right\}$ とすると $\quad Y(\beta)<\dfrac{x-b}{a}$

アルキメデスの原理から，次を満たすような $j\in\mathbb{N}$ が存在する。

$$\left\{\frac{x-b}{a}-Y(\beta)\right\}j>1\quad\quad\text{すなわち}\quad\quad Y(\beta)<\frac{x-b}{a}-\frac{1}{j}$$

よって $\quad\beta\in\left\{\omega\in\Omega\ \middle|\ Y(\omega)\leqq\dfrac{x-b}{a}-\dfrac{1}{j}\right\}$

ゆえに，$\beta\in\displaystyle\bigcup_{i=1}^{\infty}\left\{\omega\in\Omega\ \middle|\ Y(\omega)\leqq\dfrac{x-b}{a}-\dfrac{1}{i}\right\}$ であるから

$$\left\{\omega\in\Omega\ \middle|\ Y(\omega)<\frac{x-b}{a}\right\}\subset\bigcup_{i=1}^{\infty}\left\{\omega\in\Omega\ \middle|\ Y(\omega)\leqq\frac{x-b}{a}-\frac{1}{i}\right\}$$

$\gamma\in\displaystyle\bigcup_{i=1}^{\infty}\left\{\omega\in\Omega\ \middle|\ Y(\omega)\leqq\dfrac{x-b}{a}-\dfrac{1}{i}\right\}$ とすると，任意の $i\in\mathbb{N}$ に対して

$\dfrac{x-b}{a}-\dfrac{1}{i}<\dfrac{x-b}{a}$ が成り立つから $\quad\gamma\in\left\{\omega\in\Omega\ \middle|\ Y(\omega)<\dfrac{x-b}{a}\right\}$

ゆえに $\quad\displaystyle\bigcup_{i=1}^{\infty}\left\{\omega\in\Omega\ \middle|\ Y(\omega)\leqq\dfrac{x-b}{a}-\dfrac{1}{i}\right\}\subset\left\{\omega\in\Omega\ \middle|\ Y(\omega)<\dfrac{x-b}{a}\right\}$

したがって

$$\bigcup_{i=1}^{\infty}\left\{\omega\in\Omega\ \middle|\ Y(\omega)\leqq\frac{x-b}{a}-\frac{1}{i}\right\}=\left\{\omega\in\Omega\ \middle|\ Y(\omega)<\frac{x-b}{a}\right\}\quad\cdots\cdots③$$

②，③ から

$$\lim_{n\to\infty}P\left(\left\{\omega\in\Omega\ \middle|\ Y(\omega)\leqq\frac{x-b}{a}-\frac{1}{n}\right\}\right)=P\left(\left\{\omega\in\Omega\ \middle|\ Y(\omega)<\frac{x-b}{a}\right\}\right)$$

すなわち $\quad P\left(Y<\dfrac{x-b}{a}\right)=\displaystyle\lim_{n\to\infty}P\left(Y\leqq\dfrac{x-b}{a}-\dfrac{1}{n}\right)\quad\cdots\cdots④$

次に，$E_1=\left\{\omega\in\Omega\ \middle|\ Y(\omega)<\dfrac{x-b}{a}\right\}$，$E_2=\left\{\omega\in\Omega\ \middle|\ Y(\omega)\geqq\dfrac{x-b}{a}\right\}$ とする。

$\delta\in\Omega$ とすると，$Y(\delta)<\dfrac{x-b}{a}$ または $Y(\delta)\geqq\dfrac{x-b}{a}$ が成り立つ。

よって，$\delta \in E_1 \cup E_2$ であるから　　$\Omega \subset E_1 \cup E_2$

$\Omega \supset E_1 \cup E_2$ は明らかに成り立つから

$$\Omega = E_1 \cup E_2$$

また，$\zeta \in E_1 \cap E_2$ が存在すると仮定すると，$\zeta \in E_1$ かつ $\zeta \in E_2$ であるから

$$Y(\zeta) < \frac{x-b}{a} \quad \text{かつ} \quad Y(\zeta) \geqq \frac{x-b}{a}$$

これは矛盾であるから　　$E_1 \cap E_2 = \varnothing$

よって，事象 E_1，E_2 は互いに排反であるから　　$P(\Omega) = P(E_1) + P(E_2)$

したがって　　$P\left(Y \geqq \dfrac{x-b}{a}\right) = 1 - P\left(Y < \dfrac{x-b}{a}\right)$　……⑤

(ア)，④，⑤ から　　$P(Z \leqq x) = P\left(Y \geqq \dfrac{x-b}{a}\right) = 1 - P\left(Y < \dfrac{x-b}{a}\right)$

$$= 1 - \lim_{n \to \infty} P\left(Y \leqq \frac{x-b}{a} - \frac{1}{n}\right) \quad \blacksquare$$

(ウ)　$E_3 = \left\{\omega \in \Omega \,\middle|\, Y(\omega) \leqq \dfrac{x-b}{a}\right\}$，$E_4 = \left\{\omega \in \Omega \,\middle|\, Y(\omega) = \dfrac{x-b}{a}\right\}$ とする。

$\eta \in E_3$ とすると，$Y(\eta) < \dfrac{x-b}{a}$ または $Y(\eta) = \dfrac{x-b}{a}$ が成り立つ。

よって，$\eta \in E_1 \cup E_4$ であるから　　$E_3 \subset E_1 \cup E_4$

$\theta \in E_1 \cup E_4$ とすると，$Y(\theta) < \dfrac{x-b}{a}$ または $Y(\theta) = \dfrac{x-b}{a}$ が成り立つ。

よって　　$Y(\theta) \leqq \dfrac{x-b}{a}$

ゆえに，$\theta \in E_3$ であるから　　$E_3 \supset E_1 \cup E_4$

したがって　　$E_3 = E_1 \cup E_4$

また，$\kappa \in E_1 \cap E_4$ が存在すると仮定すると，$\kappa \in E_1$ かつ $\kappa \in E_4$ であるから

$$Y(\kappa) < \frac{x-b}{a} \quad \text{かつ} \quad Y(\kappa) \geqq \frac{x-b}{a}$$

これは矛盾であるから　　$E_1 \cap E_4 = \varnothing$

よって，事象 E_1，E_4 は互いに排反であるから　　$P(E_3) = P(E_1) + P(E_4)$

よって，$P(E_1) = P(E_3) - P(E_4)$ であるから

$$P\left(Y < \frac{x-b}{a}\right) = P\left(Y \leqq \frac{x-b}{a}\right) - P\left(Y = \frac{x-b}{a}\right) \quad \text{……⑥}$$

(ア)，⑤，⑥ から

$$P(Z \leqq x) = P\left(Y \geqq \frac{x-b}{a}\right) = 1 - P\left(Y < \frac{x-b}{a}\right)$$

$$= 1 - \left\{P\left(Y \leqq \frac{x-b}{a}\right) - P\left(Y = \frac{x-b}{a}\right)\right\} = 1 - P\left(Y \leqq \frac{x-b}{a}\right) \quad \blacksquare$$

基本　例題078　1次関数と確率密度関数　★☆☆

(1) 次の **命題** を示せ。

命題　Y を連続で，その分布関数が微分可能な確率変数とする。また，$a \in \mathrm{R}$, $b \in \mathrm{R}$ に対して，新たな確率変数 Z を $Z = aY + b$ $(a \ne 0)$ で定める。確率変数 Y, Z の確率密度関数をそれぞれ f_Y, f_Z とするとき，次が成り立つ。

[1]　$0 < a$ のとき　$f_Z(x) = \dfrac{1}{a} f_Y\left(\dfrac{x-b}{a}\right)$　　　[2]　$a < 0$ のとき　$f_Z(x) = -\dfrac{1}{a} f_Y\left(\dfrac{x-b}{a}\right)$

(2) 基本例題076において，確率変数 Z^{M} の確率密度関数を求めよ。また，そのグラフをかけ。

指針　(1)において，定義から，$f_Z(x) = \dfrac{\mathrm{d}}{\mathrm{d}x} P(Z \le x)$ である。確率変数 Y は連続であるから，基本例題077により，[2] のとき $P(Z \le x) = 1 - P\left(Y \le \dfrac{x-b}{a}\right)$ である。$\dfrac{x-b}{a} = y$ とおいて示すとよい。

解答　(1)　$f_Z(x) = \dfrac{\mathrm{d}}{\mathrm{d}x} P(Z \le x)$

　　[1]　$0 < a$ のとき　　$P(Z \le x) = P\left(Y \le \dfrac{x-b}{a}\right)$

　　よって　　$\dfrac{\mathrm{d}}{\mathrm{d}x} P(Z \le x) = \dfrac{\mathrm{d}}{\mathrm{d}x} P\left(Y \le \dfrac{x-b}{a}\right)$

　　ここで，$\dfrac{x-b}{a} = y$ とおくと　　$\dfrac{\mathrm{d}y}{\mathrm{d}x} = \dfrac{1}{a}$

　　したがって
$$f_Z(x) = \dfrac{\mathrm{d}}{\mathrm{d}x} P\left(Y \le \dfrac{x-b}{a}\right) = \dfrac{\mathrm{d}}{\mathrm{d}y} P(Y \le y) \cdot \dfrac{\mathrm{d}y}{\mathrm{d}x} = \dfrac{1}{a} f_Y\left(\dfrac{x-b}{a}\right)　\blacksquare$$

　　[2]　$a < 0$ のとき　　$P(Z \le x) = 1 - P\left(Y \le \dfrac{x-b}{a}\right)$

　　よって　　$\dfrac{\mathrm{d}}{\mathrm{d}x} P(Z \le x) = -\dfrac{\mathrm{d}}{\mathrm{d}x} P\left(Y \le \dfrac{x-b}{a}\right)$

　　ここで，$\dfrac{x-b}{a} = y$ とおくと　　$\dfrac{\mathrm{d}y}{\mathrm{d}x} = \dfrac{1}{a}$

　　したがって
$$f_Z(x) = -\dfrac{\mathrm{d}}{\mathrm{d}x} P\left(Y \le \dfrac{x-b}{a}\right) = -\dfrac{\mathrm{d}}{\mathrm{d}y} P(Y \le y) \cdot \dfrac{\mathrm{d}y}{\mathrm{d}x} = -\dfrac{1}{a} f_Y\left(\dfrac{x-b}{a}\right)　\blacksquare$$

(2)　$\dfrac{\mathrm{d}}{\mathrm{d}z} P(Z^{\mathrm{M}} \le z) = \begin{cases} 0 & (z < -600,\ 400 < z) \\ \dfrac{1}{1000} & (-600 \le z \le 400) \end{cases}$

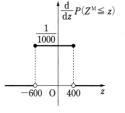

補足 基本例題 076 において，確率変数 Y^M の分布関数は

$$P(Y^M \leqq x) = \begin{cases} 0 & (x < 0) \\ x & (0 \leqq x \leqq 1) \\ 1 & (1 < x) \end{cases}$$ であるから，その確率密度関数は

$$\frac{\mathrm{d}}{\mathrm{d}x}P(Y^M \leqq x) = \begin{cases} 0 & (x < 0, \ 1 < x) \\ 1 & (0 \leqq x \leqq 1) \end{cases}$$

$f_{Y^M}(x) = \dfrac{\mathrm{d}}{\mathrm{d}x}P(Y^M \leqq x)$, $f_{Z^M}(z) = \dfrac{\mathrm{d}}{\mathrm{d}z}P(Z^M \leqq z)$ とすると，$f_{Z^M}(z) = \dfrac{1}{1000}f_{Y^M}\left(\dfrac{z+600}{1000}\right)$ となり，確かに(1)で示した **命題** の [1] が成り立つことがわかる。

基本 例題 **079** 1次関数と期待値 ★☆☆

基本例題 078 (2) において，確率変数 Z^M の期待値を求めよ。

指針 $\displaystyle\int_{-\infty}^{\infty} z \cdot \frac{\mathrm{d}}{\mathrm{d}z}P(Z^M \leqq z)\mathrm{d}z$ を計算する。

解答 $\displaystyle\int_{-\infty}^{\infty} z \cdot \frac{\mathrm{d}}{\mathrm{d}z}P(Z^M \leqq z)\mathrm{d}z = \int_{-\infty}^{-600} z \cdot 0\, \mathrm{d}z + \int_{-600}^{400} z \cdot \frac{1}{1000}\mathrm{d}z + \int_{400}^{\infty} z \cdot 0\, \mathrm{d}z$

$$= \left[\frac{z^2}{2000}\right]_{-600}^{400} = -100$$

研究 確率変数の変換について，次の **命題** が成り立つ。

命題 Y を確率変数とするとき，$a \in \mathrm{R}$，$b \in \mathrm{R}$ に対して，新たな確率変数 Z を $Z = aY + b$ で定める。確率変数 Y，Z の期待値をそれぞれ $\mathrm{E}(Y)$，$\mathrm{E}(Z)$ とするとき，$\mathrm{E}(Z) = a\mathrm{E}(Y) + b$ が成り立つ。

本問において，確率変数 Y^M，Z^M の期待値を $\mathrm{E}(Y^M)$，$\mathrm{E}(Z^M)$ とする。
ここで，基本例題 078 の 補足 により

$$\mathrm{E}(Y^M) = \int_{-\infty}^{0} x \cdot 0\, \mathrm{d}x + \int_{0}^{1} x \cdot 1\, \mathrm{d}x + \int_{1}^{\infty} x \cdot 0\, \mathrm{d}x = \left[\frac{x^2}{2}\right]_{0}^{1} = \frac{1}{2}$$

$$1000\mathrm{E}(Y^M) - 600 = 1000 \cdot \frac{1}{2} - 600 = -100$$

よって，$\mathrm{E}(Z^M) = 1000\mathrm{E}(Y^M) - 600$ であり，確かに上の **命題** が成り立つことがわかる。

5 分散と標準偏差

基本 例題080 分散　　　　★☆☆

基本例題079の 研究 において，確率変数 Y^{M} の分散を求めよ。

指針 基本例題079の 研究 により，確率変数 Y^{M} の期待値は $\dfrac{1}{2}$ であるから，

$\displaystyle\int_{-\infty}^{\infty}\left(x-\dfrac{1}{2}\right)^2\cdot\dfrac{\mathrm{d}}{\mathrm{d}x}P(Y^{\mathrm{M}}\leqq x)\,\mathrm{d}x$ を計算する。

解答
$$\int_{-\infty}^{\infty}\left(x-\frac{1}{2}\right)^2\cdot\frac{\mathrm{d}}{\mathrm{d}x}P(Y^{\mathrm{M}}\leqq x)\,\mathrm{d}x$$
$$=\int_{-\infty}^{0}\left(x-\frac{1}{2}\right)^2\cdot 0\,\mathrm{d}x+\int_{0}^{1}\left(x-\frac{1}{2}\right)^2\cdot 1\,\mathrm{d}x+\int_{1}^{\infty}\left(x-\frac{1}{2}\right)^2\cdot 0\,\mathrm{d}x$$
$$=\left[\frac{1}{3}\left(x-\frac{1}{2}\right)^3\right]_{0}^{1}=\boldsymbol{\frac{1}{12}}$$

基本 例題081 分散の計算　　　　★☆☆

(1) Y を連続な確率変数として，$\mathrm{E}(\cdot)$ を期待値を表す記号とするとき，
$\mathrm{V}(Y)=\mathrm{E}(\{Y-\mathrm{E}(Y)\}^2)$ と書ける。これを用いて，$\mathrm{V}(Y)=\mathrm{E}(Y^2)-\{\mathrm{E}(Y)\}^2$ が
成り立つことを示せ。

(2) (1)を用いて，基本例題078の 補足 における確率変数 Y^{M} の分散を求めよ。

指針 (1) 期待値の性質を利用して示す。

(2) まず，確率変数 $(Y^{\mathrm{M}})^2$ の期待値を求める。また，基本例題079の 研究 により，確率変数 Y^{M} の期待値は $\dfrac{1}{2}$ である。

解答 (1) $\mathrm{V}(Y)=\mathrm{E}(\{Y-\mathrm{E}(Y)\}^2)=\mathrm{E}(Y^2-2Y\mathrm{E}(Y)+\{\mathrm{E}(Y)\}^2)$
$\qquad\qquad =\mathrm{E}(Y^2)-2\{\mathrm{E}(Y)\}^2+\{\mathrm{E}(Y)\}^2=\mathrm{E}(Y^2)-\{\mathrm{E}(Y)\}^2$　■

(2) 確率変数 $(Y^{\mathrm{M}})^2$ の期待値は

$$\int_{-\infty}^{0}x^2\cdot 0\,\mathrm{d}x+\int_{0}^{1}x^2\cdot 1\,\mathrm{d}x+\int_{1}^{\infty}x^2\cdot 0\,\mathrm{d}x=\left[\frac{x^3}{3}\right]_{0}^{1}=\frac{1}{3}$$

よって，確率変数 Y^{M} の分散は　　$\dfrac{1}{3}-\left(\dfrac{1}{2}\right)^2=\boldsymbol{\dfrac{1}{12}}$

補足 (2)で得られた結果は基本例題080で得られた結果に等しいことがわかる。

基本 例題**082** 1次関数と分散1 ★☆☆

Yを確率変数とするとき，$a \in \mathbb{R}$，$b \in \mathbb{R}$ に対して，新たな確率変数Zを $Z = aY + b$ で定める。$\mathrm{V}(\cdot)$ を分散を表す記号とするとき，$\mathrm{V}(Z) = a^2\mathrm{V}(Y)$ が成り立つことを示せ。

指針 基本例題 081(1) と期待値の性質を利用して示す。

解答 $\mathrm{E}(\cdot)$ を期待値を表す記号とすると

$$\mathrm{V}(Z) = \mathrm{E}(Z^2) - \{\mathrm{E}(Z)\}^2$$
$$= \mathrm{E}((aY+b)^2) - \{\mathrm{E}(aY+b)\}^2$$
$$= \mathrm{E}(a^2Y^2 + 2abY + b^2) - \{a\mathrm{E}(Y) + b\}^2$$
$$= \{a^2\mathrm{E}(Y^2) + 2ab\mathrm{E}(Y) + b^2\} - [a^2\{\mathrm{E}(Y)\}^2 + 2ab\mathrm{E}(Y) + b^2]$$
$$= a^2[\mathrm{E}(Y^2) - \{\mathrm{E}(Y)\}^2] = a^2\mathrm{V}(Y) \quad ■$$

基本 例題**083** 1次関数と分散2 ★☆☆

基本例題 076，基本例題 080 において，確率変数 Z^{M} の分散を求めよ。

指針 基本例題 080（または基本例題 081(2)）より確率変数 Y^{M} の分散は $\dfrac{1}{12}$ であり，基本例題 076 より $Z^{\mathrm{M}} = 1000Y^{\mathrm{M}} - 600$ であることから，確率変数 Z^{M} の分散が求まる。基本例題 079 より，確率変数 Z^{M} の期待値は -100 であるから，基本例題 078(2) の結果を用いて確率変数 Z^{M} の分散を求めてもよい。

解答 確率変数 Y^{M} の分散は $\dfrac{1}{12}$ であり，$Z^{\mathrm{M}} = 1000Y^{\mathrm{M}} - 600$ であるから

$$(1000)^2 \cdot \frac{1}{12} = \frac{250000}{3}$$

別解 基本例題 079 により，確率変数 Z^{M} の期待値は -100 であるから，分散の定義に従って確率変数 Z^{M} の分散を求めると

$$\int_{-\infty}^{\infty} \{z - (-100)\}^2 \cdot \frac{\mathrm{d}}{\mathrm{d}z} P(Z^{\mathrm{M}} \leq z) \mathrm{d}z$$
$$= \int_{-\infty}^{-600} (z+100)^2 \cdot 0\, \mathrm{d}z + \int_{-600}^{400} (z+100)^2 \cdot \frac{1}{1000}\, \mathrm{d}z + \int_{400}^{\infty} (z+100)^2 \cdot 0\, \mathrm{d}z$$
$$= \left[\frac{1}{3000}(z+100)^3 \right]_{-600}^{400} = \frac{250000}{3}$$

基本 例題084　確率変数の基準化　★☆☆

Yを確率変数とし，その期待値と分散が存在するとする。$E(\cdot)$を期待値を表す記号，$V(\cdot)$を分散を表す記号として，新たな確率変数Zを $Z=\dfrac{Y-E(Y)}{\sqrt{V(Y)}}$ で定める。このとき，$E(Z)=0$，$V(Z)=1$であることを示せ。

指針 基本例題079の**研究**，基本例題082を利用して示す。

解答 $E(Z)=E\left(\dfrac{Y-E(Y)}{\sqrt{V(Y)}}\right)=E\left(\dfrac{Y}{\sqrt{V(Y)}}-\dfrac{E(Y)}{\sqrt{V(Y)}}\right)=\dfrac{E(Y)}{\sqrt{V(Y)}}-\dfrac{E(Y)}{\sqrt{V(Y)}}=0$

$V(Z)=V\left(\dfrac{Y-E(Y)}{\sqrt{V(Y)}}\right)=V\left(\dfrac{Y}{\sqrt{V(Y)}}-\dfrac{E(Y)}{\sqrt{V(Y)}}\right)=\left\{\dfrac{1}{\sqrt{V(Y)}}\right\}^2 V(Y)=1$ ■

基本 例題085　チェビシェフの不等式　★☆☆

基本例題076の確率変数 Y^{M} について，次の2つの不等式が成り立つことを示せ。

$$P\left(Y^{\mathrm{M}}\leqq\frac{1}{2}-\frac{1}{10}\right)+P\left(\frac{1}{2}+\frac{1}{10}\leqq Y^{\mathrm{M}}\right)\leqq\frac{\dfrac{1}{12}}{\left(\dfrac{1}{10}\right)^2}$$

$$P\left(Y^{\mathrm{M}}\leqq\frac{1}{2}-\frac{2}{5}\right)+P\left(\frac{1}{2}+\frac{2}{5}\leqq Y^{\mathrm{M}}\right)\leqq\frac{\dfrac{1}{12}}{\left(\dfrac{2}{5}\right)^2}$$

指針 それぞれ左辺を計算して不等式が成り立つことを示す。

解答 $P\left(Y^{\mathrm{M}}\leqq\dfrac{1}{2}-\dfrac{1}{10}\right)+P\left(\dfrac{1}{2}+\dfrac{1}{10}\leqq Y^{\mathrm{M}}\right)=P\left(Y^{\mathrm{M}}\leqq\dfrac{2}{5}\right)+P\left(\dfrac{3}{5}\leqq Y^{\mathrm{M}}\right)$

$$=\frac{2}{5}\times2=\frac{4}{5}<1<\frac{\dfrac{1}{12}}{\left(\dfrac{1}{10}\right)^2}$$

$P\left(Y^{\mathrm{M}}\leqq\dfrac{1}{2}-\dfrac{2}{5}\right)+P\left(\dfrac{1}{2}+\dfrac{2}{5}\leqq Y^{\mathrm{M}}\right)=P\left(Y^{\mathrm{M}}\leqq\dfrac{1}{10}\right)+P\left(\dfrac{9}{10}\leqq Y^{\mathrm{M}}\right)$

$$=\frac{1}{10}\times2=\frac{1}{5}<\frac{1}{2}<\frac{25}{48}=\frac{\dfrac{1}{12}}{\left(\dfrac{2}{5}\right)^2}$$

Y を確率変数とし，その期待値を μ，分散を σ^2 とする。このとき，任意の $a>0$ に対して

$P(Y \leqq \mu - a) + P(\mu + a \leqq Y) \leqq \dfrac{\sigma^2}{a^2}$ が成り立つ。この不等式を **チェビシェフの不等式** という。

Y^M の期待値，分散はそれぞれ $\dfrac{1}{2}$，$\dfrac{1}{12}$ であるから，$\mu = \dfrac{1}{2}$，$\sigma^2 = \dfrac{1}{12}$ とし，1つ目の不等式は $a = \dfrac{1}{10}$，2つ目の不等式は $a = \dfrac{2}{5}$ としたものである。

基本 例題**086** 離散な確率変数 ★☆☆

X を離散な確率変数とし，C を定数とする。$P(X=k) = \begin{cases} Ck & (k=1, 2, \cdots\cdots, n) \\ 0 & (k \neq 1, 2, \cdots\cdots, n) \end{cases}$

とするとき，定数 C の値を定め，確率変数 X の期待値，分散を求めよ。

指針 $\mathrm{E}(\cdot)$ を期待値を表す記号，$\mathrm{V}(\cdot)$ を分散を表す記号とする。$\sum\limits_{k=1}^{n} P(X=k) = 1$ であることから，

定数 C の値が定まる。定義から，$\mathrm{E}(X) = \sum\limits_{k=1}^{n} kP(X=k)$ である。また，

$\mathrm{V}(X) = \mathrm{E}(X^2) - \{\mathrm{E}(X)\}^2$ が成り立つ。よって，$\mathrm{E}(X^2)$ を求めれば $\mathrm{V}(X)$ を求めることができる。

解答 $\mathrm{E}(\cdot)$ を期待値を表す記号，$\mathrm{V}(\cdot)$ を分散を表す記号とする。

ここで $\sum\limits_{k=1}^{n} P(X=k) = \sum\limits_{k=1}^{n} Ck = C \cdot \dfrac{1}{2}n(n+1) = \dfrac{C}{2}n(n+1)$

$\sum\limits_{k=1}^{n} P(X=k) = 1$ であるから $\dfrac{C}{2}n(n+1) = 1$ すなわち $C = \dfrac{2}{n(n+1)}$

よって $P(X=k) = \dfrac{2}{n(n+1)}k$

ゆえに $\mathrm{E}(X) = \sum\limits_{k=1}^{n} kP(X=k) = \sum\limits_{k=1}^{n} k \cdot \dfrac{2}{n(n+1)}k$

$= \dfrac{2}{n(n+1)} \cdot \dfrac{1}{6}n(n+1)(2n+1) = \dfrac{2n+1}{3}$

$\mathrm{E}(X^2) = \sum\limits_{k=1}^{n} k^2 P(X=k) = \sum\limits_{k=1}^{n} k^2 \cdot \dfrac{2}{n(n+1)}k$

$= \dfrac{2}{n(n+1)} \cdot \left\{\dfrac{1}{2}n(n+1)\right\}^2 = \dfrac{1}{2}n(n+1)$

したがって $\mathrm{V}(X) = \mathrm{E}(X^2) - \{\mathrm{E}(X)\}^2 = \dfrac{1}{2}n(n+1) - \left(\dfrac{2n+1}{3}\right)^2$

$= \dfrac{n^2+n-2}{18} = \dfrac{1}{18}(n-1)(n+2)$

Ω を標本空間とし，$\omega \in \Omega$ に対して1つの数値 $X(\omega)$ が対応するとき，この対応 X は Ω 上の確率変数である。$\{X(\omega) \mid \omega \in \Omega\}$ が有限個または可算個 [多くの場合 N（自然数全体の集合）や Z（整数全体の集合）である] であるとき，確率変数 X は **離散型確率変数** であるといい，X のとりうる値とそれぞれの値に対応する確率の関係を表すものを X の **確率分布** という。

基本　例題 087　二項分布　★☆☆

確率変数 X について，$X \sim B(n, p)$ とする。$\mathrm{E}(\cdot)$ を期待値を表す記号，$\mathrm{V}(\cdot)$ を分散を表す記号とするとき，次の問いに答えよ。

(1) $k {}_n\mathrm{C}_k = n {}_{n-1}\mathrm{C}_{k-1}$ $(k=1, 2, \dots\dots, n)$ を示せ。

(2) $\mathrm{E}(X) = np$ を示せ。

(3) $k(k-1) {}_n\mathrm{C}_k = n(n-1) {}_{n-2}\mathrm{C}_{k-2}$ $(k=2, 3, \dots\dots, n)$ を示せ。

(4) $\mathrm{V}(X) = \mathrm{E}(X(X-1)) + \mathrm{E}(X) - \{\mathrm{E}(X)\}^2$ を示せ。

(5) $\mathrm{V}(X) = np(1-p)$ を示せ。

指針 (2)　(1) を利用して，$\mathrm{E}(X) = \sum\limits_{k=0}^{n} kP(X=k)$ を計算する。

(3)　(1) を 2 回利用する。

(4)　期待値の線形性を用いて右辺を変形すると，左辺が得られる。

(5)　(4) を利用する。そのために，まず $\mathrm{E}(X(X-1)) = \sum\limits_{k=2}^{n} k(k-1)P(X=k)$ を計算する。

解答 (1)　$k {}_n\mathrm{C}_k = k \cdot \dfrac{n!}{k!(n-k)!} = n \cdot \dfrac{(n-1)!}{(k-1)!(n-k)!}$

$$= n \cdot \dfrac{(n-1)!}{(k-1)!\{(n-1)-(k-1)\}!} = n {}_{n-1}\mathrm{C}_{k-1} \quad \blacksquare$$

(2)　$P(X=k) = {}_n\mathrm{C}_k p^k (1-p)^{n-k}$ であるから，(1) により

$$\mathrm{E}(X) = \sum_{k=0}^{n} kP(X=k) = \sum_{k=0}^{n} k {}_n\mathrm{C}_k p^k (1-p)^{n-k} = \sum_{k=1}^{n} n {}_{n-1}\mathrm{C}_{k-1} p^k (1-p)^{n-k}$$

$$= np \sum_{k=1}^{n} {}_{n-1}\mathrm{C}_{k-1} p^{k-1} (1-p)^{(n-1)-(k-1)} = np \{p + (1-p)\}^{n-1} = np \quad \blacksquare$$

(3)　(1) から

$$k(k-1) {}_n\mathrm{C}_k = (k-1) n {}_{n-1}\mathrm{C}_{k-1} = n(k-1) {}_{n-1}\mathrm{C}_{k-1} = n(n-1) {}_{n-2}\mathrm{C}_{k-2} \quad \blacksquare$$

(4)　$\mathrm{E}(X(X-1)) + \mathrm{E}(X) - \{\mathrm{E}(X)\}^2$

$$= \mathrm{E}(X(X-1) + X) - \{\mathrm{E}(X)\}^2 = \mathrm{E}(X^2) - \{\mathrm{E}(X)\}^2 = \mathrm{V}(X) \quad \blacksquare$$

(5)　(3) から

$$\mathrm{E}(X(X-1))$$

$$= \sum_{k=0}^{n} k(k-1)P(X=k) = \sum_{k=2}^{n} k(k-1) {}_n\mathrm{C}_k p^k (1-p)^{n-k}$$

$$= \sum_{k=2}^{n} n(n-1) {}_{n-2}\mathrm{C}_{k-2} p^k (1-p)^{n-k} = n(n-1) p^2 \sum_{k=2}^{n} {}_{n-2}\mathrm{C}_{k-2} p^{k-2} (1-p)^{(n-2)-(k-2)}$$

$$= n(n-1) p^2 \{p + (1-p)\}^{n-2} = n(n-1) p^2$$

したがって，(4) から

$$\mathrm{V}(X) = \mathrm{E}(X(X-1)) + \mathrm{E}(X) - \{\mathrm{E}(X)\}^2 = n(n-1)p^2 + np - (np)^2 = np(1-p) \quad \blacksquare$$

基本 例題**088** 幾何分布　　　　　　　　　　★☆☆

確率変数 X の確率分布が $P(X=k)=p(1-p)^{k-1}$ $(k=1,\ 2,\ \cdots\cdots\ ;\ 0<p<1)$ で与えられるとき，確率変数 X の期待値，分散を求めよ。必要ならば，$0<p<1$ のとき $\lim_{n\to\infty} n(1-p)^n=0,\ \lim_{n\to\infty} n^2(1-p)^n=0$ が成り立つことを用いてよい。

指針 $\mathrm{E}(\cdot)$ を期待値を表す記号，$\mathrm{V}(\cdot)$ を分散を表す記号とする。定義から，$\mathrm{E}(X)=\sum_{k=1}^{\infty} kP(x=k)$ である。また，$\mathrm{V}(X)=\mathrm{E}(X^2)-\{\mathrm{E}(X)\}^2$ が成り立つ。よって，$\mathrm{E}(X^2)$ を求めれば $\mathrm{V}(X)$ を求めることができる。なお，$\mathrm{E}(X),\ \mathrm{E}(X^2)$ を計算する際は，$0<p<1$ より $0<1-p<1$ であることに注意する。

解答 $\mathrm{E}(\cdot)$ を期待値を表す記号，$\mathrm{V}(\cdot)$ を分散を表す記号とする。

ここで　　$\mathrm{E}(X)=\sum_{k=1}^{\infty} kP(x=k)=\lim_{n\to\infty}\sum_{k=1}^{n} kp(1-p)^{k-1}=\lim_{n\to\infty} p\sum_{k=1}^{n} k(1-p)^{k-1}$

$S_n=\sum_{k=1}^{n} k(1-p)^{k-1}$ とすると

$$S_n-(1-p)S_n=\sum_{k=1}^{n}(1-p)^{k-1}-n(1-p)^n$$

すなわち　　$pS_n=\dfrac{1-(1-p)^n}{1-(1-p)}-n(1-p)^n=\dfrac{1-(1-p)^n}{p}-n(1-p)^n$

$0<p<1$ より，$0<1-p<1$ であるから

$$\mathrm{E}(X)=\lim_{n\to\infty} p\sum_{k=1}^{n} k(1-p)^{k-1}=\lim_{n\to\infty} pS_n$$

$$=\lim_{n\to\infty}\left\{\dfrac{1-(1-p)^n}{p}-n(1-p)^n\right\}=\dfrac{1}{p}$$

$$\mathrm{E}(X^2)=\sum_{k=1}^{\infty} k^2P(X=k)=\lim_{n\to\infty}\sum_{k=1}^{n} k^2p(1-p)^{k-1}=\lim_{n\to\infty} p\sum_{k=1}^{n} k^2(1-p)^{k-1}$$

$T_n=\sum_{k=1}^{n} k^2(1-p)^{k-1}$ とすると

$$T_n-(1-p)T_n=\sum_{k=1}^{n}(2k-1)(1-p)^{k-1}-n^2(1-p)^n$$

すなわち　$pT_n=2S_n-\sum_{k=1}^{n}(1-p)^{k-1}-n^2(1-p)^n$

$$=2\cdot\dfrac{1}{p}\left\{\dfrac{1-(1-p)^n}{p}-n(1-p)^n\right\}-\dfrac{1-(1-p)^n}{1-(1-p)}-n^2(1-p)^n$$

$$=\dfrac{2\{1-(1-p)^n\}}{p^2}-\dfrac{2n(1-p)^n}{p}-\dfrac{1-(1-p)^n}{p}-n^2(1-p)^n$$

$0 < p < 1$ より，$0 < 1-p < 1$ であるから

$$E(X^2) = \lim_{n \to \infty} p \sum_{k=1}^{n} k^2 (1-p)^{k-1} = \lim_{n \to \infty} p T_n$$

$$= \lim_{n \to \infty} \left[\frac{2\{1-(1-p)^n\}}{p^2} - \frac{2n(1-p)^n}{p} - \frac{1-(1-p)^n}{p} - n^2(1-p)^n \right]$$

$$= \frac{2-p}{p^2}$$

したがって　　$V(X) = E(X^2) - \{E(X)\}^2 = \dfrac{2-p}{p^2} - \left(\dfrac{1}{p}\right)^2 = \boldsymbol{\dfrac{1-p}{p^2}}$

補足　問題で与えられた確率分布を **幾何分布** という。

基本　例題**089**　ポアソン分布　　　　　　　　　　　★☆☆

確率変数 X の確率分布が $P(X=k) = \dfrac{e^{-\lambda} \lambda^k}{k!}$ $(k=0, 1, 2, \cdots\cdots)$ で与えられるとき，

確率変数 X の期待値，分散を求めよ。必要ならば，$e^\lambda = \displaystyle\sum_{k=0}^{\infty} \dfrac{\lambda^k}{k!}$ が成り立つことを

用いてよい。

指針　$E(\cdot)$ を期待値を表す記号，$V(\cdot)$ を分散を表す記号とする。定義から，$E(X) = \displaystyle\sum_{k=1}^{\infty} k P(x=k)$
である。$V(X) = E(X^2) - \{E(X)\}^2 = E(X(X-1)) + E(X) - \{E(X)\}^2$ が成り立つから，
$E(X(X-1))$ を求めれば $V(X)$ を求めることができる。

解答　$E(\cdot)$ を期待値を表す記号，$V(\cdot)$ を分散を表す記号とする。

まず　　$E(X) = \displaystyle\sum_{k=0}^{\infty} k P(x=k) = \lim_{n \to \infty} \sum_{k=1}^{n} k \cdot \frac{e^{-\lambda} \lambda^k}{k!} = \lim_{n \to \infty} \lambda e^{-\lambda} \sum_{k=1}^{n} \frac{\lambda^{k-1}}{(k-1)!} = \lambda e^{-\lambda} e^\lambda = \boldsymbol{\lambda}$

また　　$V(X) = E(X^2) - \{E(X)\}^2 = E(X(X-1)) + E(X) - \{E(X)\}^2$

ここで　　$E(X(X-1)) = \displaystyle\sum_{k=0}^{\infty} k(k-1) P(x=k) = \sum_{k=2}^{\infty} k(k-1) \cdot \frac{e^{-\lambda} \lambda^k}{k!}$

$$= \lambda^2 e^{-\lambda} \sum_{k=2}^{\infty} \frac{\lambda^{k-2}}{(k-2)!} = \lambda^2 e^{-\lambda} e^\lambda = \lambda^2$$

したがって　　$V(X) = E(X(X-1)) + E(X) - \{E(X)\}^2 = \lambda^2 + \lambda - \lambda^2 = \boldsymbol{\lambda}$

補足　問題で与えられた確率分布を **ポアソン分布** という。

6 多変数の確率変数

基本 / 例題**090** 周辺分布関数1 ★☆☆

次の **命題** が成り立つことを示せ。

命題 (Y_1, Y_2) を2変数の確率変数とし，$P(Y_1 \leqq x_1, Y_2 \leqq x_2)$ をその同時分布関数とする。このとき，次が成り立つ。

$$\lim_{x_1 \to \infty} P(Y_1 \leqq x_1, Y_2 \leqq x_2) = P(Y_2 \leqq x_2)$$

$$\lim_{x_2 \to \infty} P(Y_1 \leqq x_1, Y_2 \leqq x_2) = P(Y_1 \leqq x_1)$$

指針 示すべき等式のうち，一方を示せばもう一方は同様に成り立つから，$\lim_{x_1 \to \infty} P(Y_1 \leqq x_1, Y_2 \leqq x_2) = P(Y_2 \leqq x_2)$ を示す。

$\lim_{x_1 \to \infty} P(x_1 < Y_1, Y_2 \leqq x_2) = 0$ を示せば，次が得られる。

$$\lim_{x_1 \to \infty} P(Y_1 \leqq x_1, Y_2 \leqq x_2) = \lim_{x_1 \to \infty} \{P(Y_2 \leqq x_2) - P(x_1 < Y_1, Y_2 \leqq x_2)\}$$
$$= P(Y_2 \leqq x_2)$$

解答 標本空間を Ω とすると，

$\{\omega \in \Omega \mid x_1 < Y_1(\omega), Y_2(\omega) \leqq x_2\} \subset \{\omega \in \Omega \mid x_1 < Y_1(\omega)\}$ であるから

$$0 \leqq P(x_1 < Y_1, Y_2 \leqq x_2) \leqq P(x_1 < Y_1)$$

ここで $\lim_{x_1 \to \infty} P(x_1 < Y_1) = \lim_{x_1 \to \infty} \{P(\Omega) - P(Y_1 \leqq x_1)\}$

$$= 1 - 1 = 0$$

◀ $\lim_{x_1 \to \infty} P(Y_1 \leqq x_1) = 1$ は基本例題 068(3) から成り立つ。

よって，はさみうちの原理により

$$\lim_{x_1 \to \infty} P(x_1 < Y_1, Y_2 \leqq x_2) = 0$$

したがって

$$\lim_{x_1 \to \infty} P(Y_1 \leqq x_1, Y_2 \leqq x_2) = \lim_{x_1 \to \infty} \{P(Y_2 \leqq x_2) - P(x_1 < Y_1, Y_2 \leqq x_2)\}$$
$$= P(Y_2 \leqq x_2)$$

同様にして $\lim_{x_2 \to \infty} P(Y_1 \leqq x_1, Y_2 \leqq x_2) = P(Y_1 \leqq x_1)$ ■

基本　例題 **091**　周辺分布関数2　　　　　　　★☆☆

基本例題 066 で定めた Y^{M} を Y_1^{M} と表すことにする。これに加えて，確率変数 Y_2^{M} を $(u_1,\ u_2) \in \Omega$ に対して $Y_2^{\mathrm{M}}(u_1,\ u_2) = u_2$ で定める。これらを並べてまとめた $(Y_1^{\mathrm{M}},\ Y_2^{\mathrm{M}})$ は2変数の確率変数であり，この同時分布関数は次のようになる。

$$P(Y_1^{\mathrm{M}} \leqq x_1,\ Y_2^{\mathrm{M}} \leqq x_2) = \begin{cases} 0 & (x_1 < 0 \text{ または } x_2 < 0) \\ x_1 x_2 & (0 \leqq x_1 \leqq 1 \text{ かつ } 0 \leqq x_2 \leqq 1) \\ x_2 & (1 < x_1 \text{ かつ } 0 \leqq x_2 \leqq 1) \\ x_1 & (0 \leqq x_1 \leqq 1 \text{ かつ } 1 < x_2) \\ 1 & (1 < x_1 \text{ かつ } 1 < x_2) \end{cases}$$

このとき，確率変数 Y_1^{M} の周辺分布関数を求めよ。

指針　$x_1 < 0,\ 0 \leqq x_1 \leqq 1,\ 1 < x_1$ に場合分けして，それぞれの場合について $\displaystyle\lim_{x_2 \to \infty} P(Y_1^{\mathrm{M}} \leqq x_1,\ Y_2^{\mathrm{M}} \leqq x_2)$ を求める。

解答　[1] **$x_1 < 0$ のとき**

$$P(Y_1^{\mathrm{M}} \leqq x_1) = \lim_{x_2 \to \infty} P(Y_1^{\mathrm{M}} \leqq x_1,\ Y_2^{\mathrm{M}} \leqq x_2) = 0$$

[2] **$0 \leqq x_1 \leqq 1$ のとき**

$$P(Y_1^{\mathrm{M}} \leqq x_1) = \lim_{x_2 \to \infty} P(Y_1^{\mathrm{M}} \leqq x_1,\ Y_2^{\mathrm{M}} \leqq x_2) = x_1$$

[3] **$1 < x_1$ のとき**

$$P(Y_1^{\mathrm{M}} \leqq x_1) = \lim_{x_2 \to \infty} P(Y_1^{\mathrm{M}} \leqq x_1,\ Y_2^{\mathrm{M}} \leqq x_2) = 1$$

参考　問題で与えられた2変数の確率変数 $(Y_1^{\mathrm{M}},\ Y_2^{\mathrm{M}})$ の同時密度関数を $f_{Y_1^{\mathrm{M}}, Y_2^{\mathrm{M}}}$ とすると，

$f_{Y_1^{\mathrm{M}}, Y_2^{\mathrm{M}}}(x_1,\ x_2) = \dfrac{\partial^2}{\partial x_1 \partial x_2} P(Y_1^{\mathrm{M}} \leqq x_1,\ Y_2^{\mathrm{M}} \leqq x_2)$ であるが，次のようになる。

$$f_{Y_1^{\mathrm{M}}, Y_2^{\mathrm{M}}}(x_1,\ x_2) = \begin{cases} 1 & (0 \leqq x_1 \leqq 1 \text{ かつ } 0 \leqq x_2 \leqq 1) \\ 0 & (x_1 < 0 \text{ または } x_2 < 0 \text{ または } 1 < x_1 \text{ または } 1 < x_2) \end{cases}$$

基本 例題**092** 同時密度関数と事象の確率 ★★☆

(Y_1, Y_2) を 2 変数の確率変数とし，$f_{Y_1, Y_2}(x_1, x_2) = \dfrac{\partial^2}{\partial x_1 \partial x_2} P(Y_1 \leqq x_1, Y_2 \leqq x_2)$ とする。2 変数関数の偏微分係数を左極限による極限値のみから考えるとき，

$f_{Y_1, Y_2}(x_1, x_2) = \displaystyle\lim_{dx_1 \to +0} \lim_{dx_2 \to +0} \dfrac{P(x_1 - dx_1 < Y_1 \leqq x_1, \ x_2 - dx_2 < Y_2 \leqq x_2)}{dx_1 \, dx_2}$ が成り立つことを示せ。ただし，極限と偏微分の順序交換を行ってもよい。

指針 次の 3 つの等式が成り立つことを利用する。
$$P(Y_1 \leqq x_1, \ Y_2 \leqq x_2) - P(Y_1 \leqq x_1 - dx_1, \ Y_2 \leqq x_2) = P(x_1 - dx_1 < Y_1 \leqq x_1, \ Y_2 \leqq x_2)$$
$$P(Y_1 \leqq x_1, \ Y_2 \leqq x_2 - dx_2) - P(Y_1 \leqq x_1 - dx_1, \ Y_2 \leqq x_2 - dx_2)$$
$$= P(x_1 - dx_1 < Y_1 \leqq x_1, \ Y_2 \leqq x_2 - dx_2)$$
$$P(x_1 - dx_1 < Y_1 \leqq x_1, \ Y_2 \leqq x_2) - P(x_1 - dx_1 < Y_1 \leqq x_1, \ Y_2 \leqq x_2 - dx_2)$$
$$= P(x_1 - dx_1 < Y_1 \leqq x_1, \ x_2 - dx_2 < Y_2 \leqq x_2)$$

解答 $f_{Y_1, Y_2}(x_1, x_2)$

$= \dfrac{\partial^2}{\partial x_1 \partial x_2} P(Y_1 \leqq x_1, \ Y_2 \leqq x_2)$

$= \dfrac{\partial}{\partial x_1} \left\{ \displaystyle\lim_{dx_2 \to +0} \dfrac{P(Y_1 \leqq x_1, \ Y_2 \leqq x_2) - P(Y_1 \leqq x_1, \ Y_2 \leqq x_2 - dx_2)}{dx_2} \right\}$

$= \displaystyle\lim_{dx_1 \to +0} \lim_{dx_2 \to +0} \dfrac{\{P(Y_1 \leqq x_1, \ Y_2 \leqq x_2) - P(Y_1 \leqq x_1, \ Y_2 \leqq x_2 - dx_2)\} - \{P(Y_1 \leqq x_1 - dx_1, \ Y_2 \leqq x_2) - P(Y_1 \leqq x_1 - dx_1, \ Y_2 \leqq x_2 - dx_2)\}}{dx_1 \, dx_2}$

$= \displaystyle\lim_{dx_1 \to +0} \lim_{dx_2 \to +0} \dfrac{\{P(Y_1 \leqq x_1, \ Y_2 \leqq x_2) - P(Y_1 \leqq x_1 - dx_1, \ Y_2 \leqq x_2)\} - \{P(Y_1 \leqq x_1, \ Y_2 \leqq x_2 - dx_2) - P(Y_1 \leqq x_1 - dx_1, \ Y_2 \leqq x_2 - dx_2)\}}{dx_1 \, dx_2}$

$= \displaystyle\lim_{dx_1 \to +0} \lim_{dx_2 \to +0} \dfrac{P(x_1 - dx_1 < Y_1 \leqq x_1, \ Y_2 \leqq x_2) - P(x_1 - dx_1 < Y_1 \leqq x_1, \ Y_2 \leqq x_2 - dx_2)}{dx_1 \, dx_2}$

$= \displaystyle\lim_{dx_1 \to +0} \lim_{dx_2 \to +0} \dfrac{P(x_1 - dx_1 < Y_1 \leqq x_1, \ x_2 - dx_2 < Y_2 \leqq x_2)}{dx_1 \, dx_2}$ ■

基本　例題 093　周辺密度関数　★☆☆

Ω を標本空間として，(Y_1, Y_2) を 2 変数の確率変数とし，その同時密度関数を f_{Y_1, Y_2} とする。

(1) $0 < a$ のとき，次の等式が成り立つことを示せ。

$$\int_{-a}^{a} f_{Y_1, Y_2}(u_1, u_2)\mathrm{d}u_1 = \frac{\partial}{\partial u_2}P(Y_1 \leqq a,\ Y_2 \leqq u_2) - \frac{\partial}{\partial u_2}P(Y_1 \leqq -a,\ Y_2 \leqq u_2)$$

(2) 極限 $\displaystyle\lim_{a \to \infty}\int_{-a}^{a}|f_{Y_1, Y_2}(u_1,\ u_2)|\mathrm{d}u_1$ の値が実数として存在するものとするとき，

(1)で示した等式について，$a \longrightarrow \infty$ の極限を考えて次の等式が成り立つことを示せ。ただし，極限と偏微分の順序交換を行ってもよい。

$$\int_{-\infty}^{\infty} f_{Y_1, Y_2}(u_1,\ u_2)\mathrm{d}u_1 = \frac{\partial}{\partial u_2}P(Y_2 \leqq u_2)$$

指針　(1) $\displaystyle\int_{-a}^{a} f_{Y_1, Y_2}(u_1,\ u_2)\mathrm{d}u_1 = \int_{-\infty}^{a} f_{Y_1, Y_2}(u_1,\ u_2)\mathrm{d}u_1 - \int_{-\infty}^{-a} f_{Y_1, Y_2}(u_1,\ u_2)\mathrm{d}u_1$ と変形する。また，

$f_{Y_1, Y_2}(u_1,\ u_2) = \dfrac{\partial^2}{\partial u_1 \partial u_2}P(Y_1 \leqq u_1,\ Y_2 \leqq u_2)$ である。

(2) 基本例題 090 から，次が成り立つ。

$$\lim_{a \to \infty}\frac{\partial}{\partial u_2}P(Y_1 \leqq a,\ Y_2 \leqq u_2) = \frac{\partial}{\partial u_2}\lim_{a \to \infty}P(Y_1 \leqq a,\ Y_2 \leqq u_2) = \frac{\partial}{\partial u_2}P(Y_2 \leqq u_2)$$

よって，$\displaystyle\lim_{a \to \infty}\frac{\partial}{\partial u_2}P(Y_1 \leqq -a,\ Y_2 \leqq u_2) = 0$ を示せば，与えられた等式が成り立つ。

解答　(1) $\displaystyle\int_{-a}^{a} f_{Y_1, Y_2}(u_1,\ u_2)\mathrm{d}u_1 = \int_{-\infty}^{a} f_{Y_1, Y_2}(u_1,\ u_2)\mathrm{d}u_1 - \int_{-\infty}^{-a} f_{Y_1, Y_2}(u_1,\ u_2)\mathrm{d}u_1$

$$= \frac{\partial}{\partial u_2}P(Y_1 \leqq a,\ Y_2 \leqq u_2) - \frac{\partial}{\partial u_2}P(Y_1 \leqq -a,\ Y_2 \leqq u_2) \quad ■$$

(2) $\displaystyle\lim_{a \to \infty}\frac{\partial}{\partial u_2}P(Y_1 \leqq a,\ Y_2 \leqq u_2) = \frac{\partial}{\partial u_2}\lim_{a \to \infty}P(Y_1 \leqq a,\ Y_2 \leqq u_2) = \frac{\partial}{\partial u_2}P(Y_2 \leqq u_2)$

また，$\{\omega \in \Omega \mid Y_1(\omega) \leqq -a,\ Y_2(\omega) \leqq u_2\} \subset \{\omega \in \Omega \mid Y_1(\omega) \leqq -a\}$ であるから

$$0 \leqq P(Y_1 \leqq -a,\ Y_2 \leqq u_2) \leqq P(Y_1 \leqq -a)$$

$\displaystyle\lim_{a \to \infty}P(Y_1 \leqq -a) = 0$ であるから，はさみうちの原理により

$$\lim_{a \to \infty}P(Y_1 \leqq -a,\ Y_2 \leqq u_2) = 0$$

よって　$\displaystyle\lim_{a \to \infty}\frac{\partial}{\partial u_2}P(Y_1 \leqq -a,\ Y_2 \leqq u_2) = \frac{\partial}{\partial u_2}\lim_{a \to \infty}P(Y_1 \leqq -a,\ Y_2 \leqq u_2) = 0$

以上から　$\displaystyle\int_{-\infty}^{\infty} f_{Y_1, Y_2}(u_1,\ u_2)\mathrm{d}u_1 = \frac{\partial}{\partial u_2}P(Y_2 \leqq u_2) \quad ■$

基本 例題**094** 条件付き分布関数　　　　　　　　★☆☆

基本例題 091 において，4 点 $(0, 1)$，$(1, 1)$，$(1, 0)$，$(0, 0)$ を，それぞれ A，B，C，D とし，ビー玉が正方形 ABCD の周上を含む内部のうち，対角線 AC の右側（対角線 AC は含まない）に落ちるという事象を E^B とする。$0 \leq x_1 \leq 1$ のとき，事象 $\{\omega \in \Omega \mid Y_1^M \leq x_1\}$ と事象 E^B の共通部分を図示せよ。

指針 事象 $\{\omega \in \Omega \mid Y_1^M \leq x_1\}$ と事象 E^B をそれぞれ図示する。

解答 右の図の斜線部分 のようになる。
ただし，境界線のうち，直線 $Y_2^M = -Y_1^M + 1$ $(0 \leq Y_1^M \leq x_1)$ は含まず，その他は含む。

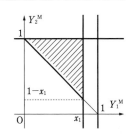

基本 例題**095** 条件付き密度関数と条件付き期待値　　　★☆☆

基本例題 094 において，確率変数 Y_1^M の事象 E^B による条件付き密度関数と条件付き期待値を求めよ。

指針 まず，確率変数 Y_1^M の事象 E^B による条件付き分布関数を求める。そして，確率変数 Y_1^M の事象 E^B による条件付き密度関数，確率変数 Y_1^M の事象 E^B による条件付き期待値を順に求める。

解答 $P(E^B) = \dfrac{1}{2}$，$P(\{\omega \in \Omega \mid Y_1^M \leq x_1\} \cap E^B) = \dfrac{x_1^2}{2}$ であるから，確率変数 Y_1^M の事象 E^B による条件付き分布関数を $P(Y_1^M \leq x_1 \mid E^B)$ とすると

$$P(Y_1^M \leq x_1 \mid E^B) = \frac{P(\{\omega \in \Omega \mid Y_1^M \leq x_1\} \cap E^B)}{P(E^B)} = \frac{\dfrac{x_1^2}{2}}{\dfrac{1}{2}} = x_1^2$$

よって，確率変数 Y_1^M の事象 E^B による条件付き密度関数を $f_{Y_1^M}(x_1 \mid E^B)$ とすると

$$f_{Y_1^M}(x_1 \mid E^B) = \frac{\mathrm{d}}{\mathrm{d}x_1} P(Y_1^M \leq x_1 \mid E^B) = 2x_1$$

また，確率変数 Y_1^M の事象 E^B による条件付き期待値を $\mathrm{E}(Y_1^M \mid E^B)$ とすると

$$\mathrm{E}(Y_1^M \mid E^B) = \int_0^1 x_1 f_{Y_1^M}(x_1 \mid E^B) \mathrm{d}x_1 = \int_0^1 x_1 \cdot 2x_1 \mathrm{d}x_1$$

$$= \int_0^1 2x_1^2 \mathrm{d}x_1 = \left[\frac{2}{3}x_1^3\right]_0^1 = \frac{2}{3}$$

基本 例題 096　確率が 0 の事象による条件付き確率　★☆☆

Ω を標本空間，Y を連続型の確率変数とする。$E=\{\omega\in\Omega \mid Y(\omega)=y\}$ とするとき，確率変数 X の事象 E による条件付き分布関数を $\dfrac{P(\{\omega\in\Omega \mid X(\omega)\leqq x\}\cap E)}{P(E)}$ とすると，うまくいかない。この理由を答えよ。

指針 確率変数 Y の，事象 E による条件付き分布関数は $P(E)>0$ である場合に考えることができるが，$E=\{\omega\in\Omega \mid Y(\omega)=y\}$ より，$P(E)=0$ である。

解答 事象 E に対して，$P(E)>0$ が成り立たないから。

補足 本例題では，確率が 0 の事象による条件付き確率がうまく計算できないことを確認した。これに対処するために，分母の確率が 0 に一致するのではなく，0 に近づいていくような極限を考えるという工夫を行う（基本例題 097 で扱う）。

基本 例題 097　確率変数の実現値による条件付き分布関数　★☆☆

基本例題 091 において，確率変数 $Y_1{}^{\mathrm{M}}$ の事象 $\{\omega\in\Omega \mid Y_2{}^{\mathrm{M}}(\omega)=0.8\}$ による条件付き分布関数を求めよ。

指針 $E=\{\omega\in\Omega \mid Y_2{}^{\mathrm{M}}(\omega)=0.8\}$ とするとき，確率変数 $Y_1{}^{\mathrm{M}}$ の事象 E による条件付き分布関数を $P(Y_1{}^{\mathrm{M}}\leqq x_1 \mid E)$ とすると，$P(Y_1{}^{\mathrm{M}}\leqq x_1 \mid E)=\dfrac{\dfrac{\partial}{\partial x_2}P(Y_1{}^{\mathrm{M}}\leqq x_1,\ Y_2{}^{\mathrm{M}}\leqq x_2)}{\dfrac{\mathrm{d}}{\mathrm{d}x_2}P(Y_2{}^{\mathrm{M}}\leqq x_2)}$ で定められる。ここで，$P(Y_1{}^{\mathrm{M}}\leqq x_1)$ と同様にして，$P(Y_2{}^{\mathrm{M}}\leqq x_2)=\begin{cases} 0 & (x_2<0) \\ x_2 & (0\leqq x_2\leqq 1) \\ 1 & (1<x_2) \end{cases}$ である。また，$0\leqq 0.8\leqq 1$ であるから，基本例題 091 において $0\leqq x_2\leqq 1$ の場合を考える。

解答 $E=\{\omega\in\Omega \mid Y_2{}^{\mathrm{M}}(\omega)=0.8\}$ とし，確率変数 $Y_1{}^{\mathrm{M}}$ の事象 E による条件付き分布関数を $P(Y_1{}^{\mathrm{M}}\leqq x_1 \mid E)$ とする。

$0\leqq x_2\leqq 1$ のとき，$P(Y_2{}^{\mathrm{M}}\leqq x_2)=x_2$ であるから　$\dfrac{\mathrm{d}}{\mathrm{d}x_2}P(Y_2{}^{\mathrm{M}}\leqq x_2)=1$

また，$0\leqq x_2\leqq 1$ のもとで $P(Y_1{}^{\mathrm{M}}\leqq x_1,\ Y_2{}^{\mathrm{M}}\leqq x_2)=\begin{cases} 0 & (x_1<0) \\ x_1 x_2 & (0\leqq x_1\leqq 1) \\ x_2 & (1<x_1) \end{cases}$ であるから

$$\frac{\partial}{\partial x_2}P(Y_1{}^{\mathrm{M}}\leqq x_1,\ Y_2{}^{\mathrm{M}}\leqq x_2)=\begin{cases} 0 & (x_1<0) \\ x_1 & (0\leqq x_1\leqq 1) \\ 1 & (1<x_1) \end{cases}$$

したがって　$P(Y_1{}^{\mathrm{M}}\leqq x_1 \mid E)=\begin{cases} \boldsymbol{0} & \boldsymbol{(x_1<0)} \\ \boldsymbol{x_1} & \boldsymbol{(0\leqq x_1\leqq 1)} \\ \boldsymbol{1} & \boldsymbol{(1<x_1)} \end{cases}$

基本 例題**098** 確率変数の実現値による条件付き密度関数 ★☆☆

基本例題 097 において，確率変数 $Y_1{}^M$ の事象 $\{\omega \in \Omega \mid Y_2{}^M(\omega) = 0.8\}$ による条件付き密度関数を求めよ。

指針 確率変数 $Y_1{}^M$ の事象 $\{\omega \in \Omega \mid Y_2{}^M(\omega) = 0.8\}$ による条件付き密度関数を $f_{Y_1{}^M}(x_1 \mid Y_2{}^M = 0.8)$，
確率変数 $Y_2{}^M$ の周辺密度関数を $f_{Y_2{}^M}(x_2)$，2 変数の確率変数 $(Y_1{}^M, Y_2{}^M)$ の同時密度関数を
$f_{Y_1{}^M, Y_2{}^M}(x_1, x_2)$ とすると，$f_{Y_1{}^M}(x_1 \mid Y_2{}^M = 0.8) = \dfrac{f_{Y_1{}^M, Y_2{}^M}(x_1, x_2)}{f_{Y_2{}^M}(x_2)}$ で定められる。
よって，$f_{Y_2{}^M}(x_2)$，$f_{Y_1{}^M, Y_2{}^M}(x_1, x_2)$ を求めればよい。

解答 確率変数 $Y_1{}^M$ の事象 $\{\omega \in \Omega \mid Y_2{}^M(\omega) = 0.8\}$ による条件付き密度関数を
$f_{Y_1{}^M}(x_1 \mid Y_2{}^M = 0.8)$ とする。
確率変数 $Y_2{}^M$ の周辺密度関数を $f_{Y_2{}^M}(x_2)$ とすると，$0 \leqq x_2 \leqq 1$ のとき $P(Y_2{}^M \leqq x_2) = x_2$
であるから　　$f_{Y_2{}^M}(x_2) = \dfrac{\mathrm{d}}{\mathrm{d}x_2} P(Y_2{}^M \leqq x_2) = 1$
よって　　$f_{Y_2{}^M}(0.8) = 1$
また，2 変数の確率変数 $(Y_1{}^M, Y_2{}^M)$ の同時密度関数を $f_{Y_1{}^M, Y_2{}^M}(x_1, x_2)$ とすると，

$0 \leqq x_2 \leqq 1$ のもとで $P(Y_1{}^M \leqq x_1, Y_2{}^M \leqq x_2) = \begin{cases} 0 & (x_1 < 0) \\ x_1 x_2 & (0 \leqq x_1 \leqq 1) \\ x_2 & (1 < x_1) \end{cases}$ であるから

$$f_{Y_1{}^M, Y_2{}^M}(x_1, x_2) = \frac{\partial^2}{\partial x_1 \partial x_2} P(Y_1{}^M \leqq x_1, Y_2{}^M \leqq x_2) = \begin{cases} 0 & (x_1 < 0) \\ 1 & (0 \leqq x_1 \leqq 1) \\ 0 & (1 < x_1) \end{cases}$$

よって　　$f_{Y_1{}^M, Y_2{}^M}(x_1, 0.8) = \begin{cases} 0 & (x_1 < 0) \\ 1 & (0 \leqq x_1 \leqq 1) \\ 0 & (1 < x_1) \end{cases}$

したがって　　$f_{Y_1{}^M}(x_1 \mid Y_2{}^M = 0.8) = \begin{cases} \mathbf{0} & (\boldsymbol{x_1 < 0,\ 1 < x_1}) \\ \mathbf{1} & (\mathbf{0 \leqq x_1 \leqq 1}) \end{cases}$

基本　例題099　事象の独立性　★☆☆

(1) 基本例題060，基本例題061において，2つの事象 E^S，E^U は互いに独立か答えよ。

(2) 基本例題061，基本例題094において，2つの事象 E^S，E^B は互いに独立か答えよ。

(3) 2つの事象 $E_1(\neq \varnothing)$，$E_2(\neq \varnothing)$ が互いに排反であるとする。このとき，2つの事象 E_1，E_2 が互いに独立であることはありえるか答えよ。

指針 (1) $P(E^S \cap E^U) = P(E^S)P(E^U)$ が成り立つかを調べる。

(2) $P(E^S \cap E^B) = P(E^S)P(E^B)$ が成り立つかを調べる。

(3) 2つの事象 E_1，E_2 が排反であるとき，$E_1 \cap E_2 = \varnothing$ である。よって，$P(E_1 \cap E_2) = 0$ となる。一方で，$E_1 \neq \varnothing$，$E_2 \neq \varnothing$ より，$P(E_1) \neq 0$，$P(E_2) \neq 0$ であるから，$P(E_1)P(E_2) \neq 0$ となる。

解答 (1) $E^S = \left\{ (u, v) \in \mathrm{R}^2 \,\middle|\, \dfrac{1}{2} < u \leqq 1, \ 0 \leqq v \leqq 1 \right\}$，$E^U = \left\{ (u, v) \in \mathrm{R}^2 \,\middle|\, 0 \leqq u \leqq 1, \ \dfrac{1}{2} < v \leqq 1 \right\}$

であるから　　$P(E^S) = \dfrac{1}{2}$，$P(E^U) = \dfrac{1}{2}$

また，$E^S \cap E^U = \left\{ (u, v) \in \mathrm{R}^2 \,\middle|\, \dfrac{1}{2} < u \leqq 1, \ \dfrac{1}{2} < v \leqq 1 \right\}$ であるから

$$P(E^S \cap E^U) = \dfrac{1}{4}$$

よって，$P(E^S \cap E^U) = P(E^S)P(E^U)$ が成り立つから，**2つの事象 E^S，E^U は互いに独立である。**

(2) $E^B = \{ (u, v) \in \mathrm{R}^2 \,|\, 0 < u \leqq 1, \ 1 - u < v \leqq 1 \}$ であるから　　$P(E^B) = \dfrac{1}{2}$

また，$E^S \cap E^B = \left\{ (u, v) \in \mathrm{R}^2 \,\middle|\, \dfrac{1}{2} < u \leqq 1, \ 1 - u < v \leqq 1 \right\}$ であるから

$$P(E^S \cap E^B) = \dfrac{3}{8}$$

よって，$P(E^S \cap E^B) = P(E^S)P(E^B)$ が成り立たないから，**2つの事象 E^S，E^B は互いに独立でない。**

(3) 2つの事象 E_1，E_2 が排反であるとき　　$E_1 \cap E_2 = \varnothing$

よって　　$P(E_1 \cap E_2) = 0$

一方で，$E_1 \neq \varnothing$，$E_2 \neq \varnothing$ であるから　　$P(E_1) \neq 0$，$P(E_2) \neq 0$

ゆえに　　$P(E_1)P(E_2) \neq 0$

したがって，$P(E_1 \cap E_2) \neq P(E_1)P(E_2)$ であるから，**2つの事象 E_1，E_2 が互いに独立であることはありえない。**

基本 例題**100** 確率変数の独立性 ★☆☆

基本例題 091 において，2 つの確率変数 $Y_1{}^M$，$Y_2{}^M$ が互いに独立であるか答えよ。

指針

$$P(Y_1{}^M \leqq x_1,\ Y_2{}^M \leqq x_2) = \begin{cases} 0 & (x_1 < 0 \text{ または } x_2 < 0) \\ x_1 x_2 & (0 \leqq x_1 \leqq 1 \text{ かつ } 0 \leqq x_2 \leqq 1) \\ x_2 & (1 < x_1 \text{ かつ } 0 \leqq x_2 \leqq 1) \\ x_1 & (0 \leqq x_1 \leqq 1 \text{ かつ } 1 < x_2) \\ 1 & (1 < x_1 \text{ かつ } 1 < x_2) \end{cases}, \quad P(Y_1{}^M \leqq x_1) = \begin{cases} 0 & (x_1 < 0) \\ x_1 & (0 \leqq x_1 \leqq 1) \\ 1 & (1 < x_1) \end{cases},$$

$$P(Y_2{}^M \leqq x_2) = \begin{cases} 0 & (x_2 < 0) \\ x_2 & (0 \leqq x_2 \leqq 1) \\ 1 & (1 < x_2) \end{cases} \text{ であるから，} x_1,\ x_2 \text{ に関して場合分けして，}$$

$P(Y_1{}^M \leqq x_1,\ Y_2{}^M \leqq x_2) = P(Y_1{}^M \leqq x_1)P(Y_2{}^M \leqq x_2)$ が成り立つかを調べる。

解答 [1] $x_1 < 0$ または $x_2 < 0$ のとき

$P(Y_1{}^M \leqq x_1,\ Y_2{}^M \leqq x_2) = 0 = P(Y_1{}^M \leqq x_1)P(Y_2{}^M \leqq x_2)$

[2] $0 \leqq x_1 \leqq 1$ かつ $0 \leqq x_2 \leqq 1$ のとき

$P(Y_1{}^M \leqq x_1,\ Y_2{}^M \leqq x_2) = x_1 x_2 = P(Y_1{}^M \leqq x_1)P(Y_2{}^M \leqq x_2)$

[3] $1 < x_1$ かつ $0 \leqq x_2 \leqq 1$ のとき

$P(Y_1{}^M \leqq x_1,\ Y_2{}^M \leqq x_2) = x_2 = P(Y_1{}^M \leqq x_1)P(Y_2{}^M \leqq x_2)$

[4] $0 \leqq x_1 \leqq 1$ かつ $1 < x_2$ のとき

$P(Y_1{}^M \leqq x_1,\ Y_2{}^M \leqq x_2) = x_1 = P(Y_1{}^M \leqq x_1)P(Y_2{}^M \leqq x_2)$

[5] $1 < x_1$ かつ $1 < x_2$ のとき

$P(Y_1{}^M \leqq x_1,\ Y_2{}^M \leqq x_2) = 1 = P(Y_1{}^M \leqq x_1)P(Y_2{}^M \leqq x_2)$

以上から，2 つの確率変数 $Y_1{}^M$，$Y_2{}^M$ は独立である。

基本　例題101　確率変数の和の分布関数　★☆☆

基本例題091において，新たな確率変数 W^{M} を $W^{\mathrm{M}}=Y_1^{\mathrm{M}}+Y_2^{\mathrm{M}}$ で定める。この
とき，基本例題067の仮定のもとで，次の問いに答えよ。

(1)　2変数の確率変数 $(Y_1,\ Y_2)$ の同時密度関数を考えることにより，確率変数
　　W^{M} の分布関数を求めよ。

(2)　標本空間を Ω とするとき，事象 $\{\omega \in \Omega \mid Y_1^{\mathrm{M}}(\omega)+Y_2^{\mathrm{M}}(\omega) \leqq x\}$ を図示せよ。

指針　(1)　$x<0,\ 0\leqq x\leqq 1,\ 1<x\leqq 2,\ 2<x$ に場合分けして考える。
　　　　(2)　(1)と同様に場合分けして考える。

解答　(1)　[1]　$x<0$ のとき　　$P(W^{\mathrm{M}} \leqq x)=0$
　　　　[2]　$0\leqq x\leqq 1$ のとき

$$P(W^{\mathrm{M}} \leqq x)=\int_0^x \int_0^{x-u_1} \mathrm{d}u_2\,\mathrm{d}u_1 = \int_0^x (x-u_1)\,\mathrm{d}u_1$$
$$=\left[xu_1-\frac{u_1{}^2}{2}\right]_0^x = \frac{1}{2}x^2$$

　　　　[3]　$1<x\leqq 2$ のとき

$$P(W^{\mathrm{M}} \leqq x)=\int_0^{x-1}\int_0^1 \mathrm{d}u_2\,\mathrm{d}u_1 + \int_{x-1}^1 \int_0^{x-u_1} \mathrm{d}u_2\,\mathrm{d}u_1$$
$$=\int_0^{x-1} \mathrm{d}u_1 + \int_{x-1}^1 (x-u_1)\,\mathrm{d}u_1$$
$$=(x-1)+\left[xu_1-\frac{u_1{}^2}{2}\right]_{x-1}^1 = -\frac{1}{2}x^2+2x-1$$

　　　　[4]　$2<x$ のとき　　$P(W^{\mathrm{M}} \leqq x)=\int_0^1 \int_0^1 \mathrm{d}u_2\,\mathrm{d}u_1$
$$=\int_0^1 \mathrm{d}u_1 = 1$$

(2)　[1]　$x<0$ のとき
　　　　図示すると **空集合** になる。

　　　　[2]　$0\leqq x\leqq 1$ のとき
　　　　図示すると **右の図の斜線部分** のようになる。
　　　　ただし，**境界線を含む。**

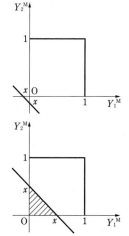

[3] $1 < x \leqq 2$ のとき

図示すると **右の図の斜線部分** のようになる。

ただし，**境界線を含む。**

[4] $2 < x$ のとき

図示すると **右の図の斜線部分** のようになる。

ただし，**境界線を含む。**

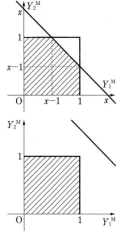

補足 (1)で求めた確率変数 W^{M} の分布関数は(2)で図示した事象の面積である。

基本 例題102 確率変数の和の確率密度関数　★☆☆

(1) 基本例題 101 において，確率変数 W^{M} の確率密度関数を求めよ。

(2) 基本例題 091 の **参考** で求めた 2 変数の確率変数 $(Y_1{}^{\mathrm{M}}, Y_2{}^{\mathrm{M}})$ の同時密度関数を用いて，確率変数 W^{M} の確率密度関数を求めよ。

指針 (1) 基本例題 101 で求めた確率変数 W^{M} の分布関数を x で微分する。

(2) 2 変数の確率変数 $(Y_1{}^{\mathrm{M}}, Y_2{}^{\mathrm{M}})$ の同時密度関数を $f_{Y_1{}^{\mathrm{M}}, Y_2{}^{\mathrm{M}}}$ とすると，確率変数 W^{M} の確率密度関数は $\dfrac{\mathrm{d}}{\mathrm{d}x}P(W^{\mathrm{M}} \leqq x) = \displaystyle\int_{-\infty}^{\infty} f_{Y_1{}^{\mathrm{M}}, Y_2{}^{\mathrm{M}}}(u_1, x - u_1)\,\mathrm{d}u_1$ により求められる。同時密度関数の定義域に注意し，場合分けして考える。

解答 (1) $\dfrac{\mathrm{d}}{\mathrm{d}x}P(W^{\mathrm{M}} \leqq x) = \begin{cases} 0 & (x < 0) \\ x & (0 \leqq x \leqq 1) \\ -x + 2 & (1 < x \leqq 2) \\ 0 & (2 < x) \end{cases}$

(2) [1] $x < 0$ のとき $\quad \dfrac{\mathrm{d}}{\mathrm{d}x}P(W^{\mathrm{M}} \leqq x) = 0$

[2] $0 \leqq x \leqq 1$ のとき $\quad \dfrac{\mathrm{d}}{\mathrm{d}x}P(W^{\mathrm{M}} \leqq x) = \displaystyle\int_0^x \mathrm{d}u_1 = x$

[3] $1 < x \leqq 2$ のとき $\quad \dfrac{\mathrm{d}}{\mathrm{d}x}P(W^{\mathrm{M}} \leqq x) = \displaystyle\int_{x-1}^1 \mathrm{d}u_1 = -x + 2$

[4] $2 < x$ のとき $\quad \dfrac{\mathrm{d}}{\mathrm{d}x}P(W^{\mathrm{M}} \leqq x) = 0$

補足 (2)の結果は，(1)の結果に一致している。

基本 例題 103　確率変数の和の期待値1　　★☆☆

(1)　基本例題 102 において，確率変数 W^{M} の期待値を求めよ。

(2)　基本例題 091 において，確率変数 $Y_1{}^{\mathrm{M}}$，$Y_2{}^{\mathrm{M}}$ の期待値をそれぞれ求め，その和を求めよ。

指針 (1)　確率変数 W^{M} の確率密度関数を $f_{W^{\mathrm{M}}}$ とすると，確率変数 W^{M} の期待値は $\displaystyle\int_{-\infty}^{\infty} v f_{W^{\mathrm{M}}}(v)\mathrm{d}v$ により求められる。

(2)　(1)と同様にして，確率変数 $Y_1{}^{\mathrm{M}}$，$Y_2{}^{\mathrm{M}}$ の期待値を求める。

解答 (1)　確率変数 W^{M} の期待値は

$$\int_{-\infty}^{0} v\cdot 0\,\mathrm{d}v + \int_{0}^{1} v\cdot v\,\mathrm{d}v + \int_{1}^{2} v\cdot(-v+2)\,\mathrm{d}v + \int_{2}^{\infty} v\cdot 0\,\mathrm{d}v$$

$$= \int_{0}^{1} v^2\,\mathrm{d}v + \int_{1}^{2}(-v^2+2v)\,\mathrm{d}v$$

$$= \left[\frac{v^3}{3}\right]_{0}^{1} + \left[-\frac{v^3}{3}+v^2\right]_{1}^{2} = \mathbf{1}$$

(2)　確率変数 $Y_1{}^{\mathrm{M}}$，$Y_2{}^{\mathrm{M}}$ の期待値をそれぞれ $\mathrm{E}(Y_1{}^{\mathrm{M}})$，$\mathrm{E}(Y_2{}^{\mathrm{M}})$ とする。

$$\frac{\mathrm{d}}{\mathrm{d}x}P(Y_1{}^{\mathrm{M}}\leqq x_1)=\begin{cases}0 & (x_1<0,\ 1<x_1)\\ 1 & (0\leqq x_1\leqq 1)\end{cases} \quad であるから$$

$$\mathrm{E}(Y_1{}^{\mathrm{M}})=\int_{-\infty}^{0} x_1\cdot 0\,\mathrm{d}x_1 + \int_{0}^{1} x_1\cdot 1\,\mathrm{d}x_1 + \int_{1}^{\infty} x_1\cdot 0\,\mathrm{d}x_1 = \int_{0}^{1} x_1\,\mathrm{d}x_1$$

$$= \left[\frac{x_1{}^2}{2}\right]_{0}^{1} = \frac{\mathbf{1}}{\mathbf{2}}$$

また，$\dfrac{\mathrm{d}}{\mathrm{d}x}P(Y_2{}^{\mathrm{M}}\leqq x_2)=\begin{cases}0 & (x_2<0,\ 1<x_2)\\ 1 & (0\leqq x_2\leqq 1)\end{cases}$ であるから

$$\mathrm{E}(Y_2{}^{\mathrm{M}})=\int_{-\infty}^{0} x_2\cdot 0\,\mathrm{d}x_2 + \int_{0}^{1} x_2\cdot 1\,\mathrm{d}x_2 + \int_{1}^{\infty} x_2\cdot 0\,\mathrm{d}x_2 = \int_{0}^{1} x_2\,\mathrm{d}x_2$$

$$= \left[\frac{x_2{}^2}{2}\right]_{0}^{1} = \frac{\mathbf{1}}{\mathbf{2}}$$

よって　$\mathrm{E}(Y_1{}^{\mathrm{M}})+\mathrm{E}(Y_2{}^{\mathrm{M}})=\mathbf{1}$

補足 (1), (2)から，確率変数 W^{M} の期待値を $\mathrm{E}(W^{\mathrm{M}})$ とすると，$\mathrm{E}(W^{\mathrm{M}})=\mathrm{E}(Y_1{}^{\mathrm{M}})+\mathrm{E}(Y_2{}^{\mathrm{M}})$ が成り立つことがわかる。

基本 例題 **104** 確率変数の和の期待値 2 ★☆☆

(Y_1, Y_2) を 2 変数の確率変数とし，確率変数 (Y_1, Y_2) の同時密度関数を f_{Y_1, Y_2}，確率変数 Y_1，Y_2 の周辺密度関数をそれぞれ f_{Y_1}，f_{Y_2} とする。このとき，次の等式が成り立つことを示せ。

$$\int_{-\infty}^{\infty}\int_{-\infty}^{\infty}(u_1+u_2)f_{Y_1, Y_2}(u_1, u_2)\mathrm{d}u_2\mathrm{d}u_1=\int_{-\infty}^{\infty}u_1 f_{Y_1}(u_1)\mathrm{d}u_1+\int_{-\infty}^{\infty}u_2 f_{Y_2}(u_2)\mathrm{d}u_2$$

指針 左辺の被積分関数を分割して，$\int_{-\infty}^{\infty}\int_{-\infty}^{\infty}u_1 f_{Y_1, Y_2}(u_1, u_2)\mathrm{d}u_2\mathrm{d}u_1$，$\int_{-\infty}^{\infty}\int_{-\infty}^{\infty}u_2 f_{Y_1, Y_2}(u_1, u_2)\mathrm{d}u_2\mathrm{d}u_1$ を考え，後者は 2 重積分の順序交換を行う。そして，$\int_{-\infty}^{\infty}f_{Y_1, Y_2}(u_1, u_2)\mathrm{d}u_2=f_{Y_1}(u_1)$，$\int_{-\infty}^{\infty}f_{Y_1, Y_2}(u_1, u_2)\mathrm{d}u_1=f_{Y_2}(u_2)$ が成り立つことを利用する。

解答 $\int_{-\infty}^{\infty}\int_{-\infty}^{\infty}(u_1+u_2)f_{Y_1, Y_2}(u_1, u_2)\mathrm{d}u_2\mathrm{d}u_1$

$=\int_{-\infty}^{\infty}\int_{-\infty}^{\infty}u_1 f_{Y_1, Y_2}(u_1, u_2)\mathrm{d}u_2\mathrm{d}u_1+\int_{-\infty}^{\infty}\int_{-\infty}^{\infty}u_2 f_{Y_1, Y_2}(u_1, u_2)\mathrm{d}u_2\mathrm{d}u_1$

$=\int_{-\infty}^{\infty}u_1\left\{\int_{-\infty}^{\infty}f_{Y_1, Y_2}(u_1, u_2)\mathrm{d}u_2\right\}\mathrm{d}u_1+\int_{-\infty}^{\infty}u_2\left\{\int_{-\infty}^{\infty}f_{Y_1, Y_2}(u_1, u_2)\mathrm{d}u_1\right\}\mathrm{d}u_2$

$=\int_{-\infty}^{\infty}u_1 f_{Y_1}(u_1)\mathrm{d}u_1+\int_{-\infty}^{\infty}u_2 f_{Y_2}(u_2)\mathrm{d}u_2$ ■

参考 各広義積分の値は存在し，2 重積分の順序交換は可能であるとして解答した。

基本 例題 **105** 比による確率変数の変換 ★☆☆

基本例題 091 の 2 つの確率変数 Y_1^{M}，Y_2^{M} に対して，比 $\dfrac{Y_2^{\mathrm{M}}}{Y_1^{\mathrm{M}}}$ が確率変数であるためには，標本空間 Ω からどのような事象を除けばよいか答えよ。

指針 確率変数 Y_1^{M} の実現値が 0 になる場合を除けばよい。

解答 標本空間 Ω から次の事象を除けばよい。

$$\{(u_1, u_2)\in\mathrm{R}^2\,|\,u_1=0,\ 0\leqq u_2\leqq 1\}$$

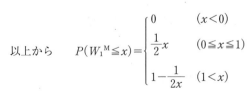

基本 例題**106** 一般の変換の分布関数 ★☆☆

(1) 基本例題 091 において，基本例題 105 で考えた事象を除き，新たな確率変数 $W_1{}^M$ を $W_1{}^M=\dfrac{Y_2{}^M}{Y_1{}^M}$ で定める。このとき，確率変数 $W_1{}^M$ の分布関数のグラフをかけ。

(2) 基本例題 091 において，新たな確率変数 $W_2{}^M$ を $W_2{}^M=Y_1{}^M Y_2{}^M$ で定めるとき，確率変数 $W_2{}^M$ の分布関数のグラフをかけ。

指針 (1) $P(W_1{}^M\leqq x)$ において，$x<0$，$0\leqq x\leqq1$，$1<x$ で場合分けする。$0\leqq x$ のとき，$W_1{}^M\leqq x$ から $Y_2{}^M\leqq xY_1{}^M$ となる。

(2) $x<0$，$x=0$，$0<x\leqq1$，$1<x$ で場合分けする。$W_2{}^M\leqq x$ から $Y_1{}^M Y_2{}^M\leqq x$ となる。$0<x\leqq1$ のときについて，$Y_1{}^M=0$ のときこの不等式は成り立ち，$0<Y_1{}^M\leqq1$ のとき $Y_2{}^M\leqq\dfrac{x}{Y_1{}^M}$ となる。

解答 (1) $0<Y_1{}^M\leqq1$，$0\leqq Y_2{}^M\leqq1$

[1] $x<0$ のとき

$W_1{}^M<0$ となることはないから　$P(W_1{}^M\leqq x)=0$

[2] $0\leqq x\leqq1$ のとき

$W_1{}^M\leqq x$ から　$\dfrac{Y_2{}^M}{Y_1{}^M}\leqq x$

すなわち　$Y_2{}^M\leqq xY_1{}^M$

よって　$P(W_1{}^M\leqq x)=\dfrac{1}{2}x$

[3] $1<x$ のとき

[2] と同様にして，$Y_2{}^M\leqq xY_1{}^M$ であるから

$$P(W_1{}^M\leqq x)=\dfrac{1}{2}\cdot\left\{\left(1-\dfrac{1}{x}\right)+1\right\}\cdot1=1-\dfrac{1}{2x}$$

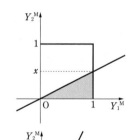

以上から　$P(W_1{}^M\leqq x)=\begin{cases}0 & (x<0)\\ \dfrac{1}{2}x & (0\leqq x\leqq1)\\ 1-\dfrac{1}{2x} & (1<x)\end{cases}$

そのグラフは右のようになる。

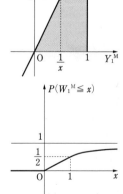

(2) [1] $x<0$ のとき

　　　$W_2{}^{\mathrm{M}}<0$ となることはないから　　$P(W_2{}^{\mathrm{M}}\leqq x)=0$

[2] $x=0$ のとき　　$P(W_2{}^{\mathrm{M}}\leqq x)=0$

[3] $0<x\leqq1$ のとき

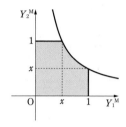

　　　$W_2{}^{\mathrm{M}}\leqq x$ から　　$Y_1{}^{\mathrm{M}}Y_2{}^{\mathrm{M}}\leqq x$

　　　$Y_1{}^{\mathrm{M}}=0$ のとき，この不等式は成り立つ。

　　　$0<Y_1{}^{\mathrm{M}}\leqq1$ のとき　　$Y_2{}^{\mathrm{M}}\leqq\dfrac{x}{Y_1{}^{\mathrm{M}}}$

　　　よって　　$P(W_2{}^{\mathrm{M}}\leqq x)=1\cdot x+\displaystyle\int_x^1\dfrac{x}{t}\,dt$

$$=x+\Big[x\log t\Big]_x^1=x(1-\log x)$$

[4] $1<x$ のとき

　　　$Y_1{}^{\mathrm{M}}Y_2{}^{\mathrm{M}}\leqq1$ を常に満たすから　　$P(W_2{}^{\mathrm{M}}\leqq x)=1$

以上から　　$P(W_2{}^{\mathrm{M}}\leqq x)=\begin{cases}0 & (x\leqq0)\\ x(1-\log x) & (0<x\leqq1)\\ 1 & (1<x)\end{cases}$

そのグラフは右のようになる。

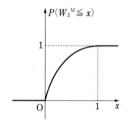

基本 例題107　一般の変換の確率密度関数　　★☆☆

基本例題 106 の確率変数 $W_1{}^M$，$W_2{}^M$ の分布関数から，確率変数 $W_1{}^M$，$W_2{}^M$ の確率密度関数をそれぞれ求め，それらのグラフをかけ。

指針　基本例題 106 の確率変数 $W_1{}^M$，$W_2{}^M$ の分布関数をそれぞれ x で微分する。

解答　確率変数 $W_1{}^M$ の確率密度関数は

$$\frac{d}{dx}P(W_1{}^M \leqq x) = \begin{cases} 0 & (x<0) \\[2mm] \dfrac{1}{2} & (0 \leqq x \leqq 1) \\[2mm] \dfrac{1}{2x^2} & (1<x) \end{cases}$$

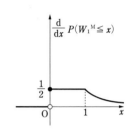

そのグラフは右のようになる。

また，確率変数 $W_2{}^M$ の確率密度関数は

$$\frac{d}{dx}P(W_2{}^M \leqq x) = \begin{cases} 0 & (x \leqq 0,\ 1<x) \\ -\log x & (0<x \leqq 1) \end{cases}$$

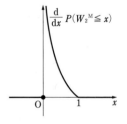

そのグラフは右のようになる。

基本 例題108 一般の変換の期待値 ★☆☆

(1) 基本例題 106 において，基本例題 091 の **参考** で求めた 2 変数の確率変数 $(Y_1{}^{\mathrm{M}}, Y_2{}^{\mathrm{M}})$ の同時密度関数を利用して，確率変数 $W_1{}^{\mathrm{M}}$, $W_2{}^{\mathrm{M}}$ の期待値をそれぞれ求めよ。

(2) 基本例題 107 において，確率変数 $W_1{}^{\mathrm{M}}$, $W_2{}^{\mathrm{M}}$ の確率密度関数を利用して，確率変数 $W_1{}^{\mathrm{M}}$, $W_2{}^{\mathrm{M}}$ の期待値をそれぞれ求めよ。ただし，必要であれば，$\lim\limits_{s\to+0} s^2 \log s = 0$ を用いてよい。

指針
(1) $\lim\limits_{t\to+0}\int_0^1\int_t^1 \dfrac{u_2}{u_1}\cdot 1\,du_1\,du_2$, $\int_0^1\int_0^1 u_1 u_2\cdot 1\,du_1\,du_2$ をそれぞれ計算する。

(2) $\int_{-\infty}^0 v\cdot 0\,dv+\int_0^1 v\cdot\dfrac12\,dv+\int_1^\infty v\cdot\dfrac{1}{2v^2}\,dv$, $\int_{-\infty}^0 v\cdot 0\,dv+\int_0^1 v\cdot(-\log v)\,dv+\int_1^\infty v\cdot 0\,dv$ をそれぞれ計算する。

解答 確率変数 $W_1{}^{\mathrm{M}}$, $W_2{}^{\mathrm{M}}$ の期待値をそれぞれ $\mathrm{E}(W_1{}^{\mathrm{M}})$, $\mathrm{E}(W_2{}^{\mathrm{M}})$ とする。

(1) $\mathrm{E}(W_1{}^{\mathrm{M}})=\lim\limits_{t\to+0}\int_0^1\int_t^1\dfrac{u_2}{u_1}\cdot 1\,du_1\,du_2=\lim\limits_{t\to+0}\int_0^1\Big[u_2\log u_1\Big]_{u_1=t}^{u_1=1}du_2=\lim\limits_{t\to+0}\int_0^1(-u_2\log t)\,du_2$

$=\lim\limits_{t\to+0}\Big[-\dfrac{\log t}{2}u_2{}^2\Big]_0^1=\lim\limits_{t\to+0}\Big(-\dfrac{\log t}{2}\Big)=\infty$

$\mathrm{E}(W_2{}^{\mathrm{M}})=\int_0^1\int_0^1 u_1 u_2\cdot 1\,du_1\,du_2=\int_0^1\Big[\dfrac{u_2}{2}u_1{}^2\Big]_{u_1=0}^{u_1=1}du_2=\int_0^1\dfrac{u_2}{2}\,du_2=\Big[\dfrac{u_2{}^2}{4}\Big]_0^1=\dfrac14$

(2) $\mathrm{E}(W_1{}^{\mathrm{M}})=\int_{-\infty}^0 v\cdot 0\,dv+\int_0^1 v\cdot\dfrac12\,dv+\int_1^\infty v\cdot\dfrac{1}{2v^2}\,dv=\int_0^1\dfrac12 v\,dv+\int_1^\infty\dfrac{dv}{2v}$

ここで $\int_0^1\dfrac12 v\,dv=\Big[\dfrac{v^2}{4}\Big]_0^1=\dfrac14$

$\int_1^\infty\dfrac{dv}{2v}=\lim\limits_{t\to\infty}\int_1^t\dfrac{dv}{2v}=\lim\limits_{t\to\infty}\Big[\dfrac12\log v\Big]_1^t=\lim\limits_{t\to\infty}\dfrac12\log t=\infty$

よって $\mathrm{E}(W_1{}^{\mathrm{M}})=\int_0^1\dfrac12 v\,dv+\int_1^\infty\dfrac{dv}{2v}=\infty$

また $\mathrm{E}(W_2{}^{\mathrm{M}})=\int_{-\infty}^0 v\cdot 0\,dv+\int_0^1 v\cdot(-\log v)\,dv+\int_1^\infty v\cdot 0\,dv=-\int_0^1 v\log v\,dv$

ここで

$\int_0^1 v\log v\,dv=\lim\limits_{s\to+0}\int_s^1 v\log v\,dv=\lim\limits_{s\to+0}\Big(\Big[\dfrac{v^2}{2}\log v\Big]_s^1-\int_s^1\dfrac{v^2}{2}\cdot\dfrac1v\,dv\Big)$

$=\lim\limits_{s\to+0}\Big(-\dfrac{s^2}{2}\log s-\Big[\dfrac{v^2}{4}\Big]_s^1\Big)=\lim\limits_{s\to+0}\Big(-\dfrac{s^2}{2}\log s-\dfrac14+\dfrac{s^2}{4}\Big)=-\dfrac14$

よって $\mathrm{E}(W_2{}^{\mathrm{M}})=-\int_0^1 v\log v\,dv=-\Big(-\dfrac14\Big)=\dfrac14$

補足 (2)の結果は，(1)の結果に一致している。

基本 例題 **109** 共分散　　　　　　　★☆☆

基本例題 103(2) において，基本例題 091 の **参考** で求めた 2 変数の確率変数 $(Y_1{}^{\mathrm{M}}, Y_2{}^{\mathrm{M}})$ の同時密度関数から，確率変数 $Y_1{}^{\mathrm{M}}$，$Y_2{}^{\mathrm{M}}$ の間の共分散を求めよ。

指針 確率変数 $Y_1{}^{\mathrm{M}}$, $Y_2{}^{\mathrm{M}}$ の期待値はともに $\dfrac{1}{2}$ であるから，$\displaystyle\int_0^1\int_0^1\left(u_1-\dfrac{1}{2}\right)\left(u_2-\dfrac{1}{2}\right)\cdot 1\,\mathrm{d}u_2\,\mathrm{d}u_1$ を計算する。

解答 $\displaystyle\int_0^1\int_0^1\left(u_1-\dfrac{1}{2}\right)\left(u_2-\dfrac{1}{2}\right)\cdot 1\,\mathrm{d}u_2\,\mathrm{d}u_1=\int_0^1\left[\left(u_1-\dfrac{1}{2}\right)\left(\dfrac{u_2{}^2}{2}-\dfrac{1}{2}u_2\right)\right]_{u_2=0}^{u_2=1}\mathrm{d}u_1=\boldsymbol{0}$

基本 例題 **110** 共分散の計算　　　　　　★☆☆

$\mathrm{E}(\cdot)$ を期待値を表す記号とする。

(1)　確率変数 Y_1，Y_2 に対して，

$\mathrm{E}(\{Y_1-\mathrm{E}(Y_1)\}\{Y_2-\mathrm{E}(Y_2)\})=\mathrm{E}(Y_1Y_2)-\mathrm{E}(Y_1)\mathrm{E}(Y_2)$ が成り立つことを示せ。

(2)　基本例題 108 において，確率変数 $Y_1{}^{\mathrm{M}}$，$Y_2{}^{\mathrm{M}}$ の共分散を，

$\mathrm{E}(Y_1{}^{\mathrm{M}}Y_2{}^{\mathrm{M}})-\mathrm{E}(Y_1{}^{\mathrm{M}})\mathrm{E}(Y_2{}^{\mathrm{M}})$ を計算することによって求めよ。

指針 (2)　基本例題 108 において，$\mathrm{E}(Y_1{}^{\mathrm{M}}Y_2{}^{\mathrm{M}})=\mathrm{E}(W_2{}^{\mathrm{M}})=\dfrac{1}{4}$ を求めた。また，基本例題 103 におい

て，$\mathrm{E}(Y_1{}^{\mathrm{M}})=\dfrac{1}{2}$，$\mathrm{E}(Y_2{}^{\mathrm{M}})=\dfrac{1}{2}$ を求めた。これらを用いる。

解答 (1)　$\mathrm{E}(\{Y_1-\mathrm{E}(Y_1)\}\{Y_2-\mathrm{E}(Y_2)\})$

$=\mathrm{E}(Y_1Y_2-\mathrm{E}(Y_2)Y_1-\mathrm{E}(Y_1)Y_2+\mathrm{E}(Y_1)\mathrm{E}(Y_2))$

$=\mathrm{E}(Y_1Y_2)-\mathrm{E}(\mathrm{E}(Y_2)Y_1)-\mathrm{E}(\mathrm{E}(Y_1)Y_2)+\mathrm{E}(\mathrm{E}(Y_1)\mathrm{E}(Y_2))$

$=\mathrm{E}(Y_1Y_2)-\mathrm{E}(Y_1)\mathrm{E}(Y_2)-\mathrm{E}(Y_1)\mathrm{E}(Y_2)+\mathrm{E}(Y_1)\mathrm{E}(Y_2)$

$=\mathrm{E}(Y_1Y_2)-\mathrm{E}(Y_1)\mathrm{E}(Y_2)$　∎

(2)　$\mathrm{E}(Y_1{}^{\mathrm{M}}Y_2{}^{\mathrm{M}})=\dfrac{1}{4}$, $\mathrm{E}(Y_1{}^{\mathrm{M}})=\dfrac{1}{2}$, $\mathrm{E}(Y_2{}^{\mathrm{M}})=\dfrac{1}{2}$ であるから

$$\mathrm{E}(Y_1{}^{\mathrm{M}}Y_2{}^{\mathrm{M}})-\mathrm{E}(Y_1{}^{\mathrm{M}})\mathrm{E}(Y_2{}^{\mathrm{M}})=\dfrac{1}{4}-\dfrac{1}{2}\cdot\dfrac{1}{2}=\boldsymbol{0}$$

補足 (2)の結果は基本例題 109 の結果に一致する。

基本 例題 **111** 共分散の性質 ★☆☆

(Y_1, Y_2) を 2 変数の確率変数とする。$\mathrm{Cov}(\cdot,\cdot)$ を共分散を表す記号，$\mathrm{V}(\cdot)$ を分散を表す記号とする。

(1) 2 変数の確率変数 (Y_1, Y_2) と $a_1 \in \mathrm{R}$，$a_2 \in \mathrm{R}$，$b_1 \in \mathrm{R}$，$b_2 \in \mathrm{R}$ に対して，次が成り立つことを示せ。

[1] $\mathrm{Cov}(Y_1, Y_2) = \mathrm{Cov}(Y_2, Y_1)$

[2] $\mathrm{Cov}(a_1 Y_1 + b_1, a_2 Y_2 + b_2) = a_1 a_2 \mathrm{Cov}(Y_1, Y_2)$

[3] $\mathrm{V}(Y_1) = \mathrm{Cov}(Y_1, Y_1)$

[4] $\mathrm{V}(Y_1 + Y_2) = \mathrm{V}(Y_1) + \mathrm{V}(Y_2) + 2\mathrm{Cov}(Y_1, Y_2)$

(2) 確率変数 Y_1 と $b_2 \in \mathrm{R}$ に対して，$\mathrm{Cov}(Y_1, b_2)$ を求めよ。

(3) 確率変数 Y_1，Y_2 が無相関であるとき，$\mathrm{V}(Y_1 + Y_2)$ を $\mathrm{V}(Y_1)$，$\mathrm{V}(Y_2)$ を用いて表せ。

指針 (2) (1)で示した，[2] において，$a_1 = 1$，$a_2 = 0$，$b_1 = 0$ とする。

(3) 確率変数 Y_1，Y_2 が無相関であるとき，$\mathrm{Cov}(Y_1, Y_2) = 0$ が成り立つ。

解答 $\mathrm{E}(\cdot)$ を期待値を表す記号とする。

(1) [1] $\mathrm{Cov}(Y_1, Y_2) = \mathrm{E}(\{Y_1 - \mathrm{E}(Y_1)\}\{Y_2 - \mathrm{E}(Y_2)\})$
$= \mathrm{E}(\{Y_2 - \mathrm{E}(Y_2)\}\{Y_1 - \mathrm{E}(Y_1)\}) = \mathrm{Cov}(Y_2, Y_1)$

[2] $\mathrm{Cov}(a_1 Y_1 + b_1, a_2 Y_2 + b_2)$
$= \mathrm{E}(\{(a_1 Y_1 + b_1) - \mathrm{E}(a_1 Y_1 + b_1)\}\{(a_2 Y_2 + b_2) - \mathrm{E}(a_2 Y_2 + b_2)\})$
$= \mathrm{E}([(a_1 Y_1 + b_1) - \{a_1 \mathrm{E}(Y_1) + b_1\}][(a_2 Y_2 + b_2) - \{a_2 \mathrm{E}(Y_2) + b_2\}])$
$= a_1 a_2 \mathrm{E}(\{Y_1 - \mathrm{E}(Y_1)\}\{Y_2 - \mathrm{E}(Y_2)\}) = a_1 a_2 \mathrm{Cov}(Y_1, Y_2)$

[3] $\mathrm{V}(Y_1) = \mathrm{E}(\{Y_1 - \mathrm{E}(Y_1)\}^2) = \mathrm{E}(\{Y_1 - \mathrm{E}(Y_1)\}\{Y_1 - \mathrm{E}(Y_1)\}) = \mathrm{Cov}(Y_1, Y_1)$

[4] $\mathrm{V}(Y_1 + Y_2)$
$= \mathrm{E}(\{(Y_1 + Y_2) - \mathrm{E}(Y_1 + Y_2)\}^2)$
$= \mathrm{E}([\{Y_1 - \mathrm{E}(Y_1)\} + \{Y_2 - \mathrm{E}(Y_2)\}]^2)$
$= \mathrm{E}(\{Y_1 - \mathrm{E}(Y_1)\}^2 + \{Y_2 - \mathrm{E}(Y_2)\}^2 + 2\{Y_1 - \mathrm{E}(Y_1)\}\{Y_2 - \mathrm{E}(Y_2)\})$
$= \mathrm{E}(\{Y_1 - \mathrm{E}(Y_1)\}^2) + \mathrm{E}(\{Y_2 - \mathrm{E}(Y_2)\}^2) + 2\mathrm{E}(\{Y_1 - \mathrm{E}(Y_1)\}\{Y_2 - \mathrm{E}(Y_2)\})$
$= \mathrm{V}(Y_1) + \mathrm{V}(Y_2) + 2\mathrm{Cov}(Y_1, Y_2)$ ■

(2) (1)で示した，[2] において，$a_1 = 1$，$b_1 = 0$，$a_2 = 0$ とすると $\mathrm{Cov}(Y_1, b_2) = \mathbf{0}$

(3) 確率変数 Y_1，Y_2 が無相関であるとき $\mathrm{Cov}(Y_1, Y_2) = 0$
よって $\mathbf{V}(Y_1 + Y_2) = \mathbf{V}(Y_1) + \mathbf{V}(Y_2)$

基本 例題112 線形和と共分散 ★☆☆

$(Y_1,\ Y_2,\ \cdots\cdots,\ Y_N)$ を N 変数の確率変数とし，$a_1,\ a_2,\ \cdots\cdots,\ a_N$ と
$b_1,\ b_2,\ \cdots\cdots,\ b_N$ を 2 つの実数列とする。このとき，次の等式を示せ。ただし，
$\mathrm{Cov}(\cdot,\cdot)$ は共分散を表す記号とする。

$$\mathrm{Cov}\Big(\sum_{i=1}^{N} a_i Y_i,\ \sum_{j=1}^{N} b_j Y_j\Big)=\sum_{i=1}^{N}\sum_{j=1}^{N} a_i b_j \mathrm{Cov}(Y_i,\ Y_j)$$

指針 期待値を表す記号を用いて左辺を表し，期待値の線形性を用いて右辺を導く。

解答 $\mathrm{E}(\cdot)$ を期待値を表す記号とする。

$$\mathrm{Cov}\Big(\sum_{i=1}^{N} a_i Y_i,\ \sum_{j=1}^{N} b_j Y_j\Big)$$

$$=\mathrm{E}\Big(\Big\{\sum_{i=1}^{N} a_i Y_i-\mathrm{E}\Big(\sum_{i=1}^{N} a_i Y_i\Big)\Big\}\Big\{\sum_{j=1}^{N} b_j Y_j-\mathrm{E}\Big(\sum_{j=1}^{N} b_j Y_j\Big)\Big\}\Big)$$

$$=\mathrm{E}\Big(\Big[\sum_{i=1}^{N} a_i\{Y_i-\mathrm{E}(Y_i)\}\Big]\Big[\sum_{j=1}^{N} b_j\{Y_j-\mathrm{E}(Y_j)\}\Big]\Big)$$

$$=\sum_{i=1}^{N}\sum_{j=1}^{N} a_i b_j \mathrm{E}(\{Y_i-\mathrm{E}(Y_i)\}\{Y_j-\mathrm{E}(Y_j)\})$$

$$=\sum_{i=1}^{N}\sum_{j=1}^{N} a_i b_j \mathrm{Cov}(Y_i,\ Y_j) \quad\blacksquare$$

基本 例題113 確率変数の和の分散 ★☆☆

$\mathrm{V}(\cdot)$ を分散を表す記号，$\mathrm{Cov}(\cdot,\cdot)$ を共分散を表す記号とする。$N\geqq 2$ として，
$(Y_1,\ Y_2,\ \cdots\cdots,\ Y_N)$ を N 変数の確率変数とするとき，

$\mathrm{V}\Big(\sum_{i=1}^{N} Y_i\Big)=\sum_{i=1}^{N}\mathrm{V}(Y_i)+2\sum_{i=1}^{N-1}\sum_{j=i+1}^{N}\mathrm{Cov}(Y_i,\ Y_j)$ が成り立つことを示せ。

また，特に確率変数 $Y_1,\ Y_2,\ \cdots\cdots,\ Y_N$ のすべてが互いに独立あるいは無相関で
あるならば，$\mathrm{V}\Big(\sum_{i=1}^{N} Y_i\Big)=\sum_{i=1}^{N}\mathrm{V}(Y_i)$ が成り立つことを示せ。

指針 期待値の性質を用いて示す。なお，確率変数 $Y_1,\ Y_2,\ \cdots\cdots,\ Y_N$ のすべてが互いに独立ある
いは無相関であるならば，$i\neq j$ のとき $\mathrm{Cov}(Y_i,\ Y_j)=0$ である。

解答 $\mathrm{E}(\cdot)$ を期待値を表す記号とする。

$$\mathrm{V}\left(\sum_{i=1}^{N} Y_i\right) = \mathrm{E}\left(\left\{\sum_{i=1}^{N} Y_i - \mathrm{E}\left(\sum_{i=1}^{N} Y_i\right)\right\}^2\right)$$

$$= \mathrm{E}\left(\left[\sum_{i=1}^{N} \{Y_i - \mathrm{E}(Y_i)\}\right]^2\right)$$

$$= \mathrm{E}\left(\sum_{i=1}^{N} \{Y_i - \mathrm{E}(Y_i)\}^2 + 2\sum_{i=1}^{N-1}\sum_{j=i+1}^{N} \{Y_i - \mathrm{E}(Y_i)\}\{Y_j - \mathrm{E}(Y_j)\}\right)$$

$$= \sum_{i=1}^{N} \mathrm{E}(\{Y_i - \mathrm{E}(Y_i)\}^2) + 2\sum_{i=1}^{N-1}\sum_{j=i+1}^{N} \mathrm{E}(\{Y_i - \mathrm{E}(Y_i)\}\{Y_j - \mathrm{E}(Y_j)\})$$

$$= \sum_{i=1}^{N} \mathrm{V}(Y_i) + 2\sum_{i=1}^{N-1}\sum_{j=i+1}^{N} \mathrm{Cov}(Y_i,\ Y_j)$$

特に，確率変数 $Y_1,\ Y_2,\ \cdots\cdots,\ Y_N$ のすべてが互いに独立あるいは無相関であるならば，$i \neq j$ のとき $\mathrm{Cov}(Y_i,\ Y_j)=0$ であるから $\quad \mathrm{V}\left(\displaystyle\sum_{i=1}^{N} Y_i\right) = \displaystyle\sum_{i=1}^{N} \mathrm{V}(Y_i)$ ■

補足 $(Y_1,\ Y_2)$ を 2 変数の確率変数とする。このとき，確率変数 $Y_1,\ Y_2$ が互いに独立であるならば，これらは無相関である。一方で，確率変数 $Y_1,\ Y_2$ が無相関であっても，これらが互いに独立であるとは限らない。

基本 例題 114 大数の法則 ★☆☆

$\mathrm{E}(\cdot)$ を期待値を表す記号とし，$\mathrm{V}(\cdot)$ を分散を表す記号とする。$Y_1,\ Y_2,\ \cdots\cdots,\ Y_N$ を互いに独立に同じ分布に従う N 個の確率変数とするとき，$\mathrm{E}(Y_1)=\mathrm{E}(Y_2)=\cdots\cdots=\mathrm{E}(Y_N)=\mu$, $\mathrm{V}(Y_1)=\mathrm{V}(Y_2)=\cdots\cdots=\mathrm{V}(Y_N)=\sigma^2$ とし，確率変数 $\overline{Y_N}$ を $\overline{Y_N}=\dfrac{1}{N}\displaystyle\sum_{i=1}^{N} Y_i$ で定めると，$\mathrm{E}(\overline{Y_N})=\mu$, $\mathrm{V}(\overline{Y_N})=\dfrac{\sigma^2}{N}$ が成り立つことを示せ。

指針 期待値の性質と分散の性質を用いて示す。

解答 $\mathrm{E}(\overline{Y_N}) = \mathrm{E}\left(\dfrac{1}{N}\sum_{i=1}^{N} Y_i\right) = \dfrac{1}{N}\sum_{i=1}^{N} \mathrm{E}(Y_i) = \dfrac{1}{N} \cdot N\mu = \mu$

$\mathrm{V}(\overline{Y_N}) = \mathrm{V}\left(\dfrac{1}{N}\sum_{i=1}^{N} Y_i\right) = \dfrac{1}{N^2}\sum_{i=1}^{N} \mathrm{V}(Y_i) = \dfrac{1}{N^2} \cdot N\sigma^2 = \dfrac{\sigma^2}{N}$ ■

7 正規分布とその他のパラメトリックな分布

基本 例題115 正規分布と1次関数 ★☆☆

$Y \sim N(\mu, \sigma^2)$ であるとし，$a \in \mathbb{R}$，$b \in \mathbb{R}$ に対して，新たな確率変数 Z を
$Z = aY + b$ で定める $(a \neq 0)$。

(1) 確率変数 Z の分布関数を，確率変数 Y の分布関数を用いて表せ。

(2) 確率変数 Z の確率密度関数が，期待値 $a\mu + b$，分散 $a^2\sigma^2$ の正規分布のもので
あることを示せ。

指針 (1) $a > 0$，$a < 0$ で場合分けして考える。なお，$Y \sim N(\mu, \sigma^2)$ は確率変数 Y が期待値が μ，分散が σ^2 の正規分布に従うという意味である。

(2) (1)で得られた確率変数 Z の分布関数を微分すればよい。

解答 (1) [1] **$a > 0$ のとき** $\quad P(Z \leq y) = P\left(Y \leq \dfrac{y-b}{a}\right)$

[2] **$a < 0$ のとき** $\quad P(Z \leq y) = P\left(Y \geq \dfrac{y-b}{a}\right) = 1 - P\left(Y < \dfrac{y-b}{a}\right)$

(2) [1] $a > 0$ のとき

$$\frac{\mathrm{d}}{\mathrm{d}y}P(Z \leq y) = \frac{1}{a\sqrt{2\pi\sigma^2}}\mathrm{e}^{-\frac{\left(\frac{y-b}{a}-\mu\right)^2}{2\sigma^2}} = \frac{1}{\sqrt{2\pi a^2\sigma^2}}\mathrm{e}^{-\frac{\{y-(a\mu+b)\}^2}{2a^2\sigma^2}}$$

[2] $a < 0$ のとき

$$\frac{\mathrm{d}}{\mathrm{d}y}P(Z \leq y) = -\frac{1}{a\sqrt{2\pi\sigma^2}}\mathrm{e}^{-\frac{\left(\frac{y-b}{a}-\mu\right)^2}{2\sigma^2}} = \frac{1}{\sqrt{2\pi a^2\sigma^2}}\mathrm{e}^{-\frac{\{y-(a\mu+b)\}^2}{2a^2\sigma^2}}$$

以上から，確率変数 Z の確率密度関数は，期待値 $a\mu + b$，分散 $a^2\sigma^2$ の正規分布のものである。 ■

基本 例題116 標準正規分布 ★☆☆

$Y \sim N(\mu, \sigma^2)$ であるとする。

(1) Φ を標準正規分布の分布関数とするとき，$P(Y \leq x) = \Phi\left(\dfrac{x-\mu}{\sigma}\right)$ が成り立つことを示せ。

(2) ϕ を標準正規分布の確率密度関数とするとき，$\dfrac{\mathrm{d}}{\mathrm{d}x}P(Y \leq x) = \dfrac{1}{\sigma}\phi\left(\dfrac{x-\mu}{\sigma}\right)$ が
成り立つことを示せ。

指針 (1) $P(Y \le x) = \int_{-\infty}^{x} \frac{1}{\sqrt{2\pi\sigma^2}} e^{-\frac{(u-\mu)^2}{2\sigma^2}} du$ であるが，$\frac{u-\mu}{\sigma} = y$ と置換すればよい。

(2) (1)で得られた確率変数 Y の分布関数を x で微分すればよい。

解答 (1) $P(Y \le x) = \int_{-\infty}^{x} \frac{1}{\sqrt{2\pi\sigma^2}} e^{-\frac{(u-\mu)^2}{2\sigma^2}} du = \int_{-\infty}^{\frac{x-\mu}{\sigma}} \frac{1}{\sqrt{2\pi\sigma^2}} e^{-\frac{y^2}{2}} \cdot \sigma \, dy$

$\qquad = \int_{-\infty}^{\frac{x-\mu}{\sigma}} \frac{1}{\sqrt{2\pi}} e^{-\frac{y^2}{2}} dy = \Phi\left(\frac{x-\mu}{\sigma}\right)$ ■

(2) (1)から $\qquad \frac{d}{dx} P(Y \le x) = \frac{1}{\sigma} \phi\left(\frac{x-\mu}{\sigma}\right)$ ■

基本 例題**117** 独立に標準正規分布に従う確率変数の変換 ★☆☆

Z_1，Z_2 を互いに独立な確率変数とし，$Z_1 \sim N(0, 1)$，$Z_2 \sim N(0, 1)$ であるとする。また，$a_{1,0} \in R$，$a_{1,1} \in R$，$a_{2,0} \in R$，$a_{2,1} \in R$，$a_{2,2} \in R$ を用いて，新たな確率変数 Y_1，Y_2 が $Y_1 = a_{1,0} + a_{1,1} Z_1$ $(a_{1,1} \ne 0)$，$Y_2 = a_{2,0} + a_{2,1} Z_1 + a_{2,2} Z_2$ $(a_{2,1} \ne 0$ または $a_{2,2} \ne 0)$ で定められ，$E(Y_1) = 1$, $V(Y_1) = 4$, $E(Y_2) = 3$, $V(Y_2) = 5$, $Cov(Y_1, Y_2) = 4$ を満たしているとする。このとき，$a_{1,0}$, $a_{1,1}$, $a_{2,0}$, $a_{2,1}$, $a_{2,2}$ の値を求めよ。ただし，$E(\cdot)$ を期待値を表す記号，$V(\cdot)$ を分散を表す記号，$Cov(\cdot, \cdot)$ を共分散を表す記号とする。

指針 $Y_1 \sim N(a_{1,0}, a_{1,1}^2)$ となり，$Y_2 \sim N(a_{2,0}, a_{2,1}^2 + a_{2,2}^2)$ となることから，$a_{1,0}$, $a_{1,1}$, $a_{2,0}$, $a_{2,1}$, $a_{2,2}$ に関する方程式が得られる。

解答 $E(Y_1) = 1$ から $\quad a_{1,0} = 1$

$V(Y_1) = 4$ から $\quad a_{1,1}^2 = 4$

$E(Y_2) = 3$ から $\quad a_{2,0} = 3$

$V(Y_2) = 5$ から $\quad a_{2,1}^2 + a_{2,2}^2 = 5$

$Cov(Y_1, Y_2) = 4$ から $\quad a_{1,1} a_{2,1} = 4$

よって

$\quad (a_{1,0}, a_{1,1}, a_{2,0}, a_{2,1}, a_{2,2}) = (1, 2, 3, 2, 1), (1, -2, 3, -2, 1),$
$\qquad\qquad\qquad\qquad\qquad (1, 2, 3, 2, -1), (1, -2, 3, -2, -1)$

基本 例題118 正規分布に従う確率変数の無相関性と独立性 ★☆☆

(Y_1, Y_2) を2変数の確率変数とし,確率変数 Y_1, Y_2 はともに正規分布に従うとする。この同時密度関数は次のように表すことができる。ただし,E($\cdot$) を期待値を表す記号,V($\cdot$) を分散を表す記号,Corr($\cdot,\cdot$) を相関係数を表す記号として,$\mu_1=\mathrm{E}(Y_1)$, $\mu_2=\mathrm{E}(Y_2)$, $\sigma_1{}^2=\mathrm{V}(Y_1)$, $\sigma_2{}^2=\mathrm{V}(Y_2)$, $\rho=\mathrm{Corr}(Y_1, Y_2)$ とする。

$$\frac{\partial^2}{\partial x_1 \partial x_2}P(Y_1 \leq x_1, \ Y_2 \leq x_2)$$

$$=\frac{1}{2\pi\sqrt{\sigma_1{}^2\sigma_2{}^2(1-\rho^2)}}e^{-\frac{1}{2(1-\rho^2)}\left\{\left(\frac{x_1-\mu_1}{\sigma_1}\right)^2+\left(\frac{x_2-\mu_2}{\sigma_2}\right)^2-2\rho\cdot\frac{x_1-\mu_1}{\sigma_1}\cdot\frac{x_2-\mu_2}{\sigma_2}\right\}} \quad \cdots\cdots(*)$$

$(*)$ において $\rho=0$ とすると,$(*)$ は確率変数 Y_1, Y_2 の周辺密度関数の積で表されることを示せ。また,このとき,2変数の確率変数 (Y_1, Y_2) の同時分布関数が確率変数 Y_1, Y_2 の周辺分布関数の積で表され,確率変数 Y_1, Y_2 は互いに独立であることを示せ。

指針 $\rho=0$ のとき,2変数の確率変数 (Y_1, Y_2) の同時分布関数は次のようになる。

$$P(Y_1 \leq x_1, \ Y_2 \leq x_2)=\int_{-\infty}^{x_1}\int_{-\infty}^{x_2}\frac{1}{\sqrt{2\pi\sigma_1{}^2}}e^{-\frac{(u_1-\mu_1)^2}{2\sigma_1{}^2}}\cdot\frac{1}{\sqrt{2\pi\sigma_2{}^2}}e^{-\frac{(u_2-\mu_2)^2}{2\sigma_2{}^2}}\,du_2\,du_1$$

解答 $\rho=0$ のとき

$$\frac{\partial^2}{\partial x_1 \partial x_2}P(Y_1 \leq x_1, \ Y_2 \leq x_2)$$

$$=\frac{1}{2\pi\sqrt{\sigma_1{}^2\sigma_2{}^2(1-0^2)}}e^{-\frac{1}{2(1-0^2)}\left\{\left(\frac{x_1-\mu_1}{\sigma_1}\right)^2+\left(\frac{x_2-\mu_2}{\sigma_2}\right)^2-2\cdot0\cdot\frac{x_1-\mu_1}{\sigma_1}\cdot\frac{x_2-\mu_2}{\sigma_2}\right\}}$$

$$=\frac{1}{2\pi\sigma_1\sigma_2}e^{-\frac{1}{2}\left\{\left(\frac{x_1-\mu_1}{\sigma_1}\right)^2+\left(\frac{x_2-\mu_2}{\sigma_2}\right)^2\right\}}$$

$$=\frac{1}{\sqrt{2\pi\sigma_1{}^2}}e^{-\frac{(x_1-\mu_1)^2}{2\sigma_1{}^2}}\cdot\frac{1}{\sqrt{2\pi\sigma_2{}^2}}e^{-\frac{(x_2-\mu_2)^2}{2\sigma_2{}^2}}$$

また,このとき,2変数の確率変数 (Y_1, Y_2) の同時分布関数は

$$P(Y_1 \leq x_1, \ Y_2 \leq x_2)$$

$$=\int_{-\infty}^{x_1}\int_{-\infty}^{x_2}\frac{1}{\sqrt{2\pi\sigma_1{}^2}}e^{-\frac{(u_1-\mu_1)^2}{2\sigma_1{}^2}}\cdot\frac{1}{\sqrt{2\pi\sigma_2{}^2}}e^{-\frac{(u_2-\mu_2)^2}{2\sigma_2{}^2}}\,du_2\,du_1$$

$$=\left\{\int_{-\infty}^{x_1}\frac{1}{\sqrt{2\pi\sigma_1{}^2}}e^{-\frac{(u_1-\mu_2)^2}{2\sigma_1{}^2}}\,du_1\right\}\cdot\left\{\int_{-\infty}^{x_2}\frac{1}{\sqrt{2\pi\sigma_2{}^2}}e^{-\frac{(u_2-\mu_2)^2}{2\sigma_2{}^2}}\,du_2\right\}$$

したがって,確率変数 Y_1, Y_2 は独立である。∎

補足 $\rho=0$ が成り立つとき,正規分布に従う確率変数 Y_1, Y_2 は無相関である。

基本 例題 **119** 正規分布の再生性 ★☆☆

次の2つの **命題** を示せ。

命題 (Y_1, Y_2) を2変数の確率変数とし，Y_1，Y_2 はともに正規分布に従うとする。このとき，Y_1+Y_2 は（1変数の）正規分布に従う。

命題 $(Y_1, Y_2, \cdots\cdots, Y_N)$ を N 変数の確率変数とし，Y_1，Y_2，$\cdots\cdots$，Y_N はすべて正規分布に従うとする。このとき，$\sum_{i=1}^{N} Y_i$ は（1変数の）正規分布に従う。

指針 1つ目の命題について，(Y_1, Y_2) を2変数の確率変数とし，Y_1，Y_2 がともに正規分布に従うとき，次の条件が満たされる（詳しくは『数研講座シリーズ　大学教養　統計学』の201ページを参照）。
Z_1，Z_2 を互いに独立な確率変数とし，ともに標準正規分布に従うとする。確率変数 Y_1 が確率変数 Z_1，Z_2 と $a_{1,0}\in\mathbb{R}$，$a_{1,1}\in\mathbb{R}$，$a_{1,2}\in\mathbb{R}$ を用いて $Y_1=a_{1,0}+a_{1,1}Z_1+a_{1,2}Z_2$ と表され，確率変数 Y_2 が確率変数 Z_1，Z_2 と $a_{2,0}\in\mathbb{R}$，$a_{2,1}\in\mathbb{R}$，$a_{2,2}\in\mathbb{R}$ を用いて $Y_2=a_{2,0}+a_{2,1}Z_1+a_{2,2}Z_2$ と表される。

解答 1つ目の命題を示す。
Z_1，Z_2 を互いに独立な確率変数とし，ともに標準正規分布に従うとし，確率変数 Y_1 が確率変数 Z_1，Z_2 と $a_{1,0}\in\mathbb{R}$，$a_{1,1}\in\mathbb{R}$，$a_{1,2}\in\mathbb{R}$ を用いて $Y_1=a_{1,0}+a_{1,1}Z_1+a_{1,2}Z_2$ と表され，確率変数 Y_2 が確率変数 Z_1，Z_2 と $a_{2,0}\in\mathbb{R}$，$a_{2,1}\in\mathbb{R}$，$a_{2,2}\in\mathbb{R}$ を用いて
$Y_2=a_{2,0}+a_{2,1}Z_1+a_{2,2}Z_2$ と表されるとする。

このとき
$$Y_1+Y_2=(a_{1,0}+a_{1,1}Z_1+a_{1,2}Z_2)+(a_{2,0}+a_{2,1}Z_1+a_{2,2}Z_2)$$
$$=(a_{1,0}+a_{2,0})+(a_{1,1}+a_{2,1})Z_1+(a_{1,2}+a_{2,2})Z_2$$

よって　$Y_1+Y_2\sim\mathrm{N}(a_{1,0}+a_{2,0},\ (a_{1,1}+a_{2,1})^2+(a_{1,2}+a_{2,2})^2)$ ■

2つ目の命題を数学的帰納法により示す。

[1]　$N=2$ のとき，1つ目の命題により成り立つ。

[2]　$N\leq k$ のとき，2つ目の命題が成り立つと仮定して，$N=k+1$ のときを考える。
$(Y_1, Y_2, \cdots\cdots, Y_k, Y_{k+1})$ を $(k+1)$ 変数の確率変数とし，
Y_1，Y_2，$\cdots\cdots$，Y_k，Y_{k+1} はすべて正規分布に従うとする。

仮定から，$\sum_{i=1}^{k} Y_i$ は（1変数の）正規分布に従う。

$\sum_{i=1}^{k} Y_i=S_k$ とおくと　$\sum_{i=1}^{k+1} Y_i=\sum_{i=1}^{k} Y_i+Y_{k+1}=S_k+Y_{k+1}$

再び仮定から，S_k+Y_{k+1} は（1変数の）正規分布に従う。

よって，$\sum_{i=1}^{k+1} Y_i$ は（1変数の）正規分布に従う。

したがって，$N=k+1$ のときにも2つ目の命題は成り立つ。

[1]，[2] から，すべての自然数 N に対して2つ目の命題が成り立つ。 ■

補足 本問で示した性質は **正規分布の再生性** という。

基本 例題 120　一様分布　★☆☆

$a<b$ とする。確率変数 X に対して，その確率密度関数を f_X として，それが

$$f_X(x)=\begin{cases} \dfrac{1}{b-a} & (a\leqq x\leqq b) \\ 0 & (x<a,\ b<x) \end{cases}$$ で与えられるとき，確率変数 X の期待値，分散を

求めよ。

指針 $E(\cdot)$ を期待値を表す記号，$V(\cdot)$ を分散を表す記号とする。定義から，$E(X)=\displaystyle\int_{-\infty}^{\infty}xf_X(x)dx$ である。$V(X)=E(X^2)-\{E(X)\}^2$ であるから，$E(X^2)$ を求めれば $V(X)$ を求めることができる。

解答 $E(\cdot)$ を期待値を表す記号，$V(\cdot)$ を分散を表す記号とする。

まず $\displaystyle E(X)=\int_{-\infty}^{a}x\cdot 0\,dx+\int_{a}^{b}x\cdot\frac{1}{b-a}\,dx+\int_{b}^{\infty}x\cdot 0\,dx=\int_{a}^{b}\frac{x}{b-a}\,dx$

$\displaystyle =\left[\frac{x^2}{2(b-a)}\right]_{a}^{b}=\frac{b^2-a^2}{2(b-a)}=\boldsymbol{\frac{b+a}{2}}$

また $\displaystyle E(X^2)=\int_{-\infty}^{a}x^2\cdot 0\,dx+\int_{a}^{b}x^2\cdot\frac{1}{b-a}\,dx+\int_{b}^{\infty}x^2\cdot 0\,dx=\int_{a}^{b}\frac{x^2}{b-a}\,dx$

$\displaystyle =\left[\frac{x^3}{3(b-a)}\right]_{a}^{b}=\frac{b^3-a^3}{3(b-a)}=\frac{b^2+ba+a^2}{3}$

よって $\displaystyle V(X)=E(X^2)-\{E(X)\}^2$

$\displaystyle =\frac{b^2+ba+a^2}{3}-\left(\frac{b+a}{2}\right)^2=\boldsymbol{\frac{(b-a)^2}{12}}$

補足 本問で扱った確率分布を **連続型一様分布** という。

基本 例題 **121** 指数分布 ★☆☆

$\lambda > 0$ とする。確率変数 X に対して，その確率密度関数を f_X として，それが

$$f_X(x) = \begin{cases} \lambda e^{-\lambda x} & (0 < x) \\ 0 & (x \leq 0) \end{cases}$$ で与えられるとき，確率変数 X の期待値，分散を求めよ。

ただし，必要であれば，$\displaystyle\lim_{u \to \infty} u e^{-\lambda u} = 0$，$\displaystyle\lim_{u \to \infty} u^2 e^{-\lambda u} = 0$ を用いてよい。

指針 $E(\cdot)$ を期待値を表す記号，$V(\cdot)$ を分散を表す記号とする。定義から，$E(X) = \displaystyle\int_{-\infty}^{\infty} x f_X(x) dx$ である。$V(X) = E(X^2) - \{E(X)\}^2$ であるから，$E(X^2)$ を求めれば $V(X)$ を求めることができる。

解答 $E(\cdot)$ を期待値を表す記号，$V(\cdot)$ を分散を表す記号とする。

まず $\displaystyle E(X) = \int_{-\infty}^{0} x \cdot 0 \, dx + \int_{0}^{\infty} x \cdot \lambda e^{-\lambda x} dx = \lim_{s \to \infty} \int_{0}^{s} \lambda x e^{-\lambda x} dx$

ここで $\displaystyle \int_{0}^{s} \lambda x e^{-\lambda x} dx = \Big[-x e^{-\lambda x} \Big]_{0}^{s} + \int_{0}^{s} e^{-\lambda x} dx$

$\displaystyle \qquad\qquad = -s e^{-\lambda s} + \Big[-\frac{e^{-\lambda x}}{\lambda} \Big]_{0}^{s} = -s e^{-\lambda s} + \frac{1 - e^{-\lambda s}}{\lambda}$

よって $\displaystyle \lim_{s \to \infty} \int_{0}^{s} \lambda x e^{-\lambda x} dx = \lim_{s \to \infty} \Big(-s e^{-\lambda s} + \frac{1 - e^{-\lambda s}}{\lambda} \Big) = \frac{1}{\lambda}$

ゆえに $\displaystyle E(X) = \frac{1}{\lambda}$

また $\displaystyle E(X^2) = \int_{-\infty}^{0} x^2 \cdot 0 \, dx + \int_{0}^{\infty} x^2 \cdot \lambda e^{-\lambda x} dx = \lim_{t \to \infty} \int_{0}^{t} \lambda x^2 e^{-\lambda x} dx$

ここで $\displaystyle \int_{0}^{t} \lambda x^2 e^{-\lambda x} dx = \Big[-x^2 e^{-\lambda x} \Big]_{0}^{t} + \int_{0}^{t} 2x e^{-\lambda x} dx$

$\displaystyle \qquad\qquad = -t^2 e^{-\lambda t} + \frac{2}{\lambda} \int_{0}^{t} \lambda x e^{-\lambda x} dx$

よって $\displaystyle \lim_{t \to \infty} \int_{0}^{t} \lambda x^2 e^{-\lambda x} dx = \lim_{t \to \infty} \Big(-t^2 e^{-\lambda t} + \frac{2}{\lambda} \int_{0}^{t} \lambda x e^{-\lambda x} dx \Big)$

$\displaystyle \qquad\qquad = \frac{2}{\lambda} \cdot \frac{1}{\lambda} = \frac{2}{\lambda^2}$

ゆえに $\displaystyle E(X^2) = \frac{2}{\lambda^2}$

したがって $\displaystyle V(X) = E(X^2) - \{E(X)\}^2 = \frac{2}{\lambda^2} - \Big(\frac{1}{\lambda} \Big)^2 = \frac{1}{\lambda^2}$

補足 本問で扱った確率分布を **指数分布** という。

演 習 編

重要 例題 **018** 補集合の性質　　　　　　　　　　★☆☆

次の問いに答えよ。

(1) 基本例題 061 において，$(E^{\mathrm{S}})^{\mathrm{c}}=E^{\mathrm{F}}$ が成り立つことを示せ。

(2) Ω を全体集合，E を Ω の部分集合とするとき，

$(E^{\mathrm{c}})^{\mathrm{c}}=E$，$E\cup E^{\mathrm{c}}=\Omega$，$E\cap E^{\mathrm{c}}=\varnothing$ が成り立つことを示せ。

指針 (2) $E\cap E^{\mathrm{c}}=\varnothing$ が成り立つことを示すには，$z\in E\cap E^{\mathrm{c}}$ が存在すると仮定し，背理法により矛盾を導く。

解答 (1) $(a,\ b)\in(E^{\mathrm{S}})^{\mathrm{c}}$ ならば $(a,\ b)\notin E^{\mathrm{S}}$ であるから　　$0\leqq a\leqq\dfrac{1}{2}$, $0\leqq b\leqq 1$

よって，$(a,\ b)\in E^{\mathrm{F}}$ であるから　　$(E^{\mathrm{S}})^{\mathrm{c}}\subset E^{\mathrm{F}}$

$(a,\ b)\in E^{\mathrm{F}}$ ならば　　$0\leqq a\leqq\dfrac{1}{2}$, $0\leqq b\leqq 1$

よって，$(a,\ b)\notin E^{\mathrm{S}}$ であるから　　$(a,\ b)\in(E^{\mathrm{S}})^{\mathrm{c}}$

ゆえに　　$(E^{\mathrm{S}})^{\mathrm{c}}\supset E^{\mathrm{F}}$

したがって　　$(E^{\mathrm{S}})^{\mathrm{c}}=E^{\mathrm{F}}$　■

(2) $x\in(E^{\mathrm{c}})^{\mathrm{c}}$ とすると　　$x\notin E^{\mathrm{c}}$

よって，$x\in E$ であるから　　$(E^{\mathrm{c}})^{\mathrm{c}}\subset E$

$x\in E$ とすると　　$x\notin E^{\mathrm{c}}$

よって，$x\in(E^{\mathrm{c}})^{\mathrm{c}}$ であるから　　$(E^{\mathrm{c}})^{\mathrm{c}}\supset E$

したがって　　$(E^{\mathrm{c}})^{\mathrm{c}}=E$

また，$y\in E\cup E^{\mathrm{c}}$ とすると　　$y\in E$　または　$y\in E^{\mathrm{c}}$

$E\subset\Omega$, $E^{\mathrm{c}}\subset\Omega$ であるから　　$y\in\Omega$

よって　　$E\cup E^{\mathrm{c}}\subset\Omega$

$y\in\Omega$ とすると　　$y\in E$　または　$y\notin E$

$y\notin E$ のとき　　$y\in E^{\mathrm{c}}$

よって，$y\in E\cup E^{\mathrm{c}}$ であるから　　$E\cup E^{\mathrm{c}}\supset\Omega$

したがって　　$E\cup E^{\mathrm{c}}=\Omega$

さらに，$z\in E\cap E^{\mathrm{c}}$ が存在すると仮定すると　　$z\in E$

よって　　$z\notin E^{\mathrm{c}}$

ゆえに，$z\notin E\cap E^{\mathrm{c}}$ であるが，これは $z\in E\cap E^{\mathrm{c}}$ に矛盾する。

したがって　　$E\cap E^{\mathrm{c}}=\varnothing$　■

重要　例題019　集合の内包的記法 1　　　★☆☆

$i \in N$ に対して，$E_i = \left\{(u, v) \in R^2 \middle| \dfrac{1}{i} \leq u \leq 1,\ 0 \leq v \leq 1\right\}$ とする。

(1) $E_1 \cup E_2$ を内包的記法で表し，図示せよ。

(2) $\displaystyle\bigcup_{i=1}^{5} E_i$ を内包的記法で表し，図示せよ。

(3) $\displaystyle\bigcup_{i=1}^{\infty} E_i = \{(u, v) \in R^2 \mid 0 < u \leq 1,\ 0 \leq v \leq 1\}$ であることを示せ。

指針 (1) $E_1 \cup E_2$ は集合 E_1，E_2 の和集合である。

(2) $\displaystyle\bigcup_{i=1}^{5} E_i$ は集合 E_1，E_2，E_3，E_4，E_5 の和集合である。

(3) E_1，E_2，…… は集合の無限列であり，$\displaystyle\bigcup_{i=1}^{\infty} E_i$ はこれらの和集合である。

解答 (1) $E_1 = \{(u, v) \in R^2 \mid u = 1,\ 0 \leq v \leq 1\}$，$E_2 = \left\{(u, v) \in R^2 \middle| \dfrac{1}{2} \leq u \leq 1,\ 0 \leq v \leq 1\right\}$ であ

るから　　$E_1 \cup E_2 = \left\{(u, v) \in R^2 \middle| \dfrac{1}{2} \leq u \leq 1,\ 0 \leq v \leq 1\right\}$

これを図示すると **右の図の斜線部分** のようになる。
ただし，**境界線を含む。**

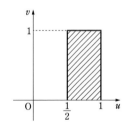

補足 $E_1 \subset E_2$ であるから，$E_1 \cup E_2 = E_2$ である。

(2) $E_3 = \left\{(u, v) \in R^2 \middle| \dfrac{1}{3} \leq u \leq 1,\ 0 \leq v \leq 1\right\}$，$E_4 = \left\{(u, v) \in R^2 \middle| \dfrac{1}{4} \leq u \leq 1,\ 0 \leq v \leq 1\right\}$，

$E_5 = \left\{(u, v) \in R^2 \middle| \dfrac{1}{5} \leq u \leq 1,\ 0 \leq v \leq 1\right\}$ であるから，(1) より

$$\bigcup_{i=1}^{5} E_i = \left\{(u, v) \in R^2 \middle| \dfrac{1}{5} \leq u \leq 1,\ 0 \leq v \leq 1\right\}$$

これを図示すると **右の図の斜線部分** のようになる。
ただし，**境界線を含む。**

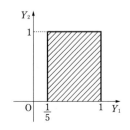

補足 $E_1 \subset E_2 \subset E_3 \subset E_4 \subset E_5$ であるから，$\displaystyle\bigcup_{i=1}^{5} E_i = E_5$ である。

(3)　$(s,\ t)\in\overset{\infty}{\underset{i=1}{\cup}}E_i$ とすると，ある $j\in\mathrm{N}$ が存在して $(s,\ t)\in E_j$ である。

明らかに $E_j\subset\{(u,\ v)\in\mathrm{R}^2\,|\,0<u\leqq1,\ 0\leqq v\leqq1\}$ であるから

$$(s,\ t)\in\{(u,\ v)\in\mathrm{R}^2\,|\,0<u\leqq1,\ 0\leqq v\leqq1\}$$

よって　　$\overset{\infty}{\underset{i=1}{\cup}}E_i\subset\{(u,\ v)\in\mathrm{R}^2\,|\,0<u\leqq1,\ 0\leqq v\leqq1\}$

$(s,\ t)\in\{(u,\ v)\in\mathrm{R}^2\,|\,0<u\leqq1,\ 0\leqq v\leqq1\}$ とすると，アルキメデスの原理から，次を満たすような $k\in\mathrm{N}$ が存在する。

$$uk>1\qquad\text{すなわち}\qquad\frac{1}{k}<u$$

このような $k\in\mathrm{N}$ に対して $(s,\ t)\in E_k$ である。

$E_k\subset\overset{\infty}{\underset{i=1}{\cup}}E_i$ であるから　　$(s,\ t)\in\overset{\infty}{\underset{i=1}{\cup}}E_i$

よって　　$\{(u,\ v)\in\mathrm{R}^2\,|\,0<u\leqq1,\ 0\leqq v\leqq1\}\subset\overset{\infty}{\underset{i=1}{\cup}}E_i$

したがって　　$\overset{\infty}{\underset{i=1}{\cup}}E_i=\{(u,\ v)\in\mathrm{R}^2\,|\,0<u\leqq1,\ 0\leqq v\leqq1\}$　■

重要 例題**020**　集合の内包的記法 2　　　　　　　　　　★☆☆

$i \in \mathrm{N}$ に対して，$B_i = \left\{ (u, v) \in \mathrm{R}^2 \,\middle|\, 0 \leqq u < \dfrac{1}{i}, \; 0 \leqq v \leqq 1 \right\}$ とする。

(1)　$B_1 \cap B_2$ を内包的記法で表し，図示せよ。

(2)　$\displaystyle\bigcap_{i=1}^{5} B_i$ を内包的記法で表し，図示せよ。

(3)　$\displaystyle\bigcap_{i=1}^{\infty} B_i = \{ (0, v) \in \mathrm{R}^2 \mid 0 \leqq v \leqq 1 \}$ であることを示せ。

指針 (1)　$B_1 \cap B_2$ は集合 B_1，B_2 の共通部分である。

(2)　$\displaystyle\bigcap_{i=1}^{5} B_i$ は集合 B_1，B_2，B_3，B_4，B_5 の共通部分である。

(3)　B_1，B_2，…… は集合の無限列であり，$\displaystyle\bigcap_{i=1}^{\infty} B_i$ はこれらの共通部分である。

解答 (1)　$B_1 = \{ (u, v) \in \mathrm{R}^2 \mid 0 \leqq u < 1, \; 0 \leqq v \leqq 1 \}$，$B_2 = \left\{ (u, v) \in \mathrm{R}^2 \,\middle|\, 0 \leqq u < \dfrac{1}{2}, \; 0 \leqq v \leqq 1 \right\}$ で

あるから　　$B_1 \cap B_2 = \left\{ (u, v) \in \mathrm{R}^2 \,\middle|\, 0 \leqq u < \dfrac{1}{2}, \; 0 \leqq v \leqq 1 \right\}$

これを図示すると **右の図** のようになる。

ただし，**境界線のうち，線分 $u = \dfrac{1}{2}$, $0 \leqq v \leqq 1$**

は含まず，その他は含む。

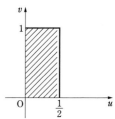

補足　$B_1 \supset B_2$ であるから，$B_1 \cap B_2 = B_2$ である。

(2)　$B_3 = \left\{ (u, v) \in \mathrm{R}^2 \,\middle|\, 0 \leqq u < \dfrac{1}{3}, \; 0 \leqq v \leqq 1 \right\}$，$B_4 = \left\{ (u, v) \in \mathrm{R}^2 \,\middle|\, 0 \leqq u < \dfrac{1}{4}, \; 0 \leqq v \leqq 1 \right\}$，

$B_5 = \left\{ (u, v) \in \mathrm{R}^2 \,\middle|\, 0 \leqq u < \dfrac{1}{5}, \; 0 \leqq v \leqq 1 \right\}$ であるから，(1) より

$$\bigcap_{i=1}^{5} B_i = \left\{ (u, v) \in \mathrm{R}^2 \,\middle|\, 0 \leqq u < \dfrac{1}{5}, \; 0 \leqq v \leqq 1 \right\}$$

これを図示すると **右の図** のようになる。

ただし，**境界線のうち，線分 $u = \dfrac{1}{5}$, $0 \leqq v \leqq 1$**

は含まず，その他は含む。

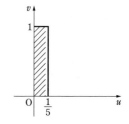

補足　$B_1 \supset B_2 \supset B_3 \supset B_4 \supset B_5$ であるから，$\displaystyle\bigcap_{i=1}^{5} B_i = B_5$ である。

(3) $(s, t) \in \bigcap\limits_{i=1}^{\infty} B_i$ とすると，任意の $j \in \mathrm{N}$ に対して $(s, t) \in B_j$ である。

このとき，$s \geqq 0$ のもとで $s \neq 0$ であると仮定すると，$s > 0$ である。

アルキメデスの原理から，次を満たすような $k \in \mathrm{N}$ が存在する。

$$sk > 1 \qquad \text{すなわち} \qquad s > \frac{1}{k}$$

このような $k \in \mathrm{N}$ に対して $(s, t) \notin B_k$ である。

これは，任意の $j \in \mathrm{N}$ に対して $(s, t) \in B_j$ であることに矛盾である。

ゆえに，$s = 0$ であるから $\qquad (s, t) \in \{(0, v) \in \mathrm{R}^2 \mid 0 \leqq v \leqq 1\}$

よって $\qquad \bigcap\limits_{i=1}^{\infty} B_i \subset \{(0, v) \in \mathrm{R}^2 \mid 0 \leqq v \leqq 1\}$

$(s, t) \in \{(0, v) \in \mathrm{R}^2 \mid 0 \leqq v \leqq 1\}$ とすると，任意の $k \in \mathrm{N}$ に対して $0 < \dfrac{1}{k}$ が成り立つ

から $\qquad (s, t) \in B_k$

ゆえに $\qquad (s, t) \in \bigcap\limits_{i=1}^{\infty} B_i$

よって $\qquad \{(0, v) \in \mathrm{R}^2 \mid 0 \leqq v \leqq 1\} \subset \bigcap\limits_{i=1}^{\infty} B_i$

したがって $\qquad \bigcap\limits_{i=1}^{\infty} B_i = \{(0, v) \in \mathrm{R}^2 \mid 0 \leqq v \leqq 1\}$　■

重要　例題 021　排反な事象　★☆☆

Ω を標本空間とする。E_1, E_2 を互いに排反な2つの事象とするとき，どのような帰結 $\omega \in \Omega$ が実現しても事象 E_1, E_2 の両方が実現することはないことを示せ。

指針 事象 E_1 のみが実現する，すなわち $\omega \in E_1$ として $\omega \notin E_2$ となることを示せば，事象 E_2 のみが実現する，すなわち $\omega \in E_2$ として $\omega \notin E_1$ となることは同様に示される。

解答 事象 E_1 が実現する，すなわち $\omega \in E_1$ とする。

このとき，$\omega \in E_2$ とすると，$\omega \in E_1 \cap E_2$ となり $E_1 \cap E_2 = \varnothing$ であることに矛盾する。

よって $\qquad \omega \notin E_2$

同様に，事象 E_2 が実現する，すなわち $\omega \in E_2$ とするとき $\qquad \omega \notin E_1$

したがって，どのような帰結 $\omega \in \Omega$ が実現しても事象 E_1, E_2 の両方が実現することはない。　■

重要　例題 022　ド・モルガンの法則　★★☆

(1)　2 つの集合 E_1, E_2 に対して，$(E_1 \cup E_2)^c = E_1{}^c \cap E_2{}^c$，$(E_1 \cap E_2)^c = E_1{}^c \cup E_2{}^c$ が成り立つことを示せ。

(2)　集合の無限列 E_1, E_2, …… に対して，$\left(\bigcup_{i=1}^{\infty} E_i\right)^c = \bigcap_{i=1}^{\infty} E_i{}^c$，$\left(\bigcap_{i=1}^{\infty} E_i\right)^c = \bigcup_{i=1}^{\infty} E_i{}^c$ が成り立つことを示せ。

指針　(1) $(E_1 \cup E_2)^c = E_1{}^c \cap E_2{}^c$ については，$(E_1 \cup E_2)^c \subset E_1{}^c \cap E_2{}^c$ かつ $(E_1 \cup E_2)^c \supset E_1{}^c \cap E_2{}^c$ が成り立つことをそれぞれ示し，$(E_1 \cap E_2)^c = E_1{}^c \cup E_2{}^c$ については，$(E_1 \cap E_2)^c \subset E_1{}^c \cup E_2{}^c$ かつ $(E_1 \cap E_2)^c \supset E_1{}^c \cup E_2{}^c$ が成り立つことをそれぞれ示す。

(2) $\left(\bigcup_{i=1}^{\infty} E_i\right)^c = \bigcap_{i=1}^{\infty} E_i{}^c$ については，$\left(\bigcup_{i=1}^{\infty} E_i\right)^c \subset \bigcap_{i=1}^{\infty} E_i{}^c$ かつ $\left(\bigcup_{i=1}^{\infty} E_i\right)^c \supset \bigcap_{i=1}^{\infty} E_i{}^c$ が成り立つことをそれぞれ示し，$\left(\bigcap_{i=1}^{\infty} E_i\right)^c = \bigcup_{i=1}^{\infty} E_i{}^c$ については，$\left(\bigcap_{i=1}^{\infty} E_i\right)^c \subset \bigcup_{i=1}^{\infty} E_i{}^c$ かつ $\left(\bigcap_{i=1}^{\infty} E_i\right)^c \supset \bigcup_{i=1}^{\infty} E_i{}^c$ が成り立つことをそれぞれ示す。

解答　(1)　$s \in (E_1 \cup E_2)^c$ とすると　　$s \notin E_1 \cup E_2$

よって　　　　$s \notin E_1$　かつ　$s \notin E_2$　すなわち　　$s \in E_1{}^c$　かつ　$s \in E_2{}^c$

ゆえに　　　　$s \in E_1{}^c \cap E_2{}^c$

よって　　　　$(E_1 \cup E_2)^c \subset E_1{}^c \cap E_2{}^c$

$s \in E_1{}^c \cap E_2{}^c$ とすると　　$s \in E_1{}^c$　かつ　$s \in E_2{}^c$

すなわち　　　$s \notin E_1$　かつ　$s \notin E_2$

ゆえに　　　　$s \notin E_1 \cup E_2$　すなわち　　$s \in (E_1 \cup E_2)^c$

よって　　　　$(E_1 \cup E_2)^c \supset E_1{}^c \cap E_2{}^c$

したがって　　$(E_1 \cup E_2)^c = E_1{}^c \cap E_2{}^c$

$t \in (E_1 \cap E_2)^c$ とすると　　$t \notin E_1 \cap E_2$

よって　　　　$t \notin E_1$　または　$t \notin E_2$　すなわち　　$t \in E_1{}^c$　または　$t \in E_2{}^c$

ゆえに　　　　$t \in E_1{}^c \cup E_2{}^c$

よって　　　　$(E_1 \cap E_2)^c \subset E_1{}^c \cup E_2{}^c$

$t \in E_1{}^c \cup E_2{}^c$ とすると　　$t \in E_1{}^c$　または　$t \in E_2{}^c$

すなわち　　　$t \notin E_1$　または　$t \notin E_2$

ゆえに　　　　$t \notin E_1 \cap E_2$　すなわち　　$t \in (E_1 \cap E_2)^c$

よって　　　　$(E_1 \cap E_2)^c \supset E_1{}^c \cup E_2{}^c$

したがって　　$(E_1 \cap E_2)^c = E_1{}^c \cup E_2{}^c$　■

(2) $v\in\left(\overset{\infty}{\underset{i=1}{\cup}}E_i\right)^c$ とすると　　$v\overline{\in}\overset{\infty}{\underset{i=1}{\cup}}E_i$

　　よって，任意の $i\in\mathrm{N}$ に対して $v\overline{\in}E_i$ すなわち $v\in E_i{}^c$ となる。

　　ゆえに　　　　$v\in\overset{\infty}{\underset{i=1}{\cap}}E_i{}^c$

　　よって　　　　$\left(\overset{\infty}{\underset{i=1}{\cup}}E_i\right)^c\subset\overset{\infty}{\underset{i=1}{\cap}}E_i{}^c$

　$v\in\overset{\infty}{\underset{i=1}{\cap}}E_i{}^c$ とすると，任意の $i\in\mathrm{N}$ に対して $v\in E_i{}^c$ すなわち $v\overline{\in}E_i$ となる。

　　ゆえに　　　　$v\overline{\in}\overset{\infty}{\underset{i=1}{\cup}}E_i$　　すなわち　　$v\in\left(\overset{\infty}{\underset{i=1}{\cup}}E_i\right)^c$

　　よって　　　$\left(\overset{\infty}{\underset{i=1}{\cup}}E_i\right)^c\supset\overset{\infty}{\underset{i=1}{\cap}}E_i{}^c$

　　したがって　　　$\left(\overset{\infty}{\underset{i=1}{\cup}}E_i\right)^c=\overset{\infty}{\underset{i=1}{\cap}}E_i{}^c$

　$w\in\left(\overset{\infty}{\underset{i=1}{\cap}}E_i\right)^c$ とすると　　$w\overline{\in}\overset{\infty}{\underset{i=1}{\cap}}E_i$

　　よって，ある $i\in\mathrm{N}$ が存在して $w\overline{\in}E_i$ すなわち $w\in E_i{}^c$ となる。

　　ゆえに　　　　$w\in\overset{\infty}{\underset{i=1}{\cup}}E_i{}^c$

　　よって　　　　$\left(\overset{\infty}{\underset{i=1}{\cap}}E_i\right)^c\subset\overset{\infty}{\underset{i=1}{\cup}}E_i{}^c$

　$w\in\overset{\infty}{\underset{i=1}{\cup}}E_i{}^c$ とすると，ある $i\in\mathrm{N}$ が存在して $w\in E_i{}^c$ すなわち $w\overline{\in}E_i$ となる。

　　ゆえに　　　　$w\overline{\in}\overset{\infty}{\underset{i=1}{\cap}}E_i$　　すなわち　　$w\in\left(\overset{\infty}{\underset{i=1}{\cap}}E_i\right)^c$

　　よって　　　$\left(\overset{\infty}{\underset{i=1}{\cap}}E_i\right)^c\supset\overset{\infty}{\underset{i=1}{\cup}}E_i{}^c$

　　したがって　　$\left(\overset{\infty}{\underset{i=1}{\cap}}E_i\right)^c=\overset{\infty}{\underset{i=1}{\cup}}E_i{}^c$　∎

重要 例題 **023** 事象の σ-加法族 ★★☆

Ω を標本空間，$\mathcal{A}$ を Ω の部分集合からなる σ-加法族とする。

(1) $\varnothing \in \mathcal{A}$ であることを示せ。

(2) $E_1 \in \mathcal{A}$, $E_2 \in \mathcal{A}$, …… ならば $\displaystyle\bigcap_{i=1}^{\infty} E_i \in \mathcal{A}$ であることを示せ。

指針 (1), (2) ともに，σ-加法族の定義に従って示す。(2) は重要例題 022 (2) で示したことも利用する。

解答 (1) $\Omega \in \mathcal{A}$ であるから $\Omega^c \in \mathcal{A}$

　　ここで $\Omega^c = \varnothing$

　　したがって $\varnothing \in \mathcal{A}$ ■

(2) $E_1 \in \mathcal{A}$, $E_2 \in \mathcal{A}$, …… ならば $E_1{}^c \in \mathcal{A}$, $E_2{}^c \in \mathcal{A}$, …… である。

　　よって $\displaystyle\bigcup_{i=1}^{\infty} E_i{}^c \in \mathcal{A}$

　　ゆえに $\displaystyle\left(\bigcup_{i=1}^{\infty} E_i{}^c\right)^c \in \mathcal{A}$

　　ここで $\displaystyle\left(\bigcup_{i=1}^{\infty} E_i{}^c\right)^c = \bigcap_{i=1}^{\infty} (E_i{}^c)^c$

　　　　　　　　　　　$\displaystyle = \bigcap_{i=1}^{\infty} E_i$

　　したがって $\displaystyle\bigcap_{i=1}^{\infty} E_i \in \mathcal{A}$ ■

重要 例題 024 2 変数の確率変数に関する総合問題 ★★☆

座標平面上に 3 点 O(0, 0), A(1, 1), B(1, −1) をとる。△OAB の周上とその内部のすべての点を標本空間として, 基本例題 061 と同様にビー玉を投げるゲームを考える。ビー玉を投げる位置と △OAB は十分に離れていて, △OAB のどこにビー玉が落ちるかは投げる前に全くわからず, △OAB とその内部のどの点もビー玉の落ちやすさは同じであるとする。その仮定のもとで △OAB に含まれるある領域を考えたとき, ビー玉がその領域に落ちる確率は, その領域の面積に比例すると考えるものとする。さらに, ビー玉が落ちる点の座標を 2 変数の確率変数 (Y_1, Y_2) で表すこととする。例えば, 帰結 $\omega = (0.3, 0.2)$ が実現したとき, $Y_1(\omega) = 0.3$, $Y_2(\omega) = 0.2$ である。

(1) 2 変数の確率変数 (Y_1, Y_2) の同時分布関数を求めよ。

(2) 確率変数 Y_1, Y_2 の周辺分布関数をそれぞれ求めよ。また, 確率変数 Y_1, Y_2 は互いに独立か答えよ。

(3) 2 変数の確率変数 (Y_1, Y_2) の同時密度関数を求めよ。また, 確率変数 Y_1, Y_2 の期待値を求めよ。

(4) 確率変数 Y_1, Y_2 の共分散を求めよ。また, 確率変数 Y_1, Y_2 の間に相関があるか答えよ。

指針 (1) x_1 に関して場合分けした上で, x_2 に関して場合分けするとよい。

(4) 確率変数 Y_1, Y_2 の共分散によって, 確率変数 Y_1, Y_2 に相関があるかがわかる。得られた共分散の値が正であれば, 確率変数 Y_1, Y_2 は正の相関をもつ。得られた共分散の値が 0 であれば, 確率変数 Y_1, Y_2 は無相関である。得られた共分散の値が負であれば, 確率変数 Y_1, Y_2 は負の相関をもつ。

解答 (1) ［Ⅰ］ $x_1 \leqq 0$ のとき $\quad P(Y_1 \leqq x_1, \ Y_2 \leqq x_2) = 0$

［Ⅱ］ $0 < x_1 \leqq 1$ のとき

[1] $x_2 \leqq -x_1$ のとき $\quad P(Y_1 \leqq x_1, \ Y_2 \leqq x_2) = 0$

[2] $-x_1 < x_2 \leqq 0$ のとき

$$P(Y_1 \leqq x_1, \ Y_2 \leqq x_2) = \frac{1}{2}\{x_2 - (-x_1)\}^2$$

$$= \frac{1}{2}(x_1 + x_2)^2$$

[3] $0 < x_2 \leqq x_1$ のとき

$$P(Y_1 \leqq x_1, \ Y_2 \leqq x_2) = x_1{}^2 - \frac{1}{2}(x_1 - x_2)^2$$

$$= \frac{1}{2}(x_1{}^2 + 2x_1 x_2 - x_2{}^2)$$

[4] $x_1 < x_2$ のとき $\quad P(Y_1 \leqq x_1, \ Y_2 \leqq x_2) = x_1{}^2$

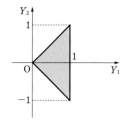

［Ⅲ］　$1<x_1$ のとき

　［1］　$x_2\leqq-1$ のとき　　　$P(Y_1\leqq x_1,\ Y_2\leqq x_2)=0$

　［2］　$-1<x_2\leqq0$ のとき

$$P(Y_1\leqq x_1,\ Y_2\leqq x_2)=\frac{1}{2}\{x_2-(-1)\}^2$$

$$=\frac{1}{2}(x_2+1)^2$$

　［3］　$0<x_2\leqq1$ のとき

$$P(Y_1\leqq x_1,\ Y_2\leqq x_2)=1-\frac{1}{2}(1-x_2)^2$$

$$=\frac{1}{2}(-x_2{}^2+2x_2+1)$$

　［4］　$1<x_2$ のとき　　　$P(Y_1\leqq x_1,\ Y_2\leqq x_2)=1$

(2)　確率変数 Y_1 の周辺分布関数は　　　$P(Y_1\leqq x_1)=\begin{cases}0 & (x_1\leqq0)\\ x_1{}^2 & (0<x_1\leqq1)\\ 1 & (1<x_1)\end{cases}$

　　　確率変数 Y_2 の周辺分布関数は　　　$P(Y_2\leqq x_2)=\begin{cases}0 & (x_2\leqq-1)\\ \dfrac{1}{2}(x_2+1)^2 & (-1<x_2\leqq0)\\ \dfrac{1}{2}(-x_2{}^2+2x_2+1) & (0<x_2\leqq1)\\ 1 & (1<x_2)\end{cases}$

また，$0<x_1\leqq1,\ -x_1<x_2\leqq0$ のとき

$$P(Y_1\leqq x_1,\ Y_2\leqq x_2)=\frac{1}{2}(x_1+x_2)^2$$

$$P(Y_1\leqq x_1)P(Y_2\leqq x_2)=x_1{}^2\cdot\frac{1}{2}(x_2+1)^2=\frac{1}{2}x_1{}^2(x_2+1)^2$$

したがって，$P(Y_1\leqq x_1,\ Y_2\leqq x_2)\neq P(Y_1\leqq x_1)P(Y_2\leqq x_2)$ であるから，**確率変数 Y_1，Y_2 は互いに独立でない。**

(3)　［Ⅰ］　$x_1\leqq0$ のとき　　　　　$\dfrac{\partial^2}{\partial x_1\partial x_2}P(Y_1\leqq x_1,\ Y_2\leqq x_2)=0$

　［Ⅱ］　$0<x_1\leqq1$ のとき

　　［1］　$x_2\leqq-x_1$ のとき　　　$\dfrac{\partial^2}{\partial x_1\partial x_2}P(Y_1\leqq x_1,\ Y_2\leqq x_2)=0$

　　［2］　$-x_1<x_2\leqq0$ のとき　$\dfrac{\partial^2}{\partial x_1\partial x_2}P(Y_1\leqq x_1,\ Y_2\leqq x_2)=1$

　　［3］　$0<x_2\leqq x_1$ のとき　　$\dfrac{\partial^2}{\partial x_1\partial x_2}P(Y_1\leqq x_1,\ Y_2\leqq x_2)=1$

　　［4］　$x_1<x_2$ のとき　　　　$\dfrac{\partial^2}{\partial x_1\partial x_2}P(Y_1\leqq x_1,\ Y_2\leqq x_2)=0$

[Ⅲ]　$1 < x_1$ のとき

　　[1]　$x_2 \leqq -1$ のとき　　　　　$\dfrac{\partial^2}{\partial x_1 \partial x_2} P(Y_1 \leqq x_1,\ Y_2 \leqq x_2) = 0$

　　[2]　$-1 < x_2 \leqq 0$ のとき　　　$\dfrac{\partial^2}{\partial x_1 \partial x_2} P(Y_1 \leqq x_1,\ Y_2 \leqq x_2) = 0$

　　[3]　$0 < x_2 \leqq 1$ のとき　　　$\dfrac{\partial^2}{\partial x_1 \partial x_2} P(Y_1 \leqq x_1,\ Y_2 \leqq x_2) = 0$

　　[4]　$1 < x_2$ のとき　　　　　$\dfrac{\partial^2}{\partial x_1 \partial x_2} P(Y_1 \leqq x_1,\ Y_2 \leqq x_2) = 0$

また　　　$\dfrac{\mathrm{d}}{\mathrm{d}x_1} P(Y_1 \leqq x_1) = \begin{cases} 0 & (x_1 \leqq 0,\ 1 < x_1) \\ 2x_1 & (0 < x_1 \leqq 1) \end{cases}$

よって，確率変数 Y_1 の期待値は

$$\int_{-\infty}^{0} x_1 \cdot 0 \, \mathrm{d}x_1 + \int_{0}^{1} x_1 \cdot 2x_1 \, \mathrm{d}x_1 + \int_{1}^{\infty} x_1 \cdot 0 \, \mathrm{d}x_1$$

$$= \int_{0}^{1} 2x_1{}^2 \, \mathrm{d}x_1 = \left[\frac{2}{3} x_1{}^3 \right]_{0}^{1} = \frac{2}{3}$$

さらに　　　$\dfrac{\mathrm{d}}{\mathrm{d}x} P(Y_2 \leqq x_2) = \begin{cases} 0 & (x_2 \leqq -1,\ 1 < x_2) \\ x_2 + 1 & (-1 < x_2 \leqq 0) \\ -x_2 + 1 & (0 < x_2 \leqq 1) \end{cases}$

よって，確率変数 Y_2 の期待値は

$$\int_{-\infty}^{-1} x_2 \cdot 0 \, \mathrm{d}x_2 + \int_{-1}^{0} x_2 \cdot (x_2+1) \, \mathrm{d}x_2 + \int_{0}^{1} x_2 \cdot (-x_2+1) \, \mathrm{d}x_2 + \int_{1}^{\infty} x_2 \cdot 0 \, \mathrm{d}x_2$$

$$= \int_{-1}^{0} (x_2{}^2 + x_2) \, \mathrm{d}x_2 + \int_{0}^{1} (-x_2{}^2 + x_2) \, \mathrm{d}x_2$$

$$= \left[\frac{x_2{}^3}{3} + \frac{x_2{}^2}{2} \right]_{-1}^{0} + \left[-\frac{x_2{}^3}{3} + \frac{x_2{}^2}{2} \right]_{0}^{1} = 0$$

(4)　(3)から，確率変数 Y_1, Y_2 の共分散は

$$\int_{0}^{1} \int_{-x_1}^{x_1} \left(x_1 - \frac{2}{3} \right)(x_2 - 0) \cdot 1 \, \mathrm{d}x_2 \, \mathrm{d}x_1 = \int_{0}^{1} \left(x_1 - \frac{2}{3} \right) \left[\frac{x_2{}^2}{2} \right]_{x_2 = -x_1}^{x_2 = x_1} \mathrm{d}x_1$$

$$= \int_{0}^{1} \left(x_1 - \frac{2}{3} \right) \cdot 0 \, \mathrm{d}x_1 = 0$$

したがって，**確率変数 Y_1, Y_2 は無相関である。**

重要 例題 **025** 相関係数の性質の証明 ★★☆

$(Y_1,\ Y_2)$ を 2 変数の確率変数とし，$t\in R$ とする。また，$E(\cdot)$ を期待値を表す記号とし，$E(Y_1{}^2)>0$，$E(Y_2{}^2)>0$ であるとする。さらに，新たな確率変数 Z を $Z=(Y_1-tY_2)^2$ で定める。

(1) 任意の $t\in R$ に対して $E(Z)\geqq 0$ であることを示せ。

(2) $E(Z)$ を t の 2 次式として表せ。

(3) t に関する 2 次方程式 $E(Z)=0$ は，異なる 2 つの実数解をもたないことを示せ。

(4) 確率変数 Y_1，Y_2 の相関係数を $Corr(Y_1,\ Y_2)$ とするとき，$-1\leqq Corr(Y_1,\ Y_2)\leqq 1$ が成り立つことを示せ。

指針 (1) 2 変数の確率変数 $(Y_1,\ Y_2)$ の同時密度関数を f_{Y_1,Y_2} とすると，

$E(Z)=\displaystyle\int_{-\infty}^{\infty}\int_{-\infty}^{\infty}(u_1-tu_2)^2 f_{Y_1,Y_2}(u_1,\ u_2)du_2 du_1$ である。

$f_{Y_1,Y_2}(u_1,\ u_2)\geqq 0$ であるから，$(u_1-tu_2)^2 f_{Y_1,Y_2}(u_1,\ u_2)\geqq 0$ である。

(3) $y=E(Y_1{}^2)-2E(Y_1Y_2)t+E(Y_2{}^2)t^2$ とすると，$E(Y_2{}^2)>0$ であるから，このグラフは下に凸の放物線である。(1) より，$E(Y_1{}^2)-2E(Y_1Y_2)t+E(Y_2{}^2)t^2\geqq 0$ であるから，このグラフは常に t 軸より上側にある（t 軸と接する場合を含む）。

(4) (3) から，2 次方程式 $E(Y_1{}^2)-2E(Y_1Y_2)t+E(Y_2{}^2)t^2=0$ の判別式を D とすると，$D\leqq 0$ が成り立つ。

解答 (1) 2 変数の確率変数 $(Y_1,\ Y_2)$ の同時密度関数を f_{Y_1,Y_2} とすると，

$f_{Y_1,Y_2}(u_1,\ u_2)\geqq 0$ であるから $(u_1-tu_2)^2 f_{Y_1,Y_2}(u_1,\ u_2)\geqq 0$

よって $E(Z)=\displaystyle\int_{-\infty}^{\infty}\int_{-\infty}^{\infty}(u_1-tu_2)^2 f_{Y_1,Y_2}(u_1,\ u_2)du_2 du_1\geqq 0$ ■

(2) $\mathbf{E(Z)}=E((Y_1-tY_2)^2)=E(Y_1{}^2-2Y_1Y_2t+t^2Y_2{}^2)=\mathbf{E(Y_1{}^2)-2E(Y_1Y_2)t+E(Y_2{}^2)t^2}$

(3) $y=E(Y_1{}^2)-2E(Y_1Y_2)t+E(Y_2{}^2)t^2$ とすると，$E(Y_2{}^2)>0$ であるから，放物線 $y=E(Y_1{}^2)-2E(Y_1Y_2)t+E(Y_2{}^2)t^2$ は常に t 軸より上側にある（t 軸と接する場合を含む）。

2 次方程式 $E(Z)=0$ すなわち $E(Y_1{}^2)-2E(Y_1Y_2)t+E(Y_2{}^2)t^2=0$ ……① の実数解は放物線 $y=E(Y_1{}^2)-2E(Y_1Y_2)t+E(Y_2{}^2)t^2$ と t 軸の交点の t 座標に一致するから，2 次方程式 $E(Z)=0$ は異なる 2 つの実数解をもたない。 ■

(4) (3) から，2 次方程式 ① の判別式を D とすると $D\leqq 0$

ここで $\dfrac{D}{4}=\{-E(Y_1Y_2)\}^2-E(Y_1{}^2)E(Y_2{}^2)=\{E(Y_1Y_2)\}^2-E(Y_1{}^2)E(Y_2{}^2)$

よって $\{E(Y_1Y_2)\}^2-E(Y_1{}^2)E(Y_2{}^2)\leqq 0$

$\{\mathrm{E}(Y_1Y_2)\}^2 \geqq 0,\ \mathrm{E}(Y_1{}^2) > 0,\ \mathrm{E}(Y_2{}^2) > 0$ であるから $\quad 0 \leqq \dfrac{\{\mathrm{E}(Y_1Y_2)\}^2}{\mathrm{E}(Y_1{}^2)\mathrm{E}(Y_2{}^2)} \leqq 1$

ゆえに $\quad -1 \leqq \dfrac{\mathrm{E}(Y_1Y_2)}{\sqrt{\mathrm{E}(Y_1{}^2)\mathrm{E}(Y_2{}^2)}} \leqq 1 \quad \cdots\cdots ②$

② において Y_1 を $Y_1 - \mathrm{E}(Y_1)$, Y_2 を $Y_2 - \mathrm{E}(Y_2)$ としてとり直すと

$$-1 \leqq \dfrac{\mathrm{E}(\{Y_1 - \mathrm{E}(Y_1)\}\{Y_2 - \mathrm{E}(Y_2)\})}{\sqrt{\mathrm{E}(\{Y_1 - \mathrm{E}(Y_1)\}^2)\mathrm{E}(\{Y_2 - \mathrm{E}(Y_2)\}^2)}} \leqq 1$$

$\mathrm{V}(\cdot)$ を分散を表す記号, $\mathrm{Cov}(\cdot,\cdot)$ を共分散を表す記号とすると

$$-1 \leqq \dfrac{\mathrm{Cov}(Y_1,\ Y_2)}{\sqrt{\mathrm{V}(Y_1)\mathrm{V}(Y_2)}} \leqq 1$$

したがって $\quad -1 \leqq \mathrm{Corr}(Y_1,\ Y_2) \leqq 1$ ■

重要　例題026　確率変数の変換と分布関数・確率密度関数　★★☆

Z_1, Z_2 を互いに独立な確率変数とし, $Z_1 \sim \mathrm{N}(0,\ 1)$, $Z_2 \sim \mathrm{N}(0,\ 1)$ であるとする。また, $a_0 \in \mathrm{R}$, $a_1 \in \mathrm{R}$, $a_2 \in \mathrm{R}$ を用いて, 新たな確率変数 Y を $Y = a_0 + a_1 Z_1 + a_2 Z_2$ で定める $(a_2 > 0)$。さらに, 2変数の確率変数 $(Z_1,\ Z_2)$ の同時密度関数を f_{Z_1, Z_2}, 標準正規分布の確率密度関数を ϕ とする。

(1)　f_{Z_1, Z_2} を ϕ を用いて表せ。

(2)　$P(Y \leqq x) = P\left(Z_2 \leqq \dfrac{x - a_0 - a_1 Z_1}{a_2}\right)$ を示せ。

(3)　標準正規分布の分布関数を Φ とするとき,

$P(Y \leqq x) = \displaystyle\int_{-\infty}^{\infty} \phi(u_1)\Phi\left(\dfrac{x - a_0 - a_1 u_1}{a_2}\right) du_1$ を示せ。

(4)　$\dfrac{\mathrm{d}}{\mathrm{d}x}P(Y \leqq x) = \dfrac{1}{a_2}\displaystyle\int_{-\infty}^{\infty} \phi(u_1)\phi\left(\dfrac{x - a_0 - a_1 u_1}{a_2}\right) du_1$ を示せ。また,

$\phi(x) = \dfrac{1}{\sqrt{2\pi}}\mathrm{e}^{-\frac{x^2}{2}}$ において, $\dfrac{(x - a_0)a_1}{a_1{}^2 + a_2{}^2} = \mu_a$, $\dfrac{a_2{}^2}{a_1{}^2 + a_2{}^2} = \sigma_a{}^2$ とおくことにより,

$\dfrac{\mathrm{d}}{\mathrm{d}x}P(Y \leqq x) = \dfrac{1}{\sqrt{2\pi(a_1{}^2 + a_2{}^2)}}\mathrm{e}^{-\frac{(x - a_0)^2}{2(a_1{}^2 + a_2{}^2)}}\displaystyle\int_{-\infty}^{\infty} \dfrac{1}{\sqrt{2\pi}\,\sigma_a}\mathrm{e}^{-\frac{(u_1 - \mu_a)^2}{2\sigma_a{}^2}} du_1$ が成り立つことを示せ。

指針　(1)　確率変数 Z_1, Z_2 は互いに独立であるから, 2変数の確率変数 $(Z_1,\ Z_2)$ の同時密度関数は, 確率変数 Z_1, Z_2 の周辺密度関数の積で表される。

(2)　$a_2 > 0$ に注意して, 不等式 $a_0 + a_1 Z_1 + a_2 Z_2 \leqq x$ を変形する。

(3)　(1), (2) から, $P(Y \leqq x) = \displaystyle\int_{-\infty}^{\infty}\int_{-\infty}^{\frac{x - a_0 - a_1 u_1}{a_2}} \phi(u_1)\phi(u_2) du_2 du_1$ が得られる。

(4)　(3)で示した等式の両辺を x で微分する。

解答 (1) 確率変数 Z_1, Z_2 は互いに独立であるから　$f_{Z_1,Z_2}(u_1, u_2)=\phi(u_1)\phi(u_2)$

(2) $Y=a_0+a_1Z_1+a_2Z_2$ であるから，$Y\leqq x$ のとき　$a_0+a_1Z_1+a_2Z_2\leqq x$

$a_2>0$ であるから　$Z_2\leqq \dfrac{x-a_0-a_1Z_1}{a_2}$

したがって　$P(Y\leqq x)=P\left(Z_2\leqq \dfrac{x-a_0-a_1Z_1}{a_2}\right)$ ■

(3) (1), (2) から

$$P(Y\leqq x)=\int_{-\infty}^{\infty}\int_{-\infty}^{\frac{x-a_0-a_1u_1}{a_2}}\phi(u_1)\phi(u_2)\mathrm{d}u_2\mathrm{d}u_1$$
$$=\int_{-\infty}^{\infty}\phi(u_1)\int_{-\infty}^{\frac{x-a_0-a_1u_1}{a_2}}\phi(u_2)\mathrm{d}u_2\mathrm{d}u_1$$
$$=\int_{-\infty}^{\infty}\phi(u_1)\Phi\left(\frac{x-a_0-a_1u_1}{a_2}\right)\mathrm{d}u_1 ■$$

(4) (3) から

$$\frac{\mathrm{d}}{\mathrm{d}x}P(Y\leqq x)=\frac{\mathrm{d}}{\mathrm{d}x}\int_{-\infty}^{\infty}\phi(u_1)\Phi\left(\frac{x-a_0-a_1u_1}{a_2}\right)\mathrm{d}u_1$$
$$=\int_{-\infty}^{\infty}\phi(u_1)\frac{\mathrm{d}}{\mathrm{d}x}\Phi\left(\frac{x-a_0-a_1u_1}{a_2}\right)\mathrm{d}u_1$$
$$=\frac{1}{a_2}\int_{-\infty}^{\infty}\phi(u_1)\phi\left(\frac{x-a_0-a_1u_1}{a_2}\right)\mathrm{d}u_1$$

さらに

$$\frac{\mathrm{d}}{\mathrm{d}x}P(Y\leqq x)$$
$$=\frac{1}{a_2}\int_{-\infty}^{\infty}\frac{1}{\sqrt{2\pi}}e^{-\frac{u_1^2}{2}}\cdot\frac{1}{\sqrt{2\pi}}e^{-\frac{1}{2}\left(\frac{x-a_0-a_1u_1}{a_2}\right)^2}\mathrm{d}u_1$$
$$=\frac{1}{2\pi a_2}\int_{-\infty}^{\infty}e^{-\frac{1}{2}\left\{u_1^2+\left(\frac{x-a_0-a_1u_1}{a_2}\right)^2\right\}}\mathrm{d}u_1$$
$$=\frac{1}{2\pi a_2}\int_{-\infty}^{\infty}e^{-\frac{(a_1^2+a_2^2)u_1^2-2(x-a_0)a_1u_1+(x-a_0)^2}{2a_2^2}}\mathrm{d}u_1$$
$$=\frac{1}{2\pi\sqrt{\frac{a_2^2}{a_1^2+a_2^2}\cdot(a_1^2+a_2^2)}}\int_{-\infty}^{\infty}e^{-\frac{1}{\frac{2a_2^2}{a_1^2+a_2^2}}\left\{u_1-\frac{(x-a_0)a_1}{a_1^2+a_2^2}\right\}^2}\cdot e^{-\frac{(x-a_0)^2}{2(a_1^2+a_2^2)}}\mathrm{d}u_1$$
$$=\frac{1}{\sqrt{2\pi(a_1^2+a_2^2)}}e^{-\frac{(x-a_0)^2}{2(a_1^2+a_2^2)}}\int_{-\infty}^{\infty}\frac{1}{\sqrt{2\pi}\sigma_a}e^{-\frac{(u_1-\mu_a)^2}{2\sigma_a^2}}\mathrm{d}u_1 ■$$

補足 期待値 μ_a，分散 σ_a^2 の正規分布を考えることにより，$\int_{-\infty}^{\infty}\frac{1}{\sqrt{2\pi\sigma_a^2}}e^{-\frac{(u_1-\mu_a)^2}{2\sigma_a^2}}\mathrm{d}u_1=1$ であることがわかる。この積分の結果は，期待値 μ_a，分散 σ_a^2 によらない。

重要　例題 027　χ^2 分布　　★★☆

任意の $s>0$ に対して，関数 Γ を $\Gamma(s)=\displaystyle\int_0^\infty e^{-x}x^{s-1}\,dx$ で定め，C を定数とする。

$n\in\mathbb{N}$ とするとき，確率変数 X に対して，その確率密度関数を f_X として，それが

$$f_X(x)=\begin{cases} Ce^{-\frac{x}{2}}x^{\frac{n}{2}-1} & (x\geq 0) \\ 0 & (x<0) \end{cases}$$ で与えられるとき，$C=\dfrac{1}{2^{\frac{n}{2}}\Gamma\left(\dfrac{n}{2}\right)}$ となることを示せ。

指針 次のように変形する。

$$\int_{-\infty}^\infty f_X(x)\,dx=\int_{-\infty}^0 f_X(x)\,dx+\int_0^\infty f_X(x)\,dx=\int_0^\infty Ce^{-\frac{x}{2}}x^{\frac{n}{2}-1}\,dx=\lim_{t\to\infty}C\int_0^t e^{-\frac{x}{2}}x^{\frac{n}{2}-1}\,dx$$

定積分 $\displaystyle\int_0^t e^{-\frac{x}{2}}x^{\frac{n}{2}-1}\,dx$ については，$\dfrac{x}{2}=y$ とおいて置換積分法を用いるとよい。

解答 $\displaystyle\int_{-\infty}^\infty f_X(x)\,dx=\int_{-\infty}^0 f_X(x)\,dx+\int_0^\infty f_X(x)\,dx=\int_0^\infty Ce^{-\frac{x}{2}}x^{\frac{n}{2}-1}\,dx=\lim_{t\to\infty}C\int_0^t e^{-\frac{x}{2}}x^{\frac{n}{2}-1}\,dx$

ここで，定積分 $\displaystyle\int_0^t e^{-\frac{x}{2}}x^{\frac{n}{2}-1}\,dx$ について，$\dfrac{x}{2}=y$ とおくと　　$x=2y,\ dx=2dy$

また，x と y の対応は右のようになる。

x	$0 \longrightarrow t$
y	$0 \longrightarrow \dfrac{t}{2}$

よって　　$\displaystyle\int_0^t e^{-\frac{x}{2}}x^{\frac{n}{2}-1}\,dx=\int_0^{\frac{t}{2}}e^{-y}(2y)^{\frac{n}{2}-1}\cdot 2\,dy=2^{\frac{n}{2}}\int_0^{\frac{t}{2}}e^{-y}y^{\frac{n}{2}-1}\,dy$

ゆえに　　$\displaystyle\int_{-\infty}^\infty f_X(x)\,dx=\lim_{t\to\infty}C\int_0^t e^{-\frac{x}{2}}x^{\frac{n}{2}-1}\,dx$

$$=\lim_{t\to\infty}C\cdot 2^{\frac{n}{2}}\int_0^{\frac{t}{2}}e^{-y}y^{\frac{n}{2}-1}\,dy=C\cdot 2^{\frac{n}{2}}\Gamma\left(\frac{n}{2}\right)$$

$\displaystyle\int_{-\infty}^\infty f_X(x)\,dx=1$ であるから　　$C\cdot 2^{\frac{n}{2}}\Gamma\left(\dfrac{n}{2}\right)=1$

すなわち　　$C=\dfrac{1}{2^{\frac{n}{2}}\Gamma\left(\dfrac{n}{2}\right)}$　■

研究 任意の $s>0$ に対して，広義積分 $\displaystyle\int_0^\infty e^{-x}x^{s-1}\,dx$ は収束するから，任意の $s>0$ に対して，

$\Gamma(s)=\displaystyle\int_0^\infty e^{-x}x^{s-1}\,dx$ とすることにより，変数 s についての関数 Γ が定まる。この関数をガンマ関数という（詳しくは『数研講座シリーズ　大学教養　微分積分』156, 157 ページを参照）。なお，本問の確率密度関数をもつ確率変数は，自由度 n の χ^2 分布に従うという。

参考 『数研講座シリーズ　大学教養　統計学』では，その他のパラメトリックな分布も扱っている。興味のある読者は参照してみよう。

第4章

4 モデルとパラメータの推定

1 モデル構築の準備／**2** 期待値のモデル
3 パラメータの推定の考え方／**4** 推定値と推定量
5 推定量の分布と評価基準／**6** 確率変数としての残差
7 仮定の妥当性

例題一覧

▉1　モデル構築の準備

基本 例題 **122** 　誤差の期待値　　　　　　　　　　★☆☆

Y_i を確率変数とし，$\mathrm{E}(\cdot)$ を期待値を表す記号とする。このとき，$\mathrm{E}(Y_i-\mathrm{E}(Y_i))=0$ が成り立つことを示せ。

指針 期待値の性質を用いて示す。

解答 $\mathrm{E}(Y_i-\mathrm{E}(Y_i))=\mathrm{E}(Y_i)-\mathrm{E}(Y_i)=0$ ▪

▉2　期待値のモデル

▉3　パラメータの推定の考え方

基本 例題 **123** 　均質モデルの最小 2 乗推定値　　　★☆☆

次は大きさ N のデータである。
$$y_1,\ y_2,\ \cdots\cdots,\ y_N$$
$\mathrm{E}(\cdot)$ を期待値を表す記号として，観測値 y_i の背後にある確率変数を Y_i とする（$i=1,\ 2,\ \cdots\cdots,\ N$）。未知のパラメータを μ として，上のデータに対して，次の均質モデルを当てはめる。
$$\mathrm{E}(Y_i)=\mu \quad (i=1,\ 2,\ \cdots\cdots,\ N)$$
このとき，未知のパラメータ μ の最小 2 乗推定値は $\dfrac{1}{N}\displaystyle\sum_{i=1}^{N}y_i$ であることを示せ。

指針 $\{S(\mu)\}^2=\displaystyle\sum_{i=1}^{N}(y_i-\mu)^2$ として引数 μ で微分して導関数を求める。

解答 $\{S(\mu)\}^2=\displaystyle\sum_{i=1}^{N}(y_i-\mu)^2$ ……① とすると　$\dfrac{\mathrm{d}}{\mathrm{d}\mu}\{S(\mu)\}^2=\displaystyle\sum_{i=1}^{N}2(\mu-y_i)=2\Big(N\mu-\displaystyle\sum_{i=1}^{N}y_i\Big)$

$\dfrac{\mathrm{d}}{\mathrm{d}\mu}\{S(\mu)\}^2=0$ とすると　$2\Big(N\mu-\displaystyle\sum_{i=1}^{N}y_i\Big)=0$　すなわち　$\mu=\dfrac{1}{N}\displaystyle\sum_{i=1}^{N}y_i$

① のグラフは下に凸の放物線であり，$\{S(\mu)\}^2$ は $\mu=\dfrac{1}{N}\displaystyle\sum_{i=1}^{N}y_i$ において最小値をとるから，未知のパラメータ μ の最小 2 乗推定値は $\dfrac{1}{N}\displaystyle\sum_{i=1}^{N}y_i$ である。 ▪

基本 例題 **124** 単回帰モデルの推定 ★☆☆

次は，大きさ 3 の 2 変量のデータである。

$$(2,\ 3),\ (4,\ 5),\ (6,\ 10)$$

$E(\cdot)$ を期待値を表す記号として，変量 2，4，6 を説明変数，変量 3，5，10 を被説明変数とする次のような単回帰モデルを考える。ただし，被説明変数 3，5，10 の背後にある確率変数をそれぞれ Y_1，Y_2，Y_3 とし，β_0，β_1 を未知のパラメータとする。

$$E(Y_1)=\beta_0+2\beta_1,\ E(Y_2)=\beta_0+4\beta_1,\ E(Y_3)=\beta_0+6\beta_1$$

(1) $\{S(t_0,\ t_1)\}^2=\{3-(t_0+2t_1)\}^2+\{5-(t_0+4t_1)\}^2+\{10-(t_0+6t_1)\}^2$ とするとき，右辺を展開せよ。

(2) (1)で定めた $\{S(t_0,\ t_1)\}^2$ について，$\dfrac{\partial}{\partial t_0}\{S(t_0,\ t_1)\}^2=0$，$\dfrac{\partial}{\partial t_1}\{S(t_0,\ t_1)\}^2=0$

となるような t_0，t_1 の値を求めよ。

(3) データ $(2,\ 3)$，$(4,\ 5)$，$(6,\ 10)$ の散布図をかけ。また，(2)で求めた t_1 を傾き，t_0 を y 切片とする直線を散布図にかき入れよ。

(4) 未知のパラメータ β_0，β_1 の最小 2 乗推定値を (2) と別の方法で求めよ。

指針 (4) 重要例題 028(5) で示す結果を用いる。

解答 (1) $\{S(t_0,\ t_1)\}^2$

$=\{3-(t_0+2t_1)\}^2+\{5-(t_0+4t_1)\}^2+\{10-(t_0+6t_1)\}^2$

$=(9+t_0{}^2+4t_1{}^2-6t_0+4t_0t_1-12t_1)+(25+t_0{}^2+16t_1{}^2-10t_0+8t_0t_1-40t_1)$

$\qquad\qquad +(100+t_0{}^2+36t_1{}^2-20t_0+12t_0t_1-120t_1)$

$=\mathbf{134-36t_0-172t_1+24t_0\,t_1+3t_0{}^2+56t_1{}^2}$

(2) $\dfrac{\partial}{\partial t_0}\{S(t_0,\ t_1)\}^2=6t_0+24t_1-36$，$\dfrac{\partial}{\partial t_1}\{S(t_0,\ t_1)\}^2=24t_0+112t_1-172$

$\dfrac{\partial}{\partial t_0}\{S(t_0,\ t_1)\}^2=0$，$\dfrac{\partial}{\partial t_1}\{S(t_0,\ t_1)\}^2=0$ とすると

$$6t_0+24t_1-36=0 \quad\cdots\cdots ①,\quad 24t_0+112t_1-172=0 \quad\cdots\cdots ②$$

②$-$①$\times4$ から $16t_1-28=0$ すなわち $t_1=\dfrac{7}{4}$

これを ① に代入すると $6t_0+24\cdot\dfrac{7}{4}-36=0$ すなわち $t_0=-1$

よって $\mathbf{t_0=-1}$，$\mathbf{t_1=\dfrac{7}{4}}$

補足 t_0，t_1 はそれぞれ β_0，β_1 の最小 2 乗推定値である。

(3)　次のようになる。

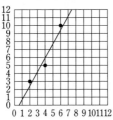

補足　散布図にかき入れた直線はデータから推定した回帰直線である。

(4)　$\dfrac{1}{3}(2+4+6)=4$, $\dfrac{1}{3}(3+5+10)=6$ であるから，β_1 の最小2乗推定値は

$$\frac{(2-4)(3-6)+(4-4)(5-6)+(6-4)(10-6)}{(2-4)^2+(4-4)^2+(6-4)^2}=\frac{7}{4}$$

また，β_0 の最小2乗推定値は　　$6-\dfrac{7}{4}\cdot4=-1$

基本　例題 125　合成関数の微分法　★☆☆

$\{S(t)\}^2=\displaystyle\sum_{i=1}^{N}\{y_i-m(t\,|\,x_i)\}^2$ とするとき，

$\dfrac{\mathrm{d}}{\mathrm{d}t}\{S(t)\}^2=-2\displaystyle\sum_{i=1}^{N}\left[\{y_i-m(t\,|\,x_i)\}\cdot\dfrac{\mathrm{d}}{\mathrm{d}t}m(t\,|\,x_i)\right]$ となることを示せ。

指針　$y_i-m(t\,|\,x_i)=T_i(t)$ とおいて，合成関数の微分法を利用する（詳しくは『数研講座シリーズ 大学教養　微分積分』の 96〜98 ページを参照）。なお，$m(t\,|\,x_i)$ は未知のパラメータ t を引数 とし，説明変数 x_i を含む関数である。

解答　$y_i-m(t\,|\,x_i)=T_i(t)$ とおくと

$$\{S(t)\}^2=\sum_{i=1}^{N}\{T_i(t)\}^2,\quad \frac{\mathrm{d}}{\mathrm{d}t}T_i(t)=-\frac{\mathrm{d}}{\mathrm{d}t}m(t\,|\,x_i)$$

よって　　$\dfrac{\mathrm{d}}{\mathrm{d}t}\{S(t)\}^2=\displaystyle\sum_{i=1}^{N}\left[2T_i(t)\cdot\dfrac{\mathrm{d}}{\mathrm{d}t}T_i(t)\right]$

$$=\sum_{i=1}^{N}\left[2\{y_i-m(t\,|\,x_i)\}\cdot\left\{-\frac{\mathrm{d}}{\mathrm{d}t}m(t\,|\,x_i)\right\}\right]$$

$$=-2\sum_{i=1}^{N}\left[\{y_i-m(t\,|\,x_i)\}\cdot\frac{\mathrm{d}}{\mathrm{d}t}m(t\,|\,x_i)\right]\quad■$$

4 推定値と推定量

基本 例題 **126** 推定量—単回帰モデル ★☆☆

(1) 基本例題 124 において，未知のパラメータ β_0, β_1 の最小2乗推定量を $\widehat{\beta}_0$, $\widehat{\beta}_1$ とし，関数 $g_{\widehat{\beta}_0}$, $g_{\widehat{\beta}_1}$ を次のように定める。

$$g_{\widehat{\beta}_0}(y_1, y_2, y_3 \mid x_1, x_2, x_3) = \frac{1}{3}\sum_{i=1}^{3} y_i - g_{\widehat{\beta}_1}(y_1, y_2, y_3 \mid x_1, x_2, x_3) \cdot \frac{1}{3}\sum_{i=1}^{3} x_i$$

$$g_{\widehat{\beta}_1}(y_1, y_2, y_3 \mid x_1, x_2, x_3) = \frac{\sum_{i=1}^{3}\left(x_i - \frac{1}{3}\sum_{j=1}^{3} x_j\right)\left(y_i - \frac{1}{3}\sum_{j=1}^{3} y_j\right)}{\sum_{i=1}^{3}\left(x_i - \frac{1}{3}\sum_{j=1}^{3} x_j\right)^2}$$

このとき，$\widehat{\beta}_0 = \dfrac{4Y_1 + Y_2 - 2Y_3}{3}$，$\widehat{\beta}_1 = \dfrac{-Y_1 + Y_3}{4}$ であることを示せ。

(2) 次は，大きさ N の2変量のデータである。

$$(x_1, y_1), (x_2, y_2), \cdots\cdots, (x_N, y_N)$$

$\mathrm{E}(\cdot)$ を期待値を表す記号として，変量 y_1, y_2, $\cdots\cdots$, y_N の背後にある確率変数をそれぞれ Y_1, Y_2, $\cdots\cdots$, Y_N とし，次のような単回帰モデルを考える。ただし，β_0, β_1 は未知のパラメータである。

$$\mathrm{E}(Y_1) = \beta_0 + \beta_1 x_1, \quad \mathrm{E}(Y_2) = \beta_0 + \beta_1 x_2, \quad \cdots\cdots, \quad \mathrm{E}(Y_N) = \beta_0 + \beta_1 x_N$$

未知のパラメータ β_0, β_1 の最小2乗推定量をそれぞれ $\widehat{\beta}_0$, $\widehat{\beta}_1$ とし，関数 $g_{\widehat{\beta}_0}$, $g_{\widehat{\beta}_1}$ を次のように定める。

$$g_{\widehat{\beta}_0}(Y_1, Y_2, \cdots\cdots, Y_N \mid x_1, x_2, \cdots\cdots, x_N)$$
$$= \frac{1}{N}\sum_{i=1}^{N} Y_i - g_{\widehat{\beta}_1}(Y_1, Y_2, \cdots\cdots, Y_N \mid x_1, x_2, \cdots\cdots, x_N) \cdot \frac{1}{N}\sum_{i=1}^{N} x_i$$

$$g_{\widehat{\beta}_1}(Y_1, Y_2, \cdots\cdots, Y_N \mid x_1, x_2, \cdots\cdots, x_N) = \frac{\sum_{i=1}^{N}\left(x_i - \frac{1}{N}\sum_{j=1}^{N} x_j\right)\left(Y_i - \frac{1}{N}\sum_{j=1}^{N} Y_j\right)}{\sum_{i=1}^{N}\left(x_i - \frac{1}{N}\sum_{j=1}^{N} x_j\right)^2}$$

このとき，$\widehat{\beta}_0 = \dfrac{1}{N}\sum_{i=1}^{N} Y_i - \widehat{\beta}_1 \cdot \dfrac{1}{N}\sum_{i=1}^{N} x_i$，$\widehat{\beta}_1 = \dfrac{\sum_{i=1}^{N}\left(x_i - \frac{1}{N}\sum_{j=1}^{N} x_j\right)\left(Y_i - \frac{1}{N}\sum_{j=1}^{N} Y_j\right)}{\sum_{i=1}^{N}\left(x_i - \frac{1}{N}\sum_{j=1}^{N} x_j\right)^2}$

であることを示せ。

指針 (1), (2) ともに $\widehat{\beta}_0 = g_{\widehat{\beta}_0}(Y_1, Y_2, \cdots\cdots, Y_N \mid x_1, x_2, \cdots\cdots, x_N)$，
$\widehat{\beta}_1 = g_{\widehat{\beta}_1}(Y_1, Y_2, \cdots\cdots, Y_N \mid x_1, x_2, \cdots\cdots, x_N)$ である。

解答 (1) $\dfrac{1}{3}(2+4+6)=4$ であるから

$\widehat{\beta_1}$

$=g_{\bar{\beta}_1}(Y_1,\ Y_2,\ Y_3\,|\,2,\ 4,\ 6)$

$=\dfrac{(2-4)\left\{Y_1-\dfrac{1}{3}(Y_1+Y_2+Y_3)\right\}+(4-4)\left\{Y_2-\dfrac{1}{3}(Y_1+Y_2+Y_3)\right\}+(6-4)\left\{Y_3-\dfrac{1}{3}(Y_1+Y_2+Y_3)\right\}}{(2-4)^2+(4-4)^2+(6-4)^2}$

$=\dfrac{-Y_1+Y_3}{4}$

$\widehat{\beta_0}$

$=g_{\bar{\beta}_0}(Y_1,\ Y_2,\ Y_3\,|\,2,\ 4,\ 6)$

$=\dfrac{1}{3}(Y_1+Y_2+Y_3)-\dfrac{-Y_1+Y_3}{4}\cdot4$

$=\dfrac{4Y_1+Y_2-2Y_3}{3}$ ■

(2) $\widehat{\beta_1}=g_{\bar{\beta}_1}(Y_1,\ Y_2,\ \cdots\cdots,\ Y_N\,|\,x_1,\ x_2,\ \cdots\cdots,\ x_N)$

$=\dfrac{\displaystyle\sum_{i=1}^{N}\left(x_i-\dfrac{1}{N}\sum_{j=1}^{N}x_j\right)\left(Y_i-\dfrac{1}{N}\sum_{j=1}^{N}Y_j\right)}{\displaystyle\sum_{i=1}^{N}\left(x_i-\dfrac{1}{N}\sum_{j=1}^{N}x_j\right)^2}$

$\widehat{\beta_0}=g_{\bar{\beta}_0}(Y_1,\ Y_2,\ \cdots\cdots,\ Y_N\,|\,x_1,\ x_2,\ \cdots\cdots,\ x_N)$

$=\dfrac{1}{N}\sum_{i=1}^{N}Y_i-g_{\bar{\beta}_1}(Y_1,\ Y_2,\ \cdots\cdots,\ Y_N\,|\,x_1,\ x_2,\ \cdots\cdots,\ x_N)\cdot\dfrac{1}{N}\sum_{i=1}^{N}x_i$

$=\dfrac{1}{N}\sum_{i=1}^{N}Y_i-\widehat{\beta_1}\cdot\dfrac{1}{N}\sum_{i=1}^{N}x_i$ ■

基本 　**例題127**　推定値と推定量　　　　　　　　　　　★☆☆

基本例題123において，モデルに含まれるパラメータを θ として，その推定値を $\hat{\theta}$ とする。また，推定値 $\hat{\theta}$ が，ある関数 $g_{\bar{\theta}}$ を用いて $\hat{\theta}=g_{\bar{\theta}}(y_1,\ y_2,\ \cdots\cdots,\ y_N)$ と表されるとする。このとき，帰結 ω が実現すると，

$Y_1(\omega)=y_1,\ Y_2(\omega)=y_2,\ \cdots\cdots,\ Y_N(\omega)=y_N$ となることを利用して，

$\hat{\theta}=g_{\bar{\theta}}(Y_1(\omega),\ Y_2(\omega),\ \cdots\cdots,\ Y_N(\omega))$ となることを示せ。

指針　$Y_1(\omega)=y_1,\ Y_2(\omega)=y_2,\ \cdots\cdots,\ Y_N(\omega)=y_N$ となるから，

$g_{\bar{\theta}}(y_1,\ y_2,\ \cdots\cdots,\ y_N)=g_{\bar{\theta}}(Y_1(\omega),\ Y_2(\omega),\ \cdots\cdots,\ Y_N(\omega))$ となる。

解答　$\hat{\theta}=g_{\bar{\theta}}(y_1,\ y_2,\ \cdots\cdots,\ y_N)=g_{\bar{\theta}}(Y_1(\omega),\ Y_2(\omega),\ \cdots\cdots,\ Y_N(\omega))$ ■

基本 例題**128** 線形な推定量　　★★☆

(1) 基本例題 043 のデータについて，Y_1^P，Y_2^P，……，Y_{87}^P を各観測値の背後に
ある確率変数として，均質モデルの未知のパラメータを μ^P とし，その推定量を
$\widehat{\mu}^P$ とすると，$\widehat{\mu}^P = \dfrac{1}{87}\sum\limits_{i=1}^{87} Y_i^P$ となる。$a_1 \in \mathbb{R}$，$a_2 \in \mathbb{R}$，……，$a_{87} \in \mathbb{R}$ を用いて，
$\widehat{\mu}^P$ を $\widehat{\mu}^P = \sum\limits_{i=1}^{87} a_i Y_i^P$ の形に変形するとき，a_1，a_2，……，a_{87} を求めよ。

(2) 基本例題 126 (1) において，$b_1 \in \mathbb{R}$，$b_2 \in \mathbb{R}$，$b_3 \in \mathbb{R}$，$c_1 \in \mathbb{R}$，$c_2 \in \mathbb{R}$，$c_3 \in \mathbb{R}$ を
用いて，$\widehat{\beta}_0$，$\widehat{\beta}_1$ を $\widehat{\beta}_0 = \sum\limits_{i=1}^{3} b_i Y_i$，$\widehat{\beta}_1 = \sum\limits_{i=1}^{3} c_i Y_i$ の形に変形するとき，
b_1，b_2，b_3，c_1，c_2，c_3 を求めよ。

(3) 基本例題 126 (2) において，
$s_1 \in \mathbb{R}$，$s_2 \in \mathbb{R}$，……，$s_N \in \mathbb{R}$，$t_1 \in \mathbb{R}$，$t_2 \in \mathbb{R}$，……，$t_N \in \mathbb{R}$ を用いて，$\widehat{\beta}_0$，$\widehat{\beta}_1$ を
$\widehat{\beta}_0 = \sum\limits_{i=1}^{N} s_i Y_i$，$\widehat{\beta}_1 = \sum\limits_{i=1}^{N} t_i Y_i$ の形に変形するとき，
s_1，s_2，……，s_N，t_1，t_2，……，t_N を求めよ。

指針 (3) $\widehat{\beta}_1$ を変形する際，$\sum\limits_{i=1}^{N}\left(x_i - \dfrac{1}{N}\sum\limits_{j=1}^{N} x_j\right) = 0$ となることを利用する。変量なのかそれとも定量
なのかを見極めて変形すること。

解答 (1) $a_1 = a_2 = \cdots\cdots = a_{87} = \dfrac{1}{87}$

(2) $b_1 = \dfrac{4}{3}$，$b_2 = \dfrac{1}{3}$，$b_3 = -\dfrac{2}{3}$，$c_1 = -\dfrac{1}{4}$，$c_2 = 0$，$c_3 = \dfrac{1}{4}$

(3) $\widehat{\beta}_1 = \dfrac{\sum\limits_{i=1}^{N}\left(x_i - \dfrac{1}{N}\sum\limits_{j=1}^{N} x_j\right)\left(Y_i - \dfrac{1}{N}\sum\limits_{j=1}^{N} Y_j\right)}{\sum\limits_{i=1}^{N}\left(x_i - \dfrac{1}{N}\sum\limits_{j=1}^{N} x_j\right)^2}$

$= \dfrac{\sum\limits_{i=1}^{N}\left(x_i - \dfrac{1}{N}\sum\limits_{j=1}^{N} x_j\right) Y_i - \dfrac{1}{N}\sum\limits_{j=1}^{N} Y_j \sum\limits_{i=1}^{N}\left(x_i - \dfrac{1}{N}\sum\limits_{j=1}^{N} x_j\right)}{\sum\limits_{i=1}^{N}\left(x_i - \dfrac{1}{N}\sum\limits_{j=1}^{N} x_j\right)^2}$

$= \sum\limits_{i=1}^{N} \dfrac{\left(x_i - \dfrac{1}{N}\sum\limits_{j=1}^{N} x_j\right)}{\sum\limits_{k=1}^{N}\left(x_k - \dfrac{1}{N}\sum\limits_{j=1}^{N} x_j\right)^2} Y_i$

$$\hat{\beta}_0 = \frac{1}{N} \sum_{i=1}^{N} Y_i - \hat{\beta}_1 \cdot \frac{1}{N} \sum_{i=1}^{N} x_i$$

$$= \frac{1}{N} \sum_{i=1}^{N} Y_i - \sum_{i=1}^{N} \frac{\left(x_i - \dfrac{1}{N} \sum_{j=1}^{N} x_j\right) \dfrac{1}{N} \sum_{l=1}^{N} x_l}{\sum_{k=1}^{N} \left(x_k - \dfrac{1}{N} \sum_{j=1}^{N} x_j\right)^2} Y_i$$

$$= \sum_{i=1}^{N} \left\{ \frac{1}{N} - \frac{\left(x_i - \dfrac{1}{N} \sum_{j=1}^{N} x_j\right) \dfrac{1}{N} \sum_{l=1}^{N} x_l}{\sum_{k=1}^{N} \left(x_k - \dfrac{1}{N} \sum_{j=1}^{N} x_j\right)^2} \right\} Y_i$$

よって　　$$s_i = \frac{1}{N} - \frac{\left(x_i - \dfrac{1}{N} \sum_{j=1}^{N} x_j\right) \dfrac{1}{N} \sum_{l=1}^{N} x_l}{\sum_{k=1}^{N} \left(x_k - \dfrac{1}{N} \sum_{j=1}^{N} x_j\right)^2} \quad (i=1, 2, \cdots\cdots, N)$$

$$t_i = \frac{\left(x_i - \dfrac{1}{N} \sum_{j=1}^{N} x_j\right)}{\sum_{k=1}^{N} \left(x_k - \dfrac{1}{N} \sum_{j=1}^{N} x_j\right)^2} \quad (i=1, 2, \cdots\cdots, N)$$

5 推定量の分布と評価基準

基本 例題**129** 推定量の期待値—均質モデル1 ★☆☆

(1) 基本例題 128 (1) において，E(・) を期待値を表す記号とすると，次のようになる。

$$\mathrm{E}(\widehat{\mu}^{\mathrm{P}})=\mathrm{E}\left(\frac{1}{87}\sum_{i=1}^{87}Y_i{}^{\mathrm{P}}\right) \quad \cdots\cdots ①$$

$$=\frac{1}{87}\sum_{i=1}^{87}\mathrm{E}(Y_i{}^{\mathrm{P}}) \quad \cdots\cdots ②$$

$$=\frac{1}{87}\sum_{i=1}^{87}\mu^{\mathrm{P}} \quad\quad \cdots\cdots ③$$

$$=\frac{1}{87}\cdot 87\mu^{\mathrm{P}} \quad\quad \cdots\cdots ④$$

$$=\mu^{\mathrm{P}} \quad\quad\quad\quad \cdots\cdots ⑤$$

① ～ ⑤ までの変形のうち，期待値の線形性，均質モデルの仮定を用いているのはどれか答えよ。

指針 ① は $\widehat{\mu}^{\mathrm{P}}=\dfrac{1}{87}\sum\limits_{i=1}^{87}Y_i{}^{\mathrm{P}}$ を代入している。

② は $\sum$ を用いずに考えるとどのように変形しているのか把握しやすい。

③ は $\mathrm{E}(Y_i{}^{\mathrm{P}})=\mu^{\mathrm{P}}$ を代入している。

④ は数列の和を計算している。

⑤ は掛け算を計算している。

解答 期待値の線形性：**②** ；均質モデルの仮定：**③**

基本 例題 **130** 推定量の期待値—均質モデル2 ★☆☆

基本例題 123 において，未知のパラメータ μ の最小2乗推定量は不偏であることを示せ。

指針 用語 **不偏性**

θ を未知のパラメータの真の値とする。その推定量を $\bar{\theta}$ として，$E(\bar{\theta})=\theta$ が満たされるとき，推定量 $\bar{\theta}$ は不偏であるという。

未知のパラメータ μ の最小2乗推定量の期待値が真の値 μ に等しいことを示す。

なお，基本例題 123 から，未知のパラメータ μ の最小2乗推定量は $\dfrac{1}{N}\sum\limits_{i=1}^{N} y_i$ である。

解答 パラメータ μ の最小2乗推定量は $\widehat{\mu}=\dfrac{1}{N}\sum\limits_{i=1}^{N} Y_i$ であるから

$$
\begin{aligned}
E\left(\frac{1}{N}\sum_{i=1}^{N} Y_i\right) &= \frac{1}{N}\sum_{i=1}^{N} E(Y_i) \\
&= \frac{1}{N}\sum_{i=1}^{N} \mu \\
&= \frac{1}{N}\cdot N\mu \\
&= \mu
\end{aligned}
$$

よって，パラメータ μ の最小2乗推定量は不偏である。　■

基本 例題 **131** 推定量の期待値—単回帰モデル ★★☆

(1) 基本例題 126 (1) において，$\widehat{\beta}_0$，$\widehat{\beta}_1$ は不偏であることを示せ。

(2) 基本例題 126 (2) において，$\widehat{\beta}_0$，$\widehat{\beta}_1$ は不偏であることを示せ。

指針 (1), (2) ともに $\widehat{\beta}_0$，$\widehat{\beta}_1$ の期待値がそれぞれ β_0, β_1 に等しいことを示す。

解答 $\mathrm{E}(\cdot)$ を期待値を表す記号とする。

(1) $\mathrm{E}(\widehat{\beta}_0) = \mathrm{E}\left(\dfrac{4Y_1 + Y_2 - 2Y_3}{3}\right) = \dfrac{4}{3}\mathrm{E}(Y_1) + \dfrac{1}{3}\mathrm{E}(Y_2) - \dfrac{2}{3}\mathrm{E}(Y_3)$

$= \dfrac{4}{3}(\beta_0 + 2\beta_1) + \dfrac{1}{3}(\beta_0 + 4\beta_1) - \dfrac{2}{3}(\beta_0 + 6\beta_1) = \beta_0$

$\mathrm{E}(\widehat{\beta}_1) = \mathrm{E}\left(\dfrac{-Y_1 + Y_3}{4}\right) = -\dfrac{1}{4}\mathrm{E}(Y_1) + \dfrac{1}{4}\mathrm{E}(Y_3) = -\dfrac{1}{4}(\beta_0 + 2\beta_1) + \dfrac{1}{4}(\beta_0 + 6\beta_1) = \beta_1$

よって，$\widehat{\beta}_0$，$\widehat{\beta}_1$ は不偏である。 ■

(2) $\mathrm{E}(\widehat{\beta}_1) = \mathrm{E}\left(\dfrac{\sum\limits_{i=1}^{N}\left(x_i - \dfrac{1}{N}\sum\limits_{j=1}^{N} x_j\right)\left(Y_i - \dfrac{1}{N}\sum\limits_{j=1}^{N} Y_j\right)}{\sum\limits_{i=1}^{N}\left(x_i - \dfrac{1}{N}\sum\limits_{j=1}^{N} x_j\right)^2}\right)$

$= \dfrac{1}{\sum\limits_{i=1}^{N}\left(x_i - \dfrac{1}{N}\sum\limits_{j=1}^{N} x_j\right)^2}\sum\limits_{i=1}^{N}\left(x_i - \dfrac{1}{N}\sum\limits_{j=1}^{N} x_j\right)\mathrm{E}\left(Y_i - \dfrac{1}{N}\sum\limits_{j=1}^{N} Y_j\right)$

$= \dfrac{1}{\sum\limits_{i=1}^{N}\left(x_i - \dfrac{1}{N}\sum\limits_{j=1}^{N} x_j\right)^2}\sum\limits_{i=1}^{N}\left(x_i - \dfrac{1}{N}\sum\limits_{j=1}^{N} x_j\right)\left\{\mathrm{E}(Y_i) - \dfrac{1}{N}\sum\limits_{j=1}^{N} \mathrm{E}(Y_j)\right\}$

$= \dfrac{1}{\sum\limits_{i=1}^{N}\left(x_i - \dfrac{1}{N}\sum\limits_{j=1}^{N} x_j\right)^2}\sum\limits_{i=1}^{N}\left(x_i - \dfrac{1}{N}\sum\limits_{j=1}^{N} x_j\right)\left\{(\beta_0 + \beta_1 x_i) - \dfrac{1}{N}\sum\limits_{j=1}^{N} (\beta_0 + \beta_1 x_j)\right\}$

$= \dfrac{1}{\sum\limits_{i=1}^{N}\left(x_i - \dfrac{1}{N}\sum\limits_{j=1}^{N} x_j\right)^2}\sum\limits_{i=1}^{N}\left(x_i - \dfrac{1}{N}\sum\limits_{j=1}^{N} x_j\right)\left\{(\beta_0 + \beta_1 x_i) - \dfrac{1}{N}\left(N\beta_0 + \beta_1\sum\limits_{j=1}^{N} x_j\right)\right\}$

$= \dfrac{\beta_1}{\sum\limits_{i=1}^{N}\left(x_i - \dfrac{1}{N}\sum\limits_{j=1}^{N} x_j\right)^2}\sum\limits_{i=1}^{N}\left(x_i - \dfrac{1}{N}\sum\limits_{j=1}^{N} x_j\right)^2 = \beta_1$

$\mathrm{E}(\widehat{\beta}_0) = \mathrm{E}\left(\dfrac{1}{N}\sum\limits_{i=1}^{N} Y_i - \widehat{\beta}_1 \cdot \dfrac{1}{N}\sum\limits_{i=1}^{N} x_i\right) = \dfrac{1}{N}\sum\limits_{i=1}^{N} \mathrm{E}(Y_i) - \dfrac{1}{N}\sum\limits_{i=1}^{N} x_i\mathrm{E}(\widehat{\beta}_1)$

$= \dfrac{1}{N}\sum\limits_{i=1}^{N} (\beta_0 + \beta_1 x_i) - \dfrac{\beta_1}{N}\sum\limits_{i=1}^{N} x_i = \dfrac{1}{N}\sum\limits_{i=1}^{N} \beta_0 = \dfrac{1}{N}\cdot N\beta_0 = \beta_0$

よって，$\widehat{\beta}_0$，$\widehat{\beta}_1$ は不偏である。 ■

基本 例題 132　推定量の期待値—線形な推定量　★☆☆

Y_1, Y_2, ……, Y_N を確率変数とし，それらの期待値が関数 m を用いて $m(\theta \mid x_i)$ $(i=1, 2, ……, N)$ と表されるとする。ただし，θ を未知のパラメータとし，x_1, x_2, ……, x_N を説明変数とする。また，未知のパラメータ θ の推定量を $\hat{\theta}$ とするとき，$a_1 \in \mathrm{R}$，$a_2 \in \mathrm{R}$，……，$a_N \in \mathrm{R}$ を用いて $\hat{\theta} = \sum_{i=1}^{N} a_i Y_i$ と書けるとする。

このとき，推定量 $\hat{\theta}$ の期待値は $\sum_{i=1}^{N} a_i m(\theta \mid x_i)$ と表されることを示せ。さらに，推定量 $\hat{\theta}$ が不偏であるならば，$\sum_{i=1}^{N} a_i m(\theta \mid x_i) = \theta$ が成り立つことを示せ。

指針 推定量 $\hat{\theta}$ が不偏であるということは，推定量 $\hat{\theta}$ の期待値が真の値 θ に等しいということである。

解答 $\mathrm{E}(\cdot)$ を期待値を表す記号とすると

$$\mathrm{E}(\hat{\theta}) = \mathrm{E}\left(\sum_{i=1}^{N} a_i Y_i\right) = \sum_{i=1}^{N} a_i \mathrm{E}(Y_i) = \sum_{i=1}^{N} a_i m(\theta \mid x_i)$$

また，$\mathrm{E}(\hat{\theta}) = \theta$ ならば，$\sum_{i=1}^{N} a_i m(\theta \mid x_i) = \theta$ が成り立つ。　■

基本 例題 133　線形で不偏な推定量と誤差　★☆☆

基本例題 132 において，$\varepsilon_i = Y_i - m(\theta \mid x_i)$ とするとき，$\hat{\theta} = \sum_{i=1}^{N} a_i m(\theta \mid x_i) + \sum_{i=1}^{N} a_i \varepsilon_i$ が成り立つことを示せ。また，推定量 $\hat{\theta}$ が不偏であるならば，$\hat{\theta} = \theta + \sum_{i=1}^{N} a_i \varepsilon_i$ が成り立つことを示せ。

指針 基本例題 132 から，推定量 $\hat{\theta}$ が不偏であるならば，$\sum_{i=1}^{N} a_i m(\theta \mid x_i) = \theta$ が成り立つ。

解答 $$\hat{\theta} = \sum_{i=1}^{N} a_i Y_i = \sum_{i=1}^{N} a_i \{m(\theta \mid x_i) + \varepsilon_i\} = \sum_{i=1}^{N} a_i m(\theta \mid x_i) + \sum_{i=1}^{N} a_i \varepsilon_i$$

推定量 $\hat{\theta}$ が不偏であるならば，$\sum_{i=1}^{N} a_i m(\theta \mid x_i) = \theta$ が成り立つから

$$\hat{\theta} = \theta + \sum_{i=1}^{N} a_i \varepsilon_i \quad ■$$

基本 例題 134 線形な推定量と誤差—単回帰モデル ★★☆

(1) 基本例題 126 (1) において，ε_1, ε_2, ε_3 を誤差として，
$Y_1=\mathrm{E}(Y_1)+\varepsilon_1$, $Y_2=\mathrm{E}(Y_2)+\varepsilon_2$, $Y_3=\mathrm{E}(Y_3)+\varepsilon_3$ と表されるとき，$\widehat{\beta}_0$, $\widehat{\beta}_1$ を真の値と誤差の線形結合に分解せよ。

(2) 基本例題 126 (2) において，ε_1, ε_2, ……, ε_N を誤差として，
$Y_1=\mathrm{E}(Y_1)+\varepsilon_1$, $Y_2=\mathrm{E}(Y_2)+\varepsilon_2$, ……, $Y_N=\mathrm{E}(Y_N)+\varepsilon_N$ と表されるとき，
$\widehat{\beta}_0$, $\widehat{\beta}_1$ を真の値と誤差の線形結合に分解せよ。

指針 基本例題 131 の結果を利用する。

解答 (1)
$$\widehat{\beta}_0=\frac{4Y_1+Y_2-2Y_3}{3}=\frac{4\{\mathrm{E}(Y_1)+\varepsilon_1\}+\{\mathrm{E}(Y_2)+\varepsilon_2\}-2\{\mathrm{E}(Y_3)+\varepsilon_3\}}{3}$$
$$=\frac{4\mathrm{E}(Y_1)+\mathrm{E}(Y_2)-2\mathrm{E}(Y_3)}{3}+\frac{4\varepsilon_1+\varepsilon_2-2\varepsilon_3}{3}$$
$$=\mathrm{E}\left(\frac{4Y_1+Y_2-2Y_3}{3}\right)+\frac{4\varepsilon_1+\varepsilon_2-2\varepsilon_3}{3}$$
$$=\mathrm{E}(\widehat{\beta}_0)+\frac{4\varepsilon_1+\varepsilon_2-2\varepsilon_3}{3}=\beta_0+\frac{4\varepsilon_1+\varepsilon_2-2\varepsilon_3}{3}$$

$$\widehat{\beta}_1=\frac{-Y_1+Y_3}{4}=\frac{-\{\mathrm{E}(Y_1)+\varepsilon_1\}+\{\mathrm{E}(Y_3)+\varepsilon_3\}}{4}$$
$$=\frac{-\mathrm{E}(Y_1)+\mathrm{E}(Y_3)}{4}+\frac{-\varepsilon_1+\varepsilon_3}{4}=\mathrm{E}\left(\frac{-Y_1+Y_3}{4}\right)+\frac{-\varepsilon_1+\varepsilon_3}{4}$$
$$=\mathrm{E}(\widehat{\beta}_1)+\frac{-\varepsilon_1+\varepsilon_3}{4}=\beta_1+\frac{-\varepsilon_1+\varepsilon_3}{4}$$

(2)
$$\widehat{\beta}_1=\frac{\sum\limits_{i=1}^{N}\left(x_i-\frac{1}{N}\sum\limits_{j=1}^{N}x_j\right)\left(Y_i-\frac{1}{N}\sum\limits_{j=1}^{N}Y_j\right)}{\sum\limits_{i=1}^{N}\left(x_i-\frac{1}{N}\sum\limits_{j=1}^{N}x_j\right)^2}$$
$$=\frac{\sum\limits_{i=1}^{N}\left(x_i-\frac{1}{N}\sum\limits_{j=1}^{N}x_j\right)\left[\{\mathrm{E}(Y_i)+\varepsilon_i\}-\frac{1}{N}\sum\limits_{j=1}^{N}\{\mathrm{E}(Y_j)+\varepsilon_j\}\right]}{\sum\limits_{i=1}^{N}\left(x_i-\frac{1}{N}\sum\limits_{j=1}^{N}x_j\right)^2}$$
$$=\frac{\sum\limits_{i=1}^{N}\left(x_i-\frac{1}{N}\sum\limits_{j=1}^{N}x_j\right)\left[\left\{\mathrm{E}(Y_i)-\frac{1}{N}\sum\limits_{j=1}^{N}\mathrm{E}(Y_j)\right\}+\left(\varepsilon_i-\frac{1}{N}\sum\limits_{j=1}^{N}\varepsilon_j\right)\right]}{\sum\limits_{i=1}^{N}\left(x_i-\frac{1}{N}\sum\limits_{j=1}^{N}x_j\right)^2}$$
$$=\frac{\sum\limits_{i=1}^{N}\left(x_i-\frac{1}{N}\sum\limits_{j=1}^{N}x_j\right)\left\{\mathrm{E}(Y_i)-\frac{1}{N}\sum\limits_{j=1}^{N}\mathrm{E}(Y_j)\right\}}{\sum\limits_{i=1}^{N}\left(x_i-\frac{1}{N}\sum\limits_{j=1}^{N}x_j\right)^2}+\frac{\sum\limits_{i=1}^{N}\left(x_i-\frac{1}{N}\sum\limits_{j=1}^{N}x_j\right)\left(\varepsilon_i-\frac{1}{N}\sum\limits_{j=1}^{N}\varepsilon_j\right)}{\sum\limits_{i=1}^{N}\left(x_i-\frac{1}{N}\sum\limits_{j=1}^{N}x_j\right)^2}$$

$$= \mathrm{E}(\widehat{\beta}_1) + \frac{\sum\limits_{i=1}^{N} \left(x_i - \dfrac{1}{N} \sum\limits_{j=1}^{N} x_j \right) \varepsilon_i}{\sum\limits_{i=1}^{N} \left(x_i - \dfrac{1}{N} \sum\limits_{j=1}^{N} x_j \right)^2} = \beta_1 + \frac{\sum\limits_{i=1}^{N} \left(x_i - \dfrac{1}{N} \sum\limits_{j=1}^{N} x_j \right) \varepsilon_i}{\sum\limits_{i=1}^{N} \left(x_i - \dfrac{1}{N} \sum\limits_{j=1}^{N} x_j \right)^2}$$

$$\widehat{\beta}_0 = \frac{1}{N} \sum_{i=1}^{N} Y_i - \widehat{\beta}_1 \cdot \frac{1}{N} \sum_{i=1}^{N} x_i$$

$$= \frac{1}{N} \sum_{i=1}^{N} Y_i - \left\{ \beta_1 + \frac{\sum\limits_{i=1}^{N} \left(x_i - \dfrac{1}{N} \sum\limits_{j=1}^{N} x_j \right) \varepsilon_i}{\sum\limits_{i=1}^{N} \left(x_i - \dfrac{1}{N} \sum\limits_{j=1}^{N} x_j \right)^2} \right\} \cdot \frac{1}{N} \sum_{i=1}^{N} x_i$$

$$= \frac{1}{N} \sum_{i=1}^{N} \{ \mathrm{E}(Y_i) + \varepsilon_i \} - \beta_1 \cdot \frac{1}{N} \sum_{i=1}^{N} x_i - \frac{\sum\limits_{i=1}^{N} \left(x_i - \dfrac{1}{N} \sum\limits_{j=1}^{N} x_j \right) \varepsilon_i}{\sum\limits_{i=1}^{N} \left(x_i - \dfrac{1}{N} \sum\limits_{j=1}^{N} x_j \right)^2} \cdot \frac{1}{N} \sum_{i=1}^{N} x_i$$

$$= \frac{1}{N} \sum_{i=1}^{N} \mathrm{E}(Y_i) - \mathrm{E}(\widehat{\beta}_1) \cdot \frac{1}{N} \sum_{i=1}^{N} x_i + \frac{1}{N} \sum_{i=1}^{N} \varepsilon_i - \frac{\sum\limits_{i=1}^{N} \left(x_i - \dfrac{1}{N} \sum\limits_{j=1}^{N} x_j \right) \varepsilon_i}{\sum\limits_{i=1}^{N} \left(x_i - \dfrac{1}{N} \sum\limits_{j=1}^{N} x_j \right)^2} \cdot \frac{1}{N} \sum_{i=1}^{N} x_i$$

$$= \mathrm{E}(\widehat{\beta}_0) + \frac{1}{N} \left\{ \sum_{i=1}^{N} \varepsilon_i - \frac{\sum\limits_{i=1}^{N} \left(x_i - \dfrac{1}{N} \sum\limits_{j=1}^{N} x_j \right) \varepsilon_i}{\sum\limits_{i=1}^{N} \left(x_i - \dfrac{1}{N} \sum\limits_{j=1}^{N} x_j \right)^2} \sum_{i=1}^{N} x_i \right\}$$

$$= \beta_0 + \frac{1}{N} \left\{ \sum_{i=1}^{N} \varepsilon_i - \frac{\sum\limits_{i=1}^{N} \left(x_i - \dfrac{1}{N} \sum\limits_{j=1}^{N} x_j \right) \varepsilon_i}{\sum\limits_{i=1}^{N} \left(x_i - \dfrac{1}{N} \sum\limits_{j=1}^{N} x_j \right)^2} \sum_{i=1}^{N} x_i \right\}$$

基本 例題 135 誤差の積の期待値 ★☆☆

基本例題 128 (1) において，$\varepsilon_1{}^P$，$\varepsilon_2{}^P$，……，$\varepsilon_{87}{}^P$ を誤差とし，$E(\cdot)$ を期待値を表す記号，$V(\cdot)$ を分散を表す記号，$Cov(\cdot,\cdot)$ を共分散を表す記号とする。このとき，$E(\varepsilon_i{}^P\varepsilon_j{}^P)=Cov(\varepsilon_i{}^P,\ \varepsilon_j{}^P)$ が成り立つことを示せ。また，$V(\varepsilon_i{}^P)=E((\varepsilon_i{}^P)^2)$ が成り立つことを示せ。

指針 誤差の期待値は 0 であることを利用する。

解答 $E(\varepsilon_i{}^P)=0$，$E(\varepsilon_j{}^P)=0$ であるから

$$Cov(\varepsilon_i{}^P,\ \varepsilon_j{}^P)=E(\{\varepsilon_i{}^P-E(\varepsilon_i{}^P)\}\{\varepsilon_j{}^P-E(\varepsilon_j{}^P)\})$$
$$=E(\varepsilon_i{}^P\varepsilon_j{}^P)$$

よって $E(\varepsilon_i{}^P\varepsilon_j{}^P)=Cov(\varepsilon_i{}^P,\ \varepsilon_j{}^P)$

また，$E(\varepsilon_i{}^P)=0$ であるから

$$V(\varepsilon_i{}^P)=E((\varepsilon_i{}^P)^2-\{E(\varepsilon_i{}^P)\}^2)$$
$$=E((\varepsilon_i{}^P)^2)\quad\blacksquare$$

基本　例題136　推定量の分散—均質モデル　★☆☆

基本例題 123 において，ε_1，ε_2，……，ε_N を誤差とし，それらは互いに独立に同じ分布に従うとする。それらの分散を σ^2 とするとき，未知のパラメータ μ の最小 2 乗推定量の分散は $\dfrac{\sigma^2}{N}$ であることを示せ。

指針　基本例題 123，基本例題 130 の結果を利用する。

解答　$\mathrm{E}(\cdot)$ を期待値を表す記号，$\mathrm{V}(\cdot)$ を分散を表す記号，$\mathrm{Cov}(\cdot,\cdot)$ を共分散を表す記号とする。

$Y_i = \mu + \varepsilon_i$ $(i=1, 2, \cdots\cdots, N)$ が成り立つから，未知のパラメータ μ の最小 2 乗推定量を $\widehat{\mu}$ とすると

$$\widehat{\mu} = \frac{1}{N}\sum_{i=1}^{N} Y_i = \frac{1}{N}\sum_{i=1}^{N}(\mu+\varepsilon_i)$$

$$= \frac{1}{N}\left(N\mu + \sum_{i=1}^{N}\varepsilon_i\right) = \mu + \frac{1}{N}\sum_{i=1}^{N}\varepsilon_i$$

また　　$\mathrm{E}(\widehat{\mu}) = \mathrm{E}\left(\frac{1}{N}\sum_{i=1}^{N} Y_i\right)$

$$= \frac{1}{N}\sum_{i=1}^{N}\mathrm{E}(Y_i) = \frac{1}{N}\sum_{i=1}^{N}\mu$$

$$= \frac{1}{N}\cdot N\mu = \mu$$

さらに，ε_1，ε_2，……，ε_N は互いに独立に同じ分布に従うから，$i \neq j$ のとき ε_i と ε_j は無相関である。

よって，$i \neq j$ のとき

$$\mathrm{E}(\varepsilon_i\varepsilon_j) = \mathrm{Cov}(\varepsilon_i, \varepsilon_j) + \mathrm{E}(\varepsilon_i)\mathrm{E}(\varepsilon_j) = 0$$

ゆえに　　$\mathrm{V}(\widehat{\mu}) = \mathrm{E}(\{\widehat{\mu}-\mathrm{E}(\widehat{\mu})\}^2)$

$$= \mathrm{E}\left(\left\{\left(\mu+\frac{1}{N}\sum_{i=1}^{N}\varepsilon_i\right)-\mu\right\}^2\right) = \mathrm{E}\left(\left(\frac{1}{N}\sum_{i=1}^{N}\varepsilon_i\right)^2\right)$$

$$= \frac{1}{N^2}\mathrm{E}\left(\left(\sum_{i=1}^{N}\varepsilon_i\right)\cdot\left(\sum_{j=1}^{N}\varepsilon_j\right)\right) = \frac{1}{N^2}\mathrm{E}\left(\sum_{i=1}^{N}\left(\sum_{j=1}^{N}\varepsilon_i\varepsilon_j\right)\right) = \frac{1}{N^2}\sum_{i=1}^{N}\left\{\sum_{j=1}^{N}\mathrm{E}(\varepsilon_i\varepsilon_j)\right\}$$

$$= \frac{1}{N^2}\sum_{i=1}^{N}\mathrm{E}(\varepsilon_i{}^2) = \frac{1}{N^2}\sum_{i=1}^{N}\mathrm{V}(\varepsilon_i) = \frac{1}{N^2}\sum_{i=1}^{N}\sigma^2$$

$$= \frac{1}{N^2}\cdot N\sigma^2 = \frac{\sigma^2}{N} \quad■$$

基本 例題137 推定量の分散—単回帰モデル1 ★☆☆

基本例題134(1)において，ε_1, ε_2, ε_3 が互いに独立に同じ分布に従うとし，それらの分散を σ^2 とするとき，$\widehat{\beta_1}$ の分散を σ^2 を用いて表せ。

指針 基本例題131(1)の結果を利用する。

解答 $\mathrm{E}(\cdot)$ を期待値を表す記号，$\mathrm{V}(\cdot)$ を分散を表す記号，$\mathrm{Cov}(\cdot,\cdot)$ を共分散を表す記号とする。

ε_1, ε_3 は互いに独立に同じ分布に従うから，無相関である。

よって $\mathrm{E}(\varepsilon_1\varepsilon_3)=\mathrm{Cov}(\varepsilon_1, \varepsilon_3)+\mathrm{E}(\varepsilon_1)\mathrm{E}(\varepsilon_3)=0$

ゆえに
$$\mathrm{V}(\widehat{\beta_1})=\mathrm{E}(\{\widehat{\beta_1}-\mathrm{E}(\widehat{\beta_1})\}^2)$$
$$=\mathrm{E}\left(\left\{\left(\beta_1+\frac{-\varepsilon_1+\varepsilon_3}{4}\right)-\beta_1\right\}^2\right)$$
$$=\mathrm{E}\left(\left(\frac{-\varepsilon_1+\varepsilon_3}{4}\right)^2\right)$$
$$=\frac{1}{4^2}\mathrm{E}(\varepsilon_1{}^2-2\varepsilon_1\varepsilon_3+\varepsilon_3{}^2)$$
$$=\frac{1}{16}\{\mathrm{E}(\varepsilon_1{}^2)-2\mathrm{E}(\varepsilon_1\varepsilon_3)+\mathrm{E}(\varepsilon_3{}^2)\}$$
$$=\frac{1}{16}\{\mathrm{V}(\varepsilon_1)+\mathrm{V}(\varepsilon_3)\}$$
$$=\frac{1}{16}(\sigma^2+\sigma^2)=\frac{\sigma^2}{8}$$

参考 $\widehat{\beta_0}$ の分散を σ^2 を用いて表すと次のようになる。

ε_1, ε_2 は互いに独立に同じ分布に従うから，無相関である。

よって $\mathrm{E}(\varepsilon_1\varepsilon_2)=\mathrm{Cov}(\varepsilon_1, \varepsilon_2)+\mathrm{E}(\varepsilon_1)\mathrm{E}(\varepsilon_2)=0$

ε_2, ε_3 は互いに独立に同じ分布に従うから，無相関である。

よって $\mathrm{E}(\varepsilon_2\varepsilon_3)=\mathrm{Cov}(\varepsilon_2, \varepsilon_3)+\mathrm{E}(\varepsilon_2)\mathrm{E}(\varepsilon_3)=0$

ゆえに
$$\mathrm{V}(\widehat{\beta_0})=\mathrm{E}(\{\widehat{\beta_0}-\mathrm{E}(\widehat{\beta_0})\}^2)=\mathrm{E}\left(\left\{\left(\beta_0+\frac{4\varepsilon_1+\varepsilon_2-2\varepsilon_3}{3}\right)-\beta_0\right\}^2\right)$$
$$=\mathrm{E}\left(\left(\frac{4\varepsilon_1+\varepsilon_2-2\varepsilon_3}{3}\right)^2\right)=\frac{1}{3^2}\mathrm{E}(16\varepsilon_1{}^2+\varepsilon_2{}^2+4\varepsilon_3{}^2+8\varepsilon_1\varepsilon_2-4\varepsilon_2\varepsilon_3-16\varepsilon_3\varepsilon_1)$$
$$=\frac{1}{9}\{16\mathrm{E}(\varepsilon_1{}^2)+\mathrm{E}(\varepsilon_2{}^2)+4\mathrm{E}(\varepsilon_3{}^2)+8\mathrm{E}(\varepsilon_1\varepsilon_2)-4\mathrm{E}(\varepsilon_2\varepsilon_3)-16\mathrm{E}(\varepsilon_3\varepsilon_1)\}$$
$$=\frac{1}{9}\{16\mathrm{V}(\varepsilon_1)+\mathrm{V}(\varepsilon_2)+4\mathrm{V}(\varepsilon_3)\}$$
$$=\frac{1}{9}(16\sigma^2+\sigma^2+4\sigma^2)$$
$$=\frac{7}{3}\sigma^2$$

基本　例題138　推定量の分散—単回帰モデル2　★★☆

基本例題134(2)において，ε_1, ε_2, ……, ε_N が互いに独立に同じ分布に従うとし，それらの分散を σ^2 とするとき，$\widehat{\beta}_0$, $\widehat{\beta}_1$ の分散をそれぞれ $V(\widehat{\beta}_0)$, $V(\widehat{\beta}_1)$ とするとき，$V(\widehat{\beta}_0)=\left\{\dfrac{1}{N}+\dfrac{\left(\frac{1}{N}\sum\limits_{j=1}^{N}x_j\right)^2}{\sum\limits_{i=1}^{N}\left(x_i-\frac{1}{N}\sum\limits_{j=1}^{N}x_j\right)^2}\right\}\sigma^2$, $V(\widehat{\beta}_1)=\dfrac{\sigma^2}{\sum\limits_{i=1}^{N}\left(x_i-\frac{1}{N}\sum\limits_{j=1}^{N}x_j\right)^2}$ となることを示せ。

指針　基本例題134(2)の結果を利用する。

解答　$E(\cdot)$ を期待値を表す記号とする。

ε_1, ε_2, ……, ε_N は互いに独立に同じ分布に従うから，$i\neq j$ のとき ε_i と ε_j は無相関である。

よって，$i\neq j$ のとき

$$E(\varepsilon_i\varepsilon_j)=\text{Cov}(\varepsilon_i,\ \varepsilon_j)+E(\varepsilon_i)E(\varepsilon_j)=0$$

したがって

$$V(\widehat{\beta}_0)=E(\{\widehat{\beta}_0-E(\widehat{\beta}_0)\}^2)$$

$$=E\left(\left[\beta_0+\frac{1}{N}\left\{\sum_{i=1}^{N}\varepsilon_i-\frac{\sum\limits_{i=1}^{N}\left(x_i-\frac{1}{N}\sum\limits_{j=1}^{N}x_j\right)\varepsilon_i}{\sum\limits_{i=1}^{N}\left(x_i-\frac{1}{N}\sum\limits_{j=1}^{N}x_j\right)^2}\sum_{i=1}^{N}x_i\right\}-\beta_0\right]^2\right)$$

$$=E\left(\left[\frac{1}{N}\left\{\sum_{i=1}^{N}\varepsilon_i-\frac{\sum\limits_{i=1}^{N}\left(x_i-\frac{1}{N}\sum\limits_{j=1}^{N}x_j\right)\varepsilon_i}{\sum\limits_{i=1}^{N}\left(x_i-\frac{1}{N}\sum\limits_{j=1}^{N}x_j\right)^2}\sum_{i=1}^{N}x_i\right\}\right]^2\right)$$

$$=\sum_{i=1}^{N}\frac{1}{N^2}\left\{1-\frac{x_i-\frac{1}{N}\sum\limits_{j=1}^{N}x_j}{\sum\limits_{i=1}^{N}\left(x_i-\frac{1}{N}\sum\limits_{j=1}^{N}x_j\right)^2}\sum_{j=1}^{N}x_j\right\}^2 E(\varepsilon_i{}^2)$$

$$=\frac{1}{N^2}\sum_{i=1}^{N}\left\{1-\frac{2\left(x_i-\frac{1}{N}\sum\limits_{j=1}^{N}x_j\right)\sum\limits_{j=1}^{N}x_j}{\sum\limits_{i=1}^{N}\left(x_i-\frac{1}{N}\sum\limits_{j=1}^{N}x_j\right)^2}+\frac{\left(x_i-\frac{1}{N}\sum\limits_{j=1}^{N}x_j\right)^2\left(\sum\limits_{j=1}^{N}x_j\right)^2}{\left\{\sum\limits_{i=1}^{N}\left(x_i-\frac{1}{N}\sum\limits_{j=1}^{N}x_j\right)^2\right\}^2}\right\}V(\varepsilon_i)$$

$$=\frac{\sigma^2}{N^2}\left\{N+\frac{\left(\sum\limits_{j=1}^{N}x_j\right)^2}{\sum\limits_{i=1}^{N}\left(x_i-\frac{1}{N}\sum\limits_{j=1}^{N}x_j\right)^2}\right\}$$

$$=\left\{\frac{1}{N}+\frac{\left(\frac{1}{N}\sum\limits_{j=1}^{N}x_j\right)^2}{\sum\limits_{i=1}^{N}\left(x_i-\frac{1}{N}\sum\limits_{j=1}^{N}x_j\right)^2}\right\}\sigma^2$$

$$
\mathrm{V}(\widehat{\beta}_1) = \mathrm{E}(\{\widehat{\beta}_1 - \mathrm{E}(\widehat{\beta}_1)\}^2)
$$

$$
= \mathrm{E}\left(\left[\left\{\beta_1 + \frac{\sum\limits_{i=1}^{N}\left(x_i - \dfrac{1}{N}\sum\limits_{j=1}^{N} x_j\right)\varepsilon_i}{\sum\limits_{i=1}^{N}\left(x_i - \dfrac{1}{N}\sum\limits_{j=1}^{N} x_j\right)^2}\right\} - \beta_1\right]^2\right)
$$

$$
= \mathrm{E}\left(\left\{\frac{\sum\limits_{i=1}^{N}\left(x_i - \dfrac{1}{N}\sum\limits_{j=1}^{N} x_j\right)\varepsilon_i}{\sum\limits_{i=1}^{N}\left(x_i - \dfrac{1}{N}\sum\limits_{j=1}^{N} x_j\right)^2}\right\}^2\right)
$$

$$
= \frac{1}{\left\{\sum\limits_{i=1}^{N}\left(x_i - \dfrac{1}{N}\sum\limits_{j=1}^{N} x_j\right)^2\right\}^2} \mathrm{E}\left(\left\{\sum\limits_{i=1}^{N}\left(x_i - \dfrac{1}{N}\sum\limits_{j=1}^{N} x_j\right)\varepsilon_i\right\}^2\right)
$$

$$
= \frac{1}{\left\{\sum\limits_{i=1}^{N}\left(x_i - \dfrac{1}{N}\sum\limits_{j=1}^{N} x_j\right)^2\right\}^2} \sum\limits_{i=1}^{N}\left(x_i - \dfrac{1}{N}\sum\limits_{j=1}^{N} x_j\right)^2 \mathrm{E}(\varepsilon_i^2)
$$

$$
= \frac{1}{\left\{\sum\limits_{i=1}^{N}\left(x_i - \dfrac{1}{N}\sum\limits_{j=1}^{N} x_j\right)^2\right\}^2} \sum\limits_{i=1}^{N}\left(x_i - \dfrac{1}{N}\sum\limits_{j=1}^{N} x_j\right)^2 \mathrm{V}(\varepsilon_i)
$$

$$
= \frac{\sigma^2}{\sum\limits_{i=1}^{N}\left(x_i - \dfrac{1}{N}\sum\limits_{j=1}^{N} x_j\right)^2} \quad \blacksquare
$$

基本 例題 **139** 推定量の分布—単回帰モデル ★★☆

(1) 基本例題 137 において，$\widehat{\beta}_0$，$\widehat{\beta}_1$ が従う分布を求めよ。また，$\widehat{\beta}_0$ と $\widehat{\beta}_1$ の間の共分散を求めよ。

(2) 基本例題 138 において，$\widehat{\beta}_0$ と $\widehat{\beta}_1$ の間の共分散が一般には 0 でないことを示せ。

指針 (1) 前半は基本例題 137 の結果を利用する。後半は基本例題 134(1) の結果を利用する。
(2) 基本例題 134(2) の結果を利用する。

解答 $\mathrm{E}(\cdot)$ を期待値を表す記号，$\mathrm{V}(\cdot)$ を分散を表す記号，$\mathrm{Cov}(\cdot,\cdot)$ を共分散を表す記号とする。

(1) $\mathrm{E}(\widehat{\beta}_0)=\beta_0$，$\mathrm{V}(\widehat{\beta}_0)=\dfrac{7}{3}\sigma^2$ であるから　　$\widehat{\beta}_0\sim\mathrm{N}\left(\beta_0,\ \dfrac{7}{3}\sigma^2\right)$

$\mathrm{E}(\widehat{\beta}_1)=\beta_1$，$\mathrm{V}(\widehat{\beta}_1)=\dfrac{\sigma^2}{8}$ であるから　　$\widehat{\beta}_1\sim\mathrm{N}\left(\beta_1,\ \dfrac{\sigma^2}{8}\right)$

また，ε_1, ε_2, ε_3 は互いに独立に同じ分布に従うから，$i\neq j$ のとき ε_i と ε_j は無相関である。

よって，$i\neq j$ のとき　　$\mathrm{E}(\varepsilon_i\varepsilon_j)=\mathrm{Cov}(\varepsilon_i,\ \varepsilon_j)+\mathrm{E}(\varepsilon_i)\mathrm{E}(\varepsilon_j)=0$

ゆえに

$\mathrm{Cov}(\widehat{\beta}_0,\ \widehat{\beta}_1)$

$=\mathrm{E}(\{\widehat{\beta}_0-\mathrm{E}(\widehat{\beta}_0)\}\{\widehat{\beta}_1-\mathrm{E}(\widehat{\beta}_1)\})$

$=\mathrm{E}\left(\left\{\left(\beta_0+\dfrac{4\varepsilon_1+\varepsilon_2-2\varepsilon_3}{3}\right)-\beta_0\right\}\left\{\left(\beta_1+\dfrac{-\varepsilon_1+\varepsilon_3}{4}\right)-\beta_1\right\}\right)$

$=\mathrm{E}\left(\dfrac{1}{12}(4\varepsilon_1+\varepsilon_2-2\varepsilon_3)(-\varepsilon_1+\varepsilon_3)\right)=\dfrac{1}{12}\mathrm{E}(-4\varepsilon_1{}^2-2\varepsilon_3{}^2-\varepsilon_1\varepsilon_2+\varepsilon_2\varepsilon_3+6\varepsilon_3\varepsilon_1)$

$=-\dfrac{1}{6}\{2\mathrm{V}(\varepsilon_1)+\mathrm{V}(\varepsilon_3)\}=-\dfrac{1}{6}(2\sigma^2+\sigma^2)=-\dfrac{\sigma^2}{2}$

(2) $\mathrm{Cov}(\widehat{\beta}_0,\ \widehat{\beta}_1)$

$=\mathrm{E}(\{\widehat{\beta}_0-\mathrm{E}(\widehat{\beta}_0)\}\{\widehat{\beta}_1-\mathrm{E}(\widehat{\beta}_1)\})$

$=\mathrm{E}\left(\left[\beta_0+\dfrac{1}{N}\left\{\sum\limits_{i=1}^{N}\varepsilon_i-\dfrac{\sum\limits_{i=1}^{N}\left(x_i-\dfrac{1}{N}\sum\limits_{j=1}^{N}x_j\right)\varepsilon_i}{\sum\limits_{i=1}^{N}\left(x_i-\dfrac{1}{N}\sum\limits_{j=1}^{N}x_j\right)^2}\sum\limits_{i=1}^{N}x_i\right\}-\beta_0\right]\left[\left\{\beta_1+\dfrac{\sum\limits_{i=1}^{N}\left(x_i-\dfrac{1}{N}\sum\limits_{j=1}^{N}x_j\right)\varepsilon_i}{\sum\limits_{i=1}^{N}\left(x_i-\dfrac{1}{N}\sum\limits_{j=1}^{N}x_j\right)^2}\right\}-\beta_1\right]\right)$

$=\mathrm{E}\left(\dfrac{1}{N}\left\{\sum\limits_{i=1}^{N}\varepsilon_i-\dfrac{\sum\limits_{i=1}^{N}\left(x_i-\dfrac{1}{N}\sum\limits_{j=1}^{N}x_j\right)\varepsilon_i}{\sum\limits_{i=1}^{N}\left(x_i-\dfrac{1}{N}\sum\limits_{j=1}^{N}x_j\right)^2}\sum\limits_{i=1}^{N}x_i\right\}\dfrac{\sum\limits_{i=1}^{N}\left(x_i-\dfrac{1}{N}\sum\limits_{j=1}^{N}x_j\right)\varepsilon_i}{\sum\limits_{i=1}^{N}\left(x_i-\dfrac{1}{N}\sum\limits_{j=1}^{N}x_j\right)^2}\right)$

$=\mathrm{E}\left(\left[-\dfrac{\dfrac{1}{N}\sum\limits_{i=1}^{N}x_i}{\left\{\sum\limits_{i=1}^{N}\left(x_i-\dfrac{1}{N}\sum\limits_{j=1}^{N}x_j\right)^2\right\}^2}\left\{\sum\limits_{i=1}^{N}\left(x_i-\dfrac{1}{N}\sum\limits_{j=1}^{N}x_j\right)\varepsilon_i\right\}^2\right]\right)=-\dfrac{\dfrac{1}{N}\sum\limits_{i=1}^{N}x_i}{\sum\limits_{i=1}^{N}\left(x_i-\dfrac{1}{N}\sum\limits_{j=1}^{N}x_j\right)^2}\sigma^2\neq0$ ■

基本 例題 **140** 均質モデル ★☆☆

基本例題 136 において，確率変数 Y_1, Y_2, ……, Y_N はそれぞれ

$Y_1=\mu+\varepsilon_1$, $Y_2=\mu+\varepsilon_2$, ……, $Y_N=\mu+\varepsilon_N$ と表されるとする。このとき，確率変数 Y_1, Y_2, ……, Y_N の分散は σ^2 であることを示せ。

指針 分散の性質を利用して示す。

解答 $\mathrm{V}(\cdot)$ を分散を表す記号とすると，$i=1, 2, ……, N$ に対して

$$\mathrm{V}(Y_i)=\mathrm{V}(\mu+\varepsilon_i)=\mathrm{V}(\varepsilon_i)=\sigma^2$$

よって，確率変数 Y_1, Y_2, ……, Y_N の分散は σ^2 である。 ■

基本 例題 **141** 効率性とデータの大きさ ★★☆

数列 $\{x_n\}$ に対して，不等式 $\sum_{i=1}^{N+1}\left(x_i-\dfrac{1}{N+1}\sum_{j=1}^{N+1}x_j\right)^2 \geqq \sum_{i=1}^{N}\left(x_i-\dfrac{1}{N}\sum_{j=1}^{N}x_j\right)^2$ が成り立つことを示せ。また，等号が成り立つのはどのようなときか答えよ。

指針 $\sum_{i=1}^{N+1}\left(x_i-\dfrac{1}{N+1}\sum_{j=1}^{N+1}x_j\right)^2-\sum_{i=1}^{N}\left(x_i-\dfrac{1}{N}\sum_{j=1}^{N}x_j\right)^2\geqq 0$ が成り立つことを示す。

解答
$$\sum_{i=1}^{N+1}\left(x_i-\frac{1}{N+1}\sum_{j=1}^{N+1}x_j\right)^2-\sum_{i=1}^{N}\left(x_i-\frac{1}{N}\sum_{j=1}^{N}x_j\right)^2$$

$$=\sum_{i=1}^{N+1}\left\{x_i{}^2-\frac{2x_i}{N+1}\sum_{j=1}^{N+1}x_j+\left(\frac{1}{N+1}\sum_{j=1}^{N+1}x_j\right)^2\right\}-\sum_{i=1}^{N}\left\{x_i{}^2-\frac{2x_i}{N}\sum_{j=1}^{N}x_j+\left(\frac{1}{N}\sum_{j=1}^{N}x_j\right)^2\right\}$$

$$=\left\{\sum_{i=1}^{N+1}x_i{}^2-2(N+1)\left(\frac{1}{N+1}\sum_{i=1}^{N+1}x_i\right)^2+(N+1)\left(\frac{1}{N+1}\sum_{i=1}^{N+1}x_i\right)^2\right\}$$
$$\qquad\qquad -\left\{\sum_{i=1}^{N}x_i{}^2-2N\left(\frac{1}{N}\sum_{i=1}^{N}x_i\right)^2+N\left(\frac{1}{N}\sum_{i=1}^{N}x_i\right)^2\right\}$$

$$=\left\{\sum_{i=1}^{N+1}x_i{}^2-(N+1)\left(\frac{1}{N+1}\sum_{i=1}^{N+1}x_i\right)^2\right\}-\left\{\sum_{i=1}^{N}x_i{}^2-N\left(\frac{1}{N}\sum_{i=1}^{N}x_i\right)^2\right\}$$

$$=x_{N+1}{}^2-(N+1)\left\{\frac{1}{N+1}\left(\sum_{i=1}^{N}x_i+x_{N+1}\right)\right\}^2+N\left(\frac{1}{N}\sum_{i=1}^{N}x_i\right)^2$$

$$=x_{N+1}{}^2-\frac{1}{N+1}\left\{\left(\sum_{i=1}^{N}x_i\right)^2+2x_{N+1}\sum_{i=1}^{N}x_i+x_{N+1}{}^2\right\}+\frac{1}{N}\left(\sum_{i=1}^{N}x_i\right)^2$$

$$=\frac{N}{N+1}x_{N+1}{}^2-\frac{2Nx_{N+1}}{N+1}\left(\frac{1}{N}\sum_{i=1}^{N}x_i\right)+\frac{N}{N+1}\left(\frac{1}{N}\sum_{i=1}^{N}x_i\right)^2$$

$$=\frac{N}{N+1}\left\{x_{N+1}{}^2-2x_{N+1}\left(\frac{1}{N}\sum_{i=1}^{N}x_i\right)+\left(\frac{1}{N}\sum_{i=1}^{N}x_i\right)^2\right\}=\frac{N}{N+1}\left(x_{N+1}-\frac{1}{N}\sum_{i=1}^{N}x_i\right)^2\geqq 0$$

よって $\sum_{i=1}^{N+1}\left(x_i-\dfrac{1}{N+1}\sum_{j=1}^{N+1}x_j\right)^2\geqq\sum_{i=1}^{N}\left(x_i-\dfrac{1}{N}\sum_{j=1}^{N}x_j\right)^2$ ■

また，等号が成り立つのは $x_{N+1}=\dfrac{1}{N}\sum_{i=1}^{N}x_i$ のときである。

基本　例題142　ガウス・マルコフの定理　★★☆

基本例題130において，未知のパラメータ μ の最小2乗推定量とは別の線形な推定量を $\widehat{\mu}'$ として，$\widehat{\mu}'=\sum\limits_{i=1}^{N}\left(\dfrac{1}{N}-c_i\right)Y_i$ とする。ただし，$c_1\in\mathbb{R}$，$c_2\in\mathbb{R}$，……，$c_N\in\mathbb{R}$ である。ここで，$\mathrm{E}(\cdot)$ を期待値を表す記号，$\mathrm{V}(\cdot)$ を分散を表す記号とする。このとき，$\mathrm{E}(\widehat{\mu}')=\mu$ が成り立つとし，誤差を ε_1, ε_2, ……, ε_N とする。

(1) $\sum\limits_{i=1}^{N} c_i=0$ が成り立つことを示せ。

(2) $\mathrm{V}(\widehat{\mu}')=\mathrm{E}\left(\left\{\sum\limits_{i=1}^{N}\left(\dfrac{1}{N}-c_i\right)\varepsilon_i\right\}^2\right)$ が成り立つことを示せ。

(3) 誤差 ε_1, ε_2, ……, ε_N が互いに独立に，分散が σ^2 の同じ分布に従うとき，

$\mathrm{V}(\widehat{\mu}')=\dfrac{\sigma^2}{N}+\sigma^2\sum\limits_{i=1}^{N}c_i{}^2$ が成り立つことを示せ。また，$\mathrm{V}(\widehat{\mu}')$ が最小となるのは，c_1, c_2, ……, c_N の値がどのようなときか答えよ。

指針　(1)　基本例題130から，パラメータ μ の最小2乗推定量は不偏である。
(2)　(1)を利用する。
(3)　(1)，(2)を利用する。

解答　(1)　$\mathrm{E}\left(\dfrac{1}{N}\sum\limits_{i=1}^{N}Y_i\right)=\mu$，$\mathrm{E}\left(\sum\limits_{i=1}^{N}\left(\dfrac{1}{N}-c_i\right)Y_i\right)=\mu$ であるから

$$\mathrm{E}\left(\frac{1}{N}\sum_{i=1}^{N}Y_i\right)=\mathrm{E}\left(\sum_{i=1}^{N}\left(\frac{1}{N}-c_i\right)Y_i\right)$$

よって　　$\dfrac{1}{N}\sum\limits_{i=1}^{N}\mathrm{E}(Y_i)=\dfrac{1}{N}\sum\limits_{i=1}^{N}\mathrm{E}(Y_i)-\sum\limits_{i=1}^{N}c_i\,\mathrm{E}(Y_i)$

すなわち　　$\sum\limits_{i=1}^{N}c_i\mathrm{E}(Y_i)=0$

$\mathrm{E}(Y_1)=\mu$，$\mathrm{E}(Y_2)=\mu$，……，$\mathrm{E}(Y_N)=\mu$ であるから

$$\mu\sum_{i=1}^{N}c_i=0$$

よって　　$\sum\limits_{i=1}^{N}c_i=0$ ■

(2) $Y_1=\mu+\varepsilon_1$, $Y_2=\mu+\varepsilon_2$, ……, $Y_N=\mu+\varepsilon_N$ であるから, (1) より

$$V(\widehat{\mu'})=E(\{\widehat{\mu'}-E(\widehat{\mu'})\}^2)$$

$$=E\left(\left\{\sum_{i=1}^{N}\left(\frac{1}{N}-c_i\right)Y_i-\mu\right\}^2\right)$$

$$=E\left(\left\{\sum_{i=1}^{N}\left(\frac{1}{N}-c_i\right)(\mu+\varepsilon_i)-\mu\right\}^2\right)$$

$$=E\left(\left[\sum_{i=1}^{N}\left\{\left(\frac{1}{N}-c_i\right)(\mu+\varepsilon_i)-\frac{\mu}{N}\right\}\right]^2\right)$$

$$=E\left(\left\{\sum_{i=1}^{N}\left(\frac{\varepsilon_i}{N}-\mu c_i-c_i\varepsilon_i\right)\right\}^2\right)$$

$$=E\left(\left\{\sum_{i=1}^{N}\left(\frac{1}{N}-c_i\right)\varepsilon_i\right\}^2\right) \quad ■$$

(3) ε_1, ε_2, ……, ε_N は互いに独立に同じ分布に従うから, $i\neq j$ のとき ε_i と ε_j は無相関である。

よって, $i\neq j$ のとき $E(\varepsilon_i\varepsilon_j)=Cov(\varepsilon_i, \varepsilon_j)+E(\varepsilon_i)E(\varepsilon_j)=0$

ゆえに, (1), (2) より

$$V(\widehat{\mu'})=E\left(\left\{\sum_{i=1}^{N}\left(\frac{1}{N}-c_i\right)\varepsilon_i\right\}^2\right)$$

$$=\sum_{i=1}^{N}\left(\frac{1}{N}-c_i\right)^2E(\varepsilon_i^2)$$

$$=\sum_{i=1}^{N}\left(\frac{1}{N}-c_i\right)^2V(\varepsilon_i)$$

$$=\sigma^2\sum_{i=1}^{N}\left(\frac{1}{N^2}-\frac{2}{N}c_i+c_i^2\right)$$

$$=\frac{\sigma^2}{N}+\sigma^2\sum_{i=1}^{N}c_i^2 \quad ■$$

また, $V(\widehat{\mu'})$ が最小となるのは $c_1=c_2=……=c_N=0$ となるとき である。

基本　例題 **143**　一致性　　　　　　　　　　　　　　★☆☆

数列 $\{x_n\}$ が次のように定まっているとする。

　　あ る $L \in \mathbb{N}$ に対して，$x_1 = x_2 = \cdots\cdots = x_L$ が成り立たず，

　　$x_{L+1} = x_{L+2} = \cdots\cdots = \dfrac{1}{L} \displaystyle\sum_{i=1}^{L} x_i$ が成り立つ。

このとき，数列 $\{x_n\}$ に対して，次が成り立たないことを示せ。

$$\lim_{N \to \infty} \frac{1}{\displaystyle\sum_{i=1}^{N} \left(x_i - \frac{1}{N} \sum_{j=1}^{N} x_j \right)^2} = 0$$

指針 $x_{L+1} = x_{L+2} = \cdots\cdots = \dfrac{1}{L} \displaystyle\sum_{i=1}^{L} x_i$ が成り立つから，$L+1 \leq N$ に対して $\dfrac{1}{N} \displaystyle\sum_{j=1}^{N} x_j = \dfrac{1}{L} \displaystyle\sum_{i=1}^{L} x_i$ が成り立

つ。よって，$L+1 \leq i$ に対して $x_i - \dfrac{1}{N} \displaystyle\sum_{j=1}^{N} x_j = 0$ が成り立つから，

$\displaystyle\sum_{i=1}^{N} \left(x_i - \frac{1}{N} \sum_{j=1}^{N} x_j \right)^2 = \sum_{i=1}^{L} \left(x_i - \frac{1}{N} \sum_{j=1}^{N} x_j \right)^2$ となる。

さらに，$x_1 = x_2 = \cdots\cdots = x_L$ が成り立たないから，$\displaystyle\sum_{i=1}^{L} \left(x_i - \frac{1}{N} \sum_{j=1}^{N} x_j \right)^2 \neq 0$ となり，与えられた極

限は成り立たない。

解答 $x_{L+1} = x_{L+2} = \cdots\cdots = \dfrac{1}{L} \displaystyle\sum_{i=1}^{L} x_i$ が成り立つから，$L+1 \leq N$ に対して，次が成り立つ。

$$\begin{aligned}
\frac{1}{N} \sum_{j=1}^{N} x_j &= \frac{1}{N} \left(\sum_{j=1}^{L} x_j + \sum_{j=L+1}^{N} x_j \right) \\
&= \frac{1}{N} \left\{ \sum_{j=1}^{L} x_j + \sum_{j=L+1}^{N} \left(\frac{1}{L} \sum_{i=1}^{L} x_i \right) \right\} \\
&= \frac{1}{N} \left(1 + \frac{N-L}{L} \right) \sum_{j=1}^{L} x_j \\
&= \frac{1}{L} \sum_{i=1}^{L} x_i
\end{aligned}$$

よって，$L+1 \leq i$ に対して　　$x_i - \dfrac{1}{N} \displaystyle\sum_{j=1}^{N} x_j = 0$

ゆえに　　$\displaystyle\sum_{i=1}^{N} \left(x_i - \frac{1}{N} \sum_{j=1}^{N} x_j \right)^2 = \sum_{i=1}^{L} \left(x_i - \frac{1}{N} \sum_{j=1}^{N} x_j \right)^2$

ここで，$x_1 = x_2 = \cdots\cdots = x_L$ が成り立たないから

$$\sum_{i=1}^{L} \left(x_i - \frac{1}{N} \sum_{j=1}^{N} x_j \right)^2 \neq 0$$

したがって，$\displaystyle\lim_{N \to \infty} \frac{1}{\displaystyle\sum_{i=1}^{N} \left(x_i - \frac{1}{N} \sum_{j=1}^{N} x_j \right)^2} = 0$ が成り立たない。　■

6 確率変数としての残差

7 仮定の妥当性

基本 例題**144** 期待値の推定量—単回帰モデル ★☆☆

基本例題 126 (1) において，期待値 $E(Y_1)$，$E(Y_2)$，$E(Y_3)$ の推定量を，確率変数 Y_1，Y_2，Y_3 を用いて表せ。

指針 期待値の仮定の等式において，β_0 を $\widehat{\beta}_0$，β_1 を $\widehat{\beta}_1$ としたものに基本例題 126 (1) で求めた結果を代入し，整理すればよい。

解答 期待値 $E(Y_1)$ の推定量は

$$\widehat{\beta}_0 + 2\widehat{\beta}_1 = \frac{4Y_1 + Y_2 - 2Y_3}{3} + 2 \cdot \frac{-Y_1 + Y_3}{4}$$

$$= \frac{5Y_1 + 2Y_2 - Y_3}{6}$$

期待値 $E(Y_2)$ の推定量は

$$\widehat{\beta}_0 + 4\widehat{\beta}_1 = \frac{4Y_1 + Y_2 - 2Y_3}{3} + 4 \cdot \frac{-Y_1 + Y_3}{4}$$

$$= \frac{Y_1 + Y_2 + Y_3}{3}$$

期待値 $E(Y_3)$ の推定量は

$$\widehat{\beta}_0 + 6\widehat{\beta}_1 = \frac{4Y_1 + Y_2 - 2Y_3}{3} + 6 \cdot \frac{-Y_1 + Y_3}{4}$$

$$= \frac{-Y_1 + 2Y_2 + 5Y_3}{6}$$

基本 例題**145** 期待値の推定値と推定量　　★☆☆

基本例題 144 において，期待値 $E(Y_1)$，$E(Y_2)$，$E(Y_3)$ の推定量に実現値 $Y_1(\omega)=3$，$Y_2(\omega)=5$，$Y_3(\omega)=10$ を代入することにより，期待値 $E(Y_1)$，$E(Y_2)$，$E(Y_3)$ の推定量の実現値を求めよ。

解答　期待値 $E(Y_1)$ の推定量の実現値は

$$\frac{5Y_1(\omega)+2Y_2(\omega)-Y_3(\omega)}{6}=\frac{5\cdot3+2\cdot5-10}{6}$$

$$=\frac{5}{2}$$

期待値 $E(Y_2)$ の推定量の実現値は

$$\frac{Y_1(\omega)+Y_2(\omega)+Y_3(\omega)}{3}=\frac{3+5+10}{3}$$

$$=6$$

期待値 $E(Y_3)$ の推定量の実現値は

$$\frac{-Y_1(\omega)+2Y_2(\omega)+5Y_3(\omega)}{6}=\frac{-3+2\cdot5+5\cdot10}{6}$$

$$=\frac{19}{2}$$

基本 例題**146** 線形モデルと期待値の不偏性　　　　　　★☆☆

線形モデルのパラメータを最小2乗法で推定して得られる期待値の推定量は，線形で不偏であることを示せ。ただし，未知のパラメータの最小2乗推定量が線形で不偏であることを用いてもよい。

指針 期待値の推定量が線形であることは，期待値の推定量が確率変数の線形結合で表されるということである。

解答 $\mathrm{E}(\cdot)$ を期待値を表す記号とする。

各観測値の背後にある確率変数を Y_1, Y_2, $\cdots\cdots$, Y_N として，その期待値を μ_1, μ_2, $\cdots\cdots$, μ_N とし，それらは $\mu_i = \beta_0 + b_{1i}\beta_1 + b_{2i}\beta_2 + \cdots\cdots + b_{Ki}\beta_K$ ($i=1, 2, \cdots\cdots, N$) と表されるとする。

ただし，β_0, β_1, β_2, $\cdots\cdots$, β_K は未知のパラメータであり，$b_{1i} \in \mathrm{R}$, $b_{2i} \in \mathrm{R}$, $\cdots\cdots$, $b_{Ki} \in \mathrm{R}$ である。

このとき，未知のパラメータ β_0, β_1, β_2, $\cdots\cdots$, β_K の最小2乗推定量を $\widehat{\beta}_0$, $\widehat{\beta}_1$, $\widehat{\beta}_2$, $\cdots\cdots$, $\widehat{\beta}_K$ とし，期待値 μ_i の推定量を $\widehat{\mu}_i$ とすると

$$\widehat{\mu}_i = \widehat{\beta}_0 + b_{1i}\widehat{\beta}_1 + b_{2i}\widehat{\beta}_2 + \cdots\cdots + b_{Ki}\widehat{\beta}_K$$

$\widehat{\beta}_i$ ($i=1, 2, \cdots\cdots, N$) は線形であるから，$a_{ji} \in \mathrm{R}$ ($j=1, 2, \cdots\cdots, N$) を用いて

$$\widehat{\beta}_i = \sum_{j=1}^{N} a_{ji} Y_j \text{ と表される。}$$

よって　$\displaystyle\widehat{\mu}_i = \sum_{j=1}^{N} a_{j0}Y_j + b_{1i}\sum_{j=1}^{N} a_{j1}Y_j + b_{2i}\sum_{j=1}^{N} a_{j2}Y_j + \cdots\cdots + b_{Ki}\sum_{j=1}^{N} a_{jK}Y_j$

$$= \left(a_{10} + \sum_{j=1}^{K} a_{1j}b_{ji}\right)Y_1 + \left(a_{20} + \sum_{j=1}^{K} a_{2j}b_{ji}\right)Y_2 + \cdots\cdots + \left(a_{N0} + \sum_{j=1}^{K} a_{Nj}b_{ji}\right)Y_N$$

$$= \sum_{l=1}^{N} \left(a_{l0} + \sum_{j=1}^{K} a_{lj}b_{ji}\right)Y_l$$

ゆえに，$\widehat{\mu}_i$ は線形である。

また，$\widehat{\beta}_i$ ($i=1, 2, \cdots\cdots, N$) は不偏であるから

$$\mathrm{E}(\widehat{\mu}_i) = \mathrm{E}(\widehat{\beta}_0 + b_{1i}\widehat{\beta}_1 + b_{2i}\widehat{\beta}_2 + \cdots\cdots + b_{Ki}\widehat{\beta}_K)$$

$$= \mathrm{E}(\widehat{\beta}_0) + b_{1i}\mathrm{E}(\widehat{\beta}_1) + b_{2i}\mathrm{E}(\widehat{\beta}_2) + \cdots\cdots + b_{Ki}\mathrm{E}(\widehat{\beta}_K)$$

$$= \beta_0 + b_{1i}\beta_1 + b_{2i}\beta_2 + \cdots\cdots + b_{Ki}\beta_K$$

$$= \mu_i$$

ゆえに，$\widehat{\mu}_i$ は不偏である。　■

基本　例題 **147**　誤差の線形結合での残差の表示　★★☆

基本例題 132 において，確率変数 Y_i の期待値を μ_i として，その推定量を $\widehat{\mu}_i$ とする。また，$\varepsilon_i = Y_i - \mu_i$ とし，$\widehat{\varepsilon}_i = Y_i - \widehat{\mu}_i$ とする。推定量 $\widehat{\mu}_i$ が線形で不偏ならば，$\widehat{\varepsilon}_i$ は $c_{1i} \in \mathrm{R}$, $c_{2i} \in \mathrm{R}$, ……，$c_{Ni} \in \mathrm{R}$ を用いて $\widehat{\varepsilon}_i = \sum_{k=1}^{N} c_{ki} \varepsilon_k$ と表されることを示せ。

指針　基本例題 146 と同様にして示せばよい。

解答　$\mathrm{E}(\cdot)$ を期待値を表す記号とする。

$\widehat{\mu}_i$ は不偏であるから

$$\mathrm{E}(\widehat{\mu}_i) = \mu_i$$

ここで　$\mathrm{E}(\widehat{\mu}_i) = \mathrm{E}\left(\sum_{k=1}^{N} a_{ki} Y_k\right)$

$$= \sum_{k=1}^{N} a_{ki} \mathrm{E}(Y_k) = \sum_{k=1}^{N} a_{ki} \mu_k$$

よって　$\sum_{k=1}^{N} a_{ki} \mu_k = \mu_i$

また，$\widehat{\mu}_i$ は線形であるから，$a_{ki} \in \mathrm{R}$ $(k=1, 2, ……, N)$ を用いて $\widehat{\mu}_i = \sum_{k=1}^{N} a_{ki} Y_k$ と書ける。

さらに，$Y_i = \mu_i + \varepsilon_i$ であるから

$$\widehat{\varepsilon}_i = Y_i - \widehat{\mu}_i$$

$$= Y_i - \sum_{k=1}^{N} a_{ki} Y_k = (\mu_i + \varepsilon_i) - \sum_{k=1}^{N} a_{ki} (\mu_k + \varepsilon_k)$$

$$= \mu_i + \varepsilon_i - \left(\mu_i + \sum_{k=1}^{N} a_{ki} \varepsilon_k\right) = \varepsilon_i - \sum_{k=1}^{N} a_{ki} \varepsilon_k$$

したがって，$k=i$ に対して $c_{ki} = 1 - a_{ii}$, $k \neq i$ に対して $c_{ki} = -a_{ki}$ とすると，$\widehat{\varepsilon}_i$ は $\widehat{\varepsilon}_i = \sum_{k=1}^{N} c_{ki} \varepsilon_k$ と表される。　■

基本 例題**148** 残差と誤差—単回帰モデル ★☆☆

基本例題 144 において，確率変数 Y_1, Y_2, Y_3 の期待値を μ_1, μ_2, μ_3 とし，その推定量を $\widehat{\mu_1}$, $\widehat{\mu_2}$, $\widehat{\mu_3}$ とする。また，$\widehat{\varepsilon_1}=Y_1-\widehat{\mu_1}$, $\widehat{\varepsilon_2}=Y_2-\widehat{\mu_2}$, $\widehat{\varepsilon_3}=Y_3-\widehat{\mu_3}$ とする。

(1) $\widehat{\varepsilon_1}$, $\widehat{\varepsilon_2}$, $\widehat{\varepsilon_3}$ を，Y_1, Y_2, Y_3 を用いて表せ。

(2) $\varepsilon_1=Y_1-\mu_1$, $\varepsilon_2=Y_2-\mu_2$, $\varepsilon_3=Y_3-\mu_3$ とするとき，$\widehat{\varepsilon_1}$, $\widehat{\varepsilon_2}$, $\widehat{\varepsilon_3}$ を，ε_1, ε_2, ε_3 を用いて表せ。

指針 (1) 基本例題 144 の結果を利用する。
(2) $Y_1=\beta_0+2\beta_1+\varepsilon_1$, $Y_2=\beta_0+4\beta_1+\varepsilon_2$, $Y_3=\beta_0+6\beta_1+\varepsilon_3$ であるから，これらを(1)の結果に代入する。

解答 (1) $\widehat{\mu_1}=\dfrac{5Y_1+2Y_2-Y_3}{6}$, $\widehat{\mu_2}=\dfrac{Y_1+Y_2+Y_3}{3}$, $\widehat{\mu_3}=\dfrac{-Y_1+2Y_2+5Y_3}{6}$ であるから

$$\widehat{\varepsilon_1}=Y_1-\widehat{\mu_1}$$
$$=Y_1-\frac{5Y_1+2Y_2-Y_3}{6}=\frac{Y_1-2Y_2+Y_3}{6}$$
$$\widehat{\varepsilon_2}=Y_2-\widehat{\mu_2}$$
$$=Y_2-\frac{Y_1+Y_2+Y_3}{3}=\frac{-Y_1+2Y_2-Y_3}{3}$$
$$\widehat{\varepsilon_3}=Y_3-\widehat{\mu_3}$$
$$=Y_3-\frac{-Y_1+2Y_2+5Y_3}{6}=\frac{Y_1-2Y_2+Y_3}{6}$$

(2) $Y_1=\beta_0+2\beta_1+\varepsilon_1$, $Y_2=\beta_0+4\beta_1+\varepsilon_2$, $Y_3=\beta_0+6\beta_1+\varepsilon_3$ であるから，(1) より

$$\widehat{\varepsilon_1}=\frac{Y_1-2Y_2+Y_3}{6}$$
$$=\frac{(\beta_0+2\beta_1+\varepsilon_1)-2(\beta_0+4\beta_1+\varepsilon_2)+(\beta_0+6\beta_1+\varepsilon_3)}{6}$$
$$=\frac{\varepsilon_1-2\varepsilon_2+\varepsilon_3}{6}$$
$$\widehat{\varepsilon_2}=-2\widehat{\varepsilon_1}$$
$$=\frac{-\varepsilon_1+2\varepsilon_2-\varepsilon_3}{3}$$
$$\widehat{\varepsilon_3}=\widehat{\varepsilon_1}$$
$$=\frac{\varepsilon_1-2\varepsilon_2+\varepsilon_3}{6}$$

基本 例題 **149** 残差の期待値と分散 ★☆☆

基本例題132において，確率変数 Y_i の期待値を μ_i として，その推定量を $\hat{\mu}_i$ とする。また，$\varepsilon_i = Y_i - \mu_i$ とし，$\hat{\varepsilon}_i = Y_i - \hat{\mu}_i$ とする。$\hat{\varepsilon}_i$ が

$c_{1i} \in \mathbb{R}$, $c_{2i} \in \mathbb{R}$, ……, $c_{Ni} \in \mathbb{R}$ を用いて $\hat{\varepsilon}_i = \sum_{k=1}^{N} c_{ki} \varepsilon_k$ と表されるならば，$\hat{\varepsilon}_i$ の期待値は 0 であることを示せ。さらに，ε_1, ε_2, ……, ε_N が互いに独立に同じ分布に従うとき，$\hat{\varepsilon}_i$ の分散は ε_1, ε_2, ……, ε_N の共通の分散の定数倍であることを示せ。

指針 誤差の期待値が 0 であることを利用する。

解答 $\mathrm{E}(\cdot)$ を期待値を表す記号とすると

$$\mathrm{E}(\hat{\varepsilon}_i) = \mathrm{E}\left(\sum_{k=1}^{N} c_{ki} \varepsilon_k\right) = \sum_{k=1}^{N} c_{ki} \mathrm{E}(\varepsilon_k) = 0$$

次に，$\mathrm{V}(\cdot)$ を分散を表す記号とし，ε_1, ε_2, ……, ε_N の分散を σ^2 とする。

ε_1, ε_2, ……, ε_N は互いに独立に同じ分布に従うから，$i \neq j$ のとき ε_i と ε_j は無相関である。

よって，$i \neq j$ のとき $\mathrm{E}(\varepsilon_i \varepsilon_j) = \mathrm{Cov}(\varepsilon_i, \varepsilon_j) + \mathrm{E}(\varepsilon_i)\mathrm{E}(\varepsilon_j) = 0$

ゆえに $\mathrm{V}(\hat{\varepsilon}_i) = \mathrm{E}(\hat{\varepsilon}_i^2) - \{\mathrm{E}(\hat{\varepsilon}_i)\}^2 = \mathrm{E}\left(\left(\sum_{k=1}^{N} c_{ki} \varepsilon_k\right)^2\right) = \sum_{k=1}^{N} c_{ki}^2 \mathrm{E}(\varepsilon_k^2)$

$$= \sum_{k=1}^{N} c_{ki}^2 \mathrm{V}(\varepsilon_k) = \sum_{k=1}^{N} c_{ki}^2 \sigma^2 = \left(\sum_{k=1}^{N} c_{ki}^2\right) \sigma^2$$

したがって，$\hat{\varepsilon}_i$ の分散は ε_1, ε_2, ……, ε_N の共通の分散の定数倍である。 ∎

基本 例題150 残差の分布—均質モデル ★☆☆

基本例題148において，ε_1, ε_2, ε_3 が互いに独立に，分散が σ^2 の同じ正規分布に従うとき，$\hat{\varepsilon}_1$, $\hat{\varepsilon}_2$, $\hat{\varepsilon}_3$ の分布を σ^2 を用いて表せ。

指針 誤差の期待値は 0 であることを利用する。

解答 E($\cdot$) を期待値を表す記号とすると

$$E(\hat{\varepsilon}_1) = E\left(\frac{\varepsilon_1 - 2\varepsilon_2 + \varepsilon_3}{6}\right)$$

$$= \frac{1}{6}E(\varepsilon_1) - \frac{1}{3}E(\varepsilon_2) + \frac{1}{6}E(\varepsilon_3)$$

$$= 0$$

$$E(\hat{\varepsilon}_2) = E(-2\hat{\varepsilon}_1)$$

$$= -2E(\hat{\varepsilon}_1)$$

$$= -2 \cdot 0 = 0$$

$$E(\hat{\varepsilon}_3) = E(\hat{\varepsilon}_1)$$

$$= 0$$

次に，V($\cdot$) を分散を表す記号とする。

ここで

$$E(\varepsilon_1{}^2) = V(\varepsilon_1) + \{E(\varepsilon_1)\}^2 = \sigma^2$$

$$E(\varepsilon_2{}^2) = V(\varepsilon_2) + \{E(\varepsilon_2)\}^2 = \sigma^2$$

$$E(\varepsilon_3{}^2) = V(\varepsilon_3) + \{E(\varepsilon_3)\}^2 = \sigma^2$$

また，ε_1, ε_2, ε_3 が互いに独立に同じ正規分布に従うから

$$V(\hat{\varepsilon}_1) = V\left(\frac{\varepsilon_1 - 2\varepsilon_2 + \varepsilon_3}{6}\right)$$

$$= \left(\frac{1}{6}\right)^2 V(\varepsilon_1) + \left(-\frac{2}{6}\right)^2 V(\varepsilon_2) + \left(\frac{1}{6}\right)^2 V(\varepsilon_3)$$

$$= \frac{1}{36}\sigma^2 + \frac{4}{36}\sigma^2 + \frac{1}{36}\sigma^2$$

$$= \frac{\sigma^2}{6}$$

$$V(\hat{\varepsilon}_2) = V(-2\hat{\varepsilon}_1)$$

$$= (-2)^2 \cdot \frac{\sigma^2}{6} = \frac{2}{3}\sigma^2$$

$$V(\hat{\varepsilon}_3) = V(\hat{\varepsilon}_1)$$

$$= \frac{\sigma^2}{6}$$

したがって $\hat{\varepsilon}_1 \sim N\left(0, \dfrac{\sigma^2}{6}\right)$, $\hat{\varepsilon}_2 \sim N\left(0, \dfrac{2}{3}\sigma^2\right)$, $\hat{\varepsilon}_3 \sim N\left(0, \dfrac{\sigma^2}{6}\right)$

基本 例題 151　正規方程式と残差の自由度—単回帰モデル　★☆☆

基本例題 148 について，次の問いに答えよ。

(1) 正規方程式 $\begin{cases} \widehat{\varepsilon_1}+\widehat{\varepsilon_2}+\widehat{\varepsilon_3}=0 \\ 2\widehat{\varepsilon_1}+4\widehat{\varepsilon_2}+6\widehat{\varepsilon_3}=0 \end{cases}$ が成り立つことを示せ。

(2) (1)の正規方程式において，$\widehat{\varepsilon_1}=3$ とすると，$\widehat{\varepsilon_2},\ \widehat{\varepsilon_3}$ も実数の値として定まることを示せ。

指針 (1) 基本例題 148 より，$\widehat{\varepsilon_2}=-2\widehat{\varepsilon_1},\ \widehat{\varepsilon_3}=\widehat{\varepsilon_1}$ であるから，これを 2 式の左辺に代入する。
(2) $\widehat{\varepsilon_2}=-2\widehat{\varepsilon_1},\ \widehat{\varepsilon_3}=\widehat{\varepsilon_1}$ であるから，$\widehat{\varepsilon_1}=3$ とすると，$\widehat{\varepsilon_2}=-6,\ \widehat{\varepsilon_3}=3$ となる。

解答 (1) $\widehat{\varepsilon_1}=\dfrac{\varepsilon_1-2\varepsilon_2+\varepsilon_3}{6},\ \widehat{\varepsilon_2}=\dfrac{-\varepsilon_1+2\varepsilon_2-\varepsilon_3}{3},\ \widehat{\varepsilon_3}=\dfrac{\varepsilon_1-2\varepsilon_2+\varepsilon_3}{6}$ であるから

$$\widehat{\varepsilon_2}=-2\widehat{\varepsilon_1},\ \widehat{\varepsilon_3}=\widehat{\varepsilon_1}$$

よって　$\widehat{\varepsilon_1}+\widehat{\varepsilon_2}+\widehat{\varepsilon_3}=\widehat{\varepsilon_1}+(-2\widehat{\varepsilon_1})+\widehat{\varepsilon_1}=0$

$2\widehat{\varepsilon_1}+4\widehat{\varepsilon_2}+6\widehat{\varepsilon_3}=2\widehat{\varepsilon_1}+4\cdot(-2\widehat{\varepsilon_1})+6\widehat{\varepsilon_1}=0$

したがって，正規方程式 $\begin{cases} \widehat{\varepsilon_1}+\widehat{\varepsilon_2}+\widehat{\varepsilon_3}=0 \\ 2\widehat{\varepsilon_1}+4\widehat{\varepsilon_2}+6\widehat{\varepsilon_3}=0 \end{cases}$ が成り立つ。∎

(2) (1)より，$\widehat{\varepsilon_2}=-2\widehat{\varepsilon_1},\ \widehat{\varepsilon_3}=\widehat{\varepsilon_1}$ であるから，$\widehat{\varepsilon_1}=3$ とすると，$\widehat{\varepsilon_2}=-6,\ \widehat{\varepsilon_3}=3$ となる。

したがって，$\widehat{\varepsilon_1}=3$ とすると，$\widehat{\varepsilon_2},\ \widehat{\varepsilon_3}$ も実数の値として定まる。∎

基本 例題152 正規方程式—単回帰モデル ★★☆

基本例題 138 において，確率変数 $Y_1,\ Y_2,\ \cdots\cdots,\ Y_N$ の期待値をそれぞれ
$\mu_1,\ \mu_2,\ \cdots\cdots,\ \mu_N$ として，その推定量を $\widehat{\mu}_1,\ \widehat{\mu}_2,\ \cdots\cdots,\ \widehat{\mu}_N$ とし，
$\widehat{\varepsilon}_1 = Y_1 - \widehat{\mu}_1,\ \widehat{\varepsilon}_2 = Y_2 - \widehat{\mu}_2,\ \cdots\cdots,\ \widehat{\varepsilon}_N = Y_N - \widehat{\mu}_N$ とする。パラメータ $\beta_0,\ \beta_1$ を最小
2 乗法で推定したとき，次の正規方程式が成り立つことを示せ。

$$\begin{cases} \displaystyle\sum_{i=1}^{N} \widehat{\varepsilon}_i = 0 \\ \displaystyle\sum_{i=1}^{N} x_i \widehat{\varepsilon}_i = 0 \end{cases}$$

指針 パラメータ $\beta_0,\ \beta_1$ の最小 2 乗推定量を $\widehat{\beta}_0,\ \widehat{\beta}_1$ とすると，基本例題 126 (2) から，

$$\widehat{\beta}_0 = \frac{1}{N} \sum_{i=1}^{N} Y_i - \widehat{\beta}_1 \cdot \frac{1}{N} \sum_{i=1}^{N} x_i, \quad \widehat{\beta}_1 = \frac{\displaystyle\sum_{i=1}^{N} \left(x_i - \frac{1}{N} \sum_{j=1}^{N} x_j \right) \left(Y_i - \frac{1}{N} \sum_{j=1}^{N} Y_j \right)}{\displaystyle\sum_{i=1}^{N} \left(x_i - \frac{1}{N} \sum_{j=1}^{N} x_j \right)^2}$$ となる。さらに，

$i = 1,\ 2,\ \cdots\cdots,\ N$ に対して $\widehat{\varepsilon}_i = Y_i - (\widehat{\beta}_0 + \widehat{\beta}_1 x_i)$ であることも用いる。

解答 パラメータ $\beta_0,\ \beta_1$ の最小 2 乗推定量を $\widehat{\beta}_0,\ \widehat{\beta}_1$ とすると

$$\widehat{\beta}_0 = \frac{1}{N} \sum_{i=1}^{N} Y_i - \widehat{\beta}_1 \cdot \frac{1}{N} \sum_{i=1}^{N} x_i, \quad \widehat{\beta}_1 = \frac{\displaystyle\sum_{i=1}^{N} \left(x_i - \frac{1}{N} \sum_{j=1}^{N} x_j \right) \left(Y_i - \frac{1}{N} \sum_{j=1}^{N} Y_j \right)}{\displaystyle\sum_{i=1}^{N} \left(x_i - \frac{1}{N} \sum_{j=1}^{N} x_j \right)^2}$$

よって，$i = 1,\ 2,\ \cdots\cdots,\ N$ に対して

$$\widehat{\varepsilon}_i = Y_i - (\widehat{\beta}_0 + \widehat{\beta}_1 x_i) = Y_i - \left(\frac{1}{N} \sum_{i=1}^{N} Y_i - \widehat{\beta}_1 \cdot \frac{1}{N} \sum_{i=1}^{N} x_i \right) - \widehat{\beta}_1 x_i$$

$$= Y_i - \frac{1}{N} \sum_{i=1}^{N} Y_i + \left(\frac{1}{N} \sum_{j=1}^{N} x_j - x_i \right) \widehat{\beta}_1$$

ゆえに

$$\sum_{i=1}^{N} \widehat{\varepsilon}_i = \sum_{i=1}^{N} \left\{ Y_i - \frac{1}{N} \sum_{j=1}^{N} Y_j + \left(\frac{1}{N} \sum_{j=1}^{N} x_j - x_i \right) \widehat{\beta}_1 \right\}$$

$$= \sum_{i=1}^{N} Y_i - \sum_{j=1}^{N} Y_j + \left(\sum_{j=1}^{N} x_j - \sum_{i=1}^{N} x_i \right) \widehat{\beta}_1 = 0$$

さらに

$$\sum_{i=1}^{N} x_i \widehat{\varepsilon}_i = \sum_{i=1}^{N} x_i \left\{ Y_i - \frac{1}{N} \sum_{j=1}^{N} Y_j + \left(\frac{1}{N} \sum_{j=1}^{N} x_j - x_i \right) \widehat{\beta}_1 \right\}$$

$$= \sum_{i=1}^{N} x_i \left(Y_i - \frac{1}{N} \sum_{j=1}^{N} Y_j \right) + \sum_{i=1}^{N} x_i \left(\frac{1}{N} \sum_{j=1}^{N} x_j - x_i \right) \widehat{\beta}_1$$

ここで

$$\sum_{i=1}^{N} x_i \Big(Y_i - \frac{1}{N} \sum_{j=1}^{N} Y_j \Big) = \sum_{i=1}^{N} \Big(x_i - \frac{1}{N} \sum_{j=1}^{N} x_j \Big)\Big(Y_i - \frac{1}{N} \sum_{j=1}^{N} Y_j \Big)$$
$$+ \sum_{i=1}^{N} \Big(\frac{1}{N} \sum_{j=1}^{N} x_j \Big)\Big(Y_i - \frac{1}{N} \sum_{j=1}^{N} Y_j \Big)$$
$$= \sum_{i=1}^{N} \Big(x_i - \frac{1}{N} \sum_{j=1}^{N} x_j \Big)\Big(Y_i - \frac{1}{N} \sum_{j=1}^{N} Y_j \Big)$$

$$\sum_{i=1}^{N} x_i \Big(\frac{1}{N} \sum_{j=1}^{N} x_j - x_i \Big) = -\sum_{i=1}^{N} \Big(x_i - \frac{1}{N} \sum_{j=1}^{N} x_j \Big)^2 + \sum_{i=1}^{N} \Big(\frac{1}{N} \sum_{j=1}^{N} x_j \Big)\Big(\frac{1}{N} \sum_{j=1}^{N} x_j - x_i \Big)$$
$$= -\sum_{i=1}^{N} \Big(x_i - \frac{1}{N} \sum_{j=1}^{N} x_j \Big)^2$$

ゆえに

$$\sum_{i=1}^{N} x_i \widehat{\varepsilon}_i$$
$$= \sum_{i=1}^{N} x_i \Big(Y_i - \frac{1}{N} \sum_{j=1}^{N} Y_j \Big) + \sum_{i=1}^{N} x_i \Big(\frac{1}{N} \sum_{j=1}^{N} x_j - x_i \Big) \widehat{\beta}_1$$
$$= \sum_{i=1}^{N} \Big(x_i - \frac{1}{N} \sum_{j=1}^{N} x_j \Big)\Big(Y_i - \frac{1}{N} \sum_{j=1}^{N} Y_j \Big)$$
$$- \sum_{i=1}^{N} \Big(x_i - \frac{1}{N} \sum_{j=1}^{N} x_j \Big)^2 \frac{\sum_{i=1}^{N} \Big(x_i - \frac{1}{N} \sum_{j=1}^{N} x_j \Big)\Big(Y_i - \frac{1}{N} \sum_{j=1}^{N} Y_j \Big)}{\sum_{i=1}^{N} \Big(x_i - \frac{1}{N} \sum_{j=1}^{N} x_j \Big)^2}$$
$$= 0$$

したがって，正規方程式 $\begin{cases} \sum_{i=1}^{N} \widehat{\varepsilon}_i = 0 \\ \sum_{i=1}^{N} x_i \widehat{\varepsilon}_i = 0 \end{cases}$ が成り立つ。■

基本 例題 **153** 残差の2乗和─均質モデル ★★★

基本例題135において，$\varepsilon_1{}^{\mathrm{P}}$, $\varepsilon_2{}^{\mathrm{P}}$, ……, $\varepsilon_{87}{}^{\mathrm{P}}$ が互いに独立に，分散が $(\sigma^{\mathrm{P}})^2$ の同じ正規分布に従うとする。$U_i = \dfrac{1}{\sqrt{i(i+1)}}\left(\sum\limits_{j=1}^{i}\varepsilon_j{}^{\mathrm{P}} - i\varepsilon_{i+1}{}^{\mathrm{P}}\right)$ $(i=1, 2, \cdots\cdots, 86)$ とするとき，次の問いに答えよ。

(1) 確率変数 U_i の分散が $(\sigma^{\mathrm{P}})^2$ であることを示せ。また，$\dfrac{U_i}{\sigma^{\mathrm{P}}} \sim \mathrm{N}(0, 1)$ であることを示せ。

(2) $i \neq j$ のとき，確率変数 U_i, U_j が無相関であることを示せ。

(3) $\sum\limits_{i=1}^{87}\left(\varepsilon_i{}^{\mathrm{P}} - \dfrac{1}{87}\sum\limits_{j=1}^{87}\varepsilon_j{}^{\mathrm{P}}\right)^2 = \sum\limits_{i=1}^{86}U_i{}^2$ が成り立つことを示せ。

指針 (1) 確率変数 U_i の分散が $(\sigma^{\mathrm{P}})^2$ であることは，$\varepsilon_1{}^{\mathrm{P}}$, $\varepsilon_2{}^{\mathrm{P}}$, ……, $\varepsilon_{87}{}^{\mathrm{P}}$ が互いに独立であることを用いて示す。また，$\dfrac{U_i}{\sigma^{\mathrm{P}}} \sim \mathrm{N}(0, 1)$ であることは，$\varepsilon_1{}^{\mathrm{P}}$, $\varepsilon_2{}^{\mathrm{P}}$, ……, $\varepsilon_{i+1}{}^{\mathrm{P}}$ の期待値は 0 であり，確率変数 U_i はそれらの線形結合で表されることを用いて示す。

(2) $i < j$ として一般性は失われない。U_i, U_j の共分散が 0 となることを示す。

解答 $\mathrm{V}(\cdot)$ を分散を表す記号とする。

(1) $\varepsilon_1{}^{\mathrm{P}}$, $\varepsilon_2{}^{\mathrm{P}}$, ……, $\varepsilon_{i+1}{}^{\mathrm{P}}$ は互いに独立であるから

$$
\begin{aligned}
\mathrm{V}(U_i) &= \mathrm{V}\left(\frac{1}{\sqrt{i(i+1)}}\left(\sum_{j=1}^{i}\varepsilon_j{}^{\mathrm{P}} - i\varepsilon_{i+1}{}^{\mathrm{P}}\right)\right) \\
&= \left\{\frac{1}{i(i+1)}\right\}^2 \mathrm{V}\left(\sum_{j=1}^{i}\varepsilon_j{}^{\mathrm{P}} - i\varepsilon_{i+1}{}^{\mathrm{P}}\right) \\
&= \frac{1}{i(i+1)}\left\{\sum_{j=1}^{i}\mathrm{V}(\varepsilon_j{}^{\mathrm{P}}) + i^2\mathrm{V}(\varepsilon_{i+1}{}^{\mathrm{P}})\right\} \\
&= \frac{1}{i(i+1)}\left\{\sum_{j=1}^{i}(\sigma^{\mathrm{P}})^2 + i^2(\sigma^{\mathrm{P}})^2\right\} \\
&= \frac{1}{i(i+1)}\{i(\sigma^{\mathrm{P}})^2 + i^2(\sigma^{\mathrm{P}})^2\} \\
&= (\sigma^{\mathrm{P}})^2
\end{aligned}
$$

また，$\varepsilon_1{}^{\mathrm{P}}$, $\varepsilon_2{}^{\mathrm{P}}$, ……, $\varepsilon_{i+1}{}^{\mathrm{P}}$ の期待値は 0 であり，確率変数 U_i はそれらの線形結合で表されるから $U_i \sim \mathrm{N}(0, (\sigma^{\mathrm{P}})^2)$

よって $\dfrac{U_i}{\sigma^{\mathrm{P}}} \sim \mathrm{N}(0, 1)$ ■

(2)　$i<j$ として一般性は失われない。

　　Cov$(\cdot,\cdot)$ を共分散を表す記号とする。

　　$\varepsilon_1{}^P,\ \varepsilon_2{}^P,\ \cdots\cdots,\ \varepsilon_{87}{}^P$ は互いに独立であるから，$s\neq t$ のとき　　　$(\varepsilon_s{}^P,\ \varepsilon_t{}^P)=0$

　　よって

　　Cov$(U_i,\ U_j)$

$$=\text{Cov}\left(\frac{1}{\sqrt{i(i+1)}}\left(\sum_{k=1}^{i}\varepsilon_k{}^P-i\varepsilon_{i+1}{}^P\right),\ \frac{1}{\sqrt{j(j+1)}}\left(\sum_{l=1}^{j}\varepsilon_l{}^P-j\varepsilon_{j+1}{}^P\right)\right)$$

$$=\frac{1}{\sqrt{ij(i+1)(j+1)}}\text{Cov}\left(\sum_{k=1}^{i}\varepsilon_k{}^P-i\varepsilon_{i+1}{}^P,\ \sum_{l=1}^{j}\varepsilon_l{}^P-j\varepsilon_{j+1}{}^P\right)$$

$$=\frac{1}{\sqrt{ij(i+1)(j+1)}}\left\{\text{Cov}\left(\sum_{k=1}^{i}\varepsilon_k{}^P,\ \sum_{l=1}^{j}\varepsilon_l{}^P\right)-\text{Cov}\left(\sum_{k=1}^{i}\varepsilon_k{}^P,\ j\varepsilon_{j+1}{}^P\right)\right.$$

$$\left.-\text{Cov}\left(i\varepsilon_{i+1}{}^P,\ \sum_{l=1}^{j}\varepsilon_l{}^P\right)+\text{Cov}(i\varepsilon_{i+1}{}^P,\ j\varepsilon_{j+1}{}^P)\right\}$$

$$=\frac{1}{\sqrt{ij(i+1)(j+1)}}\left\{\sum_{k=1}^{i}\text{Cov}(\varepsilon_k{}^P,\ \varepsilon_k{}^P)-i\,\text{Cov}(\varepsilon_{i+1}{}^P,\ \varepsilon_{i+1}{}^P)\right\}$$

$$=\frac{1}{\sqrt{ij(i+1)(j+1)}}\left\{\sum_{k=1}^{i}\text{V}(\varepsilon_k{}^P)-i\text{V}(\varepsilon_{i+1}{}^P)\right\}=\frac{1}{\sqrt{ij(i+1)(j+1)}}\left\{\sum_{k=1}^{i}(\sigma^P)^2-i(\sigma^P)^2\right\}$$

$$=\frac{1}{\sqrt{ij(i+1)(j+1)}}\{i(\sigma^P)^2-i(\sigma^P)^2\}=0$$

◀共分散の性質を用いた式変形について，詳しくは『基礎から学ぶ実証分析（新世社）』の127, 128ページを参照。

　　したがって，$i\neq j$ のとき，確率変数 $U_i,\ U_j$ は無相関である。　■

(3)　$\displaystyle\sum_{i=1}^{87}\left(\varepsilon_i{}^P-\frac{1}{87}\sum_{j=1}^{87}\varepsilon_j{}^P\right)^2=\sum_{i=1}^{87}\left\{(\varepsilon_i{}^P)^2-\frac{2}{87}\varepsilon_i{}^P\sum_{j=1}^{87}\varepsilon_j{}^P+\left(\frac{1}{87}\sum_{j=1}^{87}\varepsilon_j{}^P\right)^2\right\}$

$$=\sum_{i=1}^{87}(\varepsilon_i{}^P)^2-\frac{2}{87}\sum_{i=1}^{87}\varepsilon_i{}^P\sum_{j=1}^{87}\varepsilon_j{}^P+\frac{87}{87^2}\left(\sum_{i=1}^{87}\varepsilon_i{}^P\right)^2$$

$$=\sum_{i=1}^{87}(\varepsilon_i{}^P)^2-\frac{1}{87}\left(\sum_{i=1}^{87}\varepsilon_i{}^P\right)^2$$

$$=\frac{86}{87}\sum_{i=1}^{87}(\varepsilon_i{}^P)^2-\frac{2}{87}\sum_{i=1}^{86}\sum_{j=i+1}^{87}\varepsilon_i{}^P\varepsilon_j{}^P$$

$\displaystyle\sum_{i=1}^{86}U_i{}^2=U_1{}^2+\sum_{i=2}^{86}U_i{}^2$

$$=\left\{\frac{1}{\sqrt{1\cdot(1+1)}}(\varepsilon_1{}^P-1\cdot\varepsilon_2{}^P)\right\}^2+\sum_{i=2}^{86}\left\{\frac{1}{\sqrt{i(i+1)}}\left(\sum_{j=1}^{i}\varepsilon_j{}^P-i\varepsilon_{i+1}{}^P\right)\right\}^2$$

$$=\left\{\frac{1}{\sqrt{1\cdot(1+1)}}\right\}^2\{(\varepsilon_1{}^P)^2-2\varepsilon_1{}^P\varepsilon_2{}^P+1^2\cdot(\varepsilon_2{}^P)^2\}$$

$$+\sum_{i=2}^{86}\left\{\frac{1}{\sqrt{i(i+1)}}\right\}^2\left\{\sum_{j=1}^{i}(\varepsilon_j{}^P)^2+i^2(\varepsilon_{i+1}{}^P)^2+2\sum_{j=1}^{i-1}\sum_{k=j+1}^{i}\varepsilon_j{}^P\varepsilon_k{}^P-2i\varepsilon_{i+1}{}^P\sum_{j=1}^{i}\varepsilon_j{}^P\right\}$$

$$=\frac{1}{1\cdot(1+1)}\{(\varepsilon_1{}^P)^2+1^2\cdot(\varepsilon_2{}^P)^2\}+\sum_{i=2}^{86}\frac{1}{i(i+1)}\left\{\sum_{j=1}^{i}(\varepsilon_j{}^P)^2+i^2(\varepsilon_{i+1}{}^P)^2\right\}$$

$$+\frac{1}{1\cdot(1+1)}(-2\varepsilon_1{}^P\varepsilon_2{}^P)+\sum_{i=2}^{86}\frac{1}{i(i+1)}\left(2\sum_{j=1}^{i-1}\sum_{k=j+1}^{i}\varepsilon_j{}^P\varepsilon_k{}^P-2i\varepsilon_{i+1}{}^P\sum_{j=1}^{i}\varepsilon_j{}^P\right)$$

ここで

$$\frac{1}{1\cdot(1+1)}\{(\varepsilon_1{}^\mathrm{P})^2+1^2\cdot(\varepsilon_2{}^\mathrm{P})^2\}+\sum_{i=2}^{86}\frac{1}{i(i+1)}\left\{\sum_{j=1}^{i}(\varepsilon_j{}^\mathrm{P})^2+i^2(\varepsilon_{i+1}{}^\mathrm{P})^2\right\}$$

$$=\sum_{i=1}^{86}\frac{1}{i(i+1)}\left\{\sum_{j=1}^{i}(\varepsilon_j{}^\mathrm{P})^2+i^2(\varepsilon_{i+1}{}^\mathrm{P})^2\right\}=\sum_{i=1}^{86}\left\{\frac{1}{i(i+1)}\sum_{j=1}^{i}(\varepsilon_j{}^\mathrm{P})^2+\frac{i}{i+1}(\varepsilon_{i+1}{}^\mathrm{P})^2\right\}$$

$$=\sum_{i=1}^{86}\left\{\left(\frac{1}{i}-\frac{1}{i+1}\right)\sum_{j=1}^{i}(\varepsilon_j{}^\mathrm{P})^2+\left(1-\frac{1}{i+1}\right)(\varepsilon_{i+1}{}^\mathrm{P})^2\right\}=\sum_{i=1}^{87}\left(1-\frac{1}{87}\right)(\varepsilon_i{}^\mathrm{P})^2=\frac{86}{87}\sum_{i=1}^{87}(\varepsilon_i{}^\mathrm{P})^2$$

$$\frac{1}{1\cdot(1+1)}(-2\varepsilon_1{}^\mathrm{P}\varepsilon_2{}^\mathrm{P})+\sum_{i=2}^{86}\frac{1}{i(i+1)}\left(2\sum_{j=1}^{i-1}\sum_{k=j+1}^{i}\varepsilon_j{}^\mathrm{P}\varepsilon_k{}^\mathrm{P}-2i\varepsilon_{i+1}{}^\mathrm{P}\sum_{j=1}^{i}\varepsilon_j{}^\mathrm{P}\right)$$

$$=2\sum_{i=2}^{86}\frac{1}{i(i+1)}\sum_{j=1}^{i-1}\sum_{k=j+1}^{i}\varepsilon_j{}^\mathrm{P}\varepsilon_k{}^\mathrm{P}-2\sum_{i=1}^{86}\frac{\varepsilon_{i+1}{}^\mathrm{P}}{i+1}\sum_{j=1}^{i}\varepsilon_j{}^\mathrm{P}$$

$$=2\sum_{i=2}^{86}\left(\frac{1}{i}-\frac{1}{i+1}\right)\sum_{j=1}^{i-1}\sum_{k=j+1}^{i}\varepsilon_j{}^\mathrm{P}\varepsilon_k{}^\mathrm{P}-2\sum_{i=1}^{86}\frac{\varepsilon_{i+1}{}^\mathrm{P}}{i+1}\sum_{j=1}^{i}\varepsilon_j{}^\mathrm{P}=-\frac{2}{87}\sum_{i=1}^{86}\sum_{j=i+1}^{87}\varepsilon_i{}^\mathrm{P}\varepsilon_j{}^\mathrm{P}$$

よって $$\sum_{i=1}^{86}U_i{}^2=\frac{86}{87}\sum_{i=1}^{87}(\varepsilon_i{}^\mathrm{P})^2-\frac{2}{87}\sum_{i=1}^{86}\sum_{j=i+1}^{87}\varepsilon_i{}^\mathrm{P}\varepsilon_j{}^\mathrm{P}$$

したがって $$\sum_{i=1}^{87}\left(\varepsilon_i{}^\mathrm{P}-\frac{1}{87}\sum_{j=1}^{87}\varepsilon_j{}^\mathrm{P}\right)^2=\sum_{i=1}^{86}U_i{}^2 \quad■$$

基本 例題**154** 残差の2乗和─単回帰モデル ★☆☆

基本例題148について，次の問いに答えよ。

(1) 等式 $\widehat{\varepsilon_1}^2+\widehat{\varepsilon_2}^2+\widehat{\varepsilon_3}^2=\left(\dfrac{\varepsilon_1-2\varepsilon_2+\varepsilon_3}{\sqrt{6}}\right)^2$ が成り立つことを示せ。

(2) ε_1, ε_2, ε_3 が互いに独立に同じ分布に従うとき，確率変数 $\dfrac{\varepsilon_1-2\varepsilon_2+\varepsilon_3}{\sqrt{6}}$ の分散が ε_1, ε_2, ε_3 の共通の分散に等しいことを示せ。

指針 (1) $\widehat{\varepsilon_2}=-2\widehat{\varepsilon_1}$, $\widehat{\varepsilon_3}=\widehat{\varepsilon_1}$ であることを利用するとよい。

解答 (1) $\widehat{\varepsilon_2}=-2\widehat{\varepsilon_1}$, $\widehat{\varepsilon_3}=\widehat{\varepsilon_1}$ であるから

$$\widehat{\varepsilon_1}^2+\widehat{\varepsilon_2}^2+\widehat{\varepsilon_3}^2=\widehat{\varepsilon_1}^2+(-2\widehat{\varepsilon_1})^2+\widehat{\varepsilon_1}^2=6\widehat{\varepsilon_1}^2=6\left(\frac{\varepsilon_1-2\varepsilon_2+\varepsilon_3}{6}\right)^2=\left(\frac{\varepsilon_1-2\varepsilon_2+\varepsilon_3}{\sqrt{6}}\right)^2 \quad■$$

(2) $\mathrm{V}(\cdot)$ を分散を表す記号とし，$\mathrm{V}(\varepsilon_1)=\mathrm{V}(\varepsilon_2)=\mathrm{V}(\varepsilon_3)=\sigma^2$ とする。

ε_1, ε_2, ε_3 は互いに独立であるから

$$\mathrm{V}\left(\frac{\varepsilon_1-2\varepsilon_2+\varepsilon_3}{\sqrt{6}}\right)=\left(\frac{1}{\sqrt{6}}\right)^2\mathrm{V}(\varepsilon_1)+\left(-\frac{2}{\sqrt{6}}\right)^2\mathrm{V}(\varepsilon_2)+\left(\frac{1}{\sqrt{6}}\right)^2\mathrm{V}(\varepsilon_3)$$

$$=\frac{1}{6}\mathrm{V}(\varepsilon_1)+\frac{4}{6}\mathrm{V}(\varepsilon_2)+\frac{1}{6}\mathrm{V}(\varepsilon_3)$$

$$=\frac{\sigma^2}{6}+\frac{4}{6}\sigma^2+\frac{\sigma^2}{6}=\sigma^2 \quad■$$

基本　例題 155　推定量と残差—均質モデル　★☆☆

基本例題 135 において，$\varepsilon_1{}^{\mathrm{P}}$，$\varepsilon_2{}^{\mathrm{P}}$，……，$\varepsilon_{87}{}^{\mathrm{P}}$ が互いに独立に同じ正規分布に従うとき，等式 $\mathrm{Cov}\!\left(\mu^{\mathrm{P}}+\dfrac{1}{87}\displaystyle\sum_{j=1}^{87}\varepsilon_j{}^{\mathrm{P}},\ \varepsilon_i{}^{\mathrm{P}}-\dfrac{1}{87}\displaystyle\sum_{j=1}^{87}\varepsilon_j{}^{\mathrm{P}}\right)=0$ $(i=1,\ 2,\ \cdots\cdots,\ 87)$ が成り立つことを示せ。

指針　$\varepsilon_1{}^{\mathrm{P}}$，$\varepsilon_2{}^{\mathrm{P}}$，……，$\varepsilon_{87}{}^{\mathrm{P}}$ は互いに独立であるから，$i\neq j$ のとき $\mathrm{Cov}(\varepsilon_i{}^{\mathrm{P}},\ \varepsilon_j{}^{\mathrm{P}})=0$ となることを用いる。

解答　$\varepsilon_1{}^{\mathrm{P}}$，$\varepsilon_2{}^{\mathrm{P}}$，……，$\varepsilon_{87}{}^{\mathrm{P}}$ は互いに独立に同じ正規分布に従うから，$i\neq j$ のとき

$$\mathrm{Cov}(\varepsilon_i{}^{\mathrm{P}},\ \varepsilon_j{}^{\mathrm{P}})=0$$

よって

$$\mathrm{Cov}\!\left(\mu^{\mathrm{P}}+\frac{1}{87}\sum_{j=1}^{87}\varepsilon_j{}^{\mathrm{P}},\ \varepsilon_i{}^{\mathrm{P}}-\frac{1}{87}\sum_{j=1}^{87}\varepsilon_j{}^{\mathrm{P}}\right)$$

$$=\mathrm{Cov}\!\left(\mu^{\mathrm{P}},\ \varepsilon_i{}^{\mathrm{P}}-\frac{1}{87}\sum_{j=1}^{87}\varepsilon_j{}^{\mathrm{P}}\right)+\mathrm{Cov}\!\left(\frac{1}{87}\sum_{j=1}^{87}\varepsilon_j{}^{\mathrm{P}},\ \varepsilon_i{}^{\mathrm{P}}-\frac{1}{87}\sum_{j=1}^{87}\varepsilon_j{}^{\mathrm{P}}\right)$$

$$=\mathrm{Cov}\!\left(\frac{1}{87}\sum_{j=1}^{87}\varepsilon_j{}^{\mathrm{P}},\ \varepsilon_i{}^{\mathrm{P}}\right)-\mathrm{Cov}\!\left(\frac{1}{87}\sum_{j=1}^{87}\varepsilon_j{}^{\mathrm{P}},\ \frac{1}{87}\sum_{j=1}^{87}\varepsilon_j{}^{\mathrm{P}}\right)$$

$$=\frac{1}{87}\mathrm{Cov}\!\left(\sum_{j=1}^{87}\varepsilon_j{}^{\mathrm{P}},\ \varepsilon_i{}^{\mathrm{P}}\right)-\frac{1}{87^2}\mathrm{Cov}\!\left(\sum_{j=1}^{87}\varepsilon_j{}^{\mathrm{P}},\ \sum_{j=1}^{87}\varepsilon_j{}^{\mathrm{P}}\right)$$

$$=\frac{1}{87}\mathrm{Cov}(\varepsilon_i{}^{\mathrm{P}},\ \varepsilon_i{}^{\mathrm{P}})-\frac{1}{87^2}\sum_{i=1}^{87}\mathrm{Cov}(\varepsilon_i{}^{\mathrm{P}},\ \varepsilon_i{}^{\mathrm{P}})$$

$$=\frac{1}{87}\mathrm{V}(\varepsilon_i{}^{\mathrm{P}})-\frac{1}{87^2}\cdot 87\mathrm{V}(\varepsilon_i{}^{\mathrm{P}})=0 \quad\blacksquare$$

◀共分散の性質を用いた式変形について，詳しくは『基礎から学ぶ実証分析 (新世社)』の 127, 128 ページを参照。

基本 例題**156** 推定量と残差—単回帰モデル ★★☆

基本例題 152 において，$\varepsilon_1, \varepsilon_2, \cdots\cdots, \varepsilon_N$ が互いに独立に，分散が σ^2 の同じ正規分布に従うとする。

(1) $\widehat{\varepsilon_i} = (\beta_1 - \widehat{\beta_1})\left(x_i - \dfrac{1}{N}\sum\limits_{j=1}^{N} x_j\right) + \varepsilon_i - \dfrac{1}{N}\sum\limits_{j=1}^{N} \varepsilon_j$ が成り立つことを示せ。

(2) $\widehat{\beta_0}, \widehat{\beta_1}$ と $\widehat{\varepsilon_i}$ は互いに独立であることを示せ $(i = 1, 2, \cdots\cdots, N)$。

指針 (1) 基本例題 134 (2) の結果を利用する。
(2) (1) の結果を利用して，$\widehat{\beta_1}$ と $\widehat{\varepsilon_i}$ の間の共分散，$\widehat{\beta_0}$ と $\widehat{\varepsilon_i}$ の間の共分散がともに 0 であることを示す。

解答 (1) $\widehat{\varepsilon_i} = Y_i - (\widehat{\beta_0} + \widehat{\beta_1} x_i)$

$\qquad = \{(\beta_0 + \beta_1 x_i) + \varepsilon_i\} - \left[\beta_0 + \dfrac{1}{N}\left\{\sum\limits_{j=1}^{N} \varepsilon_j - (\widehat{\beta_1} - \beta_1)\right\}\sum\limits_{j=1}^{N} x_j + \widehat{\beta_1} x_i\right]$

$\qquad = (\beta_1 - \widehat{\beta_1})\left(x_i - \dfrac{1}{N}\sum\limits_{j=1}^{N} x_j\right) + \varepsilon_i - \dfrac{1}{N}\sum\limits_{j=1}^{N} \varepsilon_j$ ■

(2) $\mathrm{V}(\cdot)$ を分散を表す記号，$\mathrm{Cov}(\cdot, \cdot)$ を共分散を表す記号とする。

(1) から

$\mathrm{Cov}(\widehat{\beta_1}, \widehat{\varepsilon_i}) = \mathrm{Cov}\left(\widehat{\beta_1}, (\beta_1 - \widehat{\beta_1})\left(x_i - \dfrac{1}{N}\sum\limits_{j=1}^{N} x_j\right) + \varepsilon_i - \dfrac{1}{N}\sum\limits_{j=1}^{N} \varepsilon_j\right)$

$\qquad = \left(x_i - \dfrac{1}{N}\sum\limits_{j=1}^{N} x_j\right)\mathrm{Cov}(\widehat{\beta_1}, \beta_1 - \widehat{\beta_1}) + \mathrm{Cov}(\widehat{\beta_1}, \varepsilon_i) - \dfrac{1}{N}\mathrm{Cov}\left(\widehat{\beta_1}, \sum\limits_{j=1}^{N} \varepsilon_j\right)$

$\qquad = \left(x_i - \dfrac{1}{N}\sum\limits_{j=1}^{N} x_j\right)\mathrm{Cov}(\widehat{\beta_1}, \beta_1) - \left(x_i - \dfrac{1}{N}\sum\limits_{j=1}^{N} x_j\right)\mathrm{Cov}(\widehat{\beta_1}, \widehat{\beta_1})$

$\qquad\qquad\qquad\qquad\qquad + \mathrm{Cov}(\widehat{\beta_1}, \varepsilon_i) - \dfrac{1}{N}\mathrm{Cov}\left(\widehat{\beta_1}, \sum\limits_{j=1}^{N} \varepsilon_j\right)$

$\qquad = -\left(x_i - \dfrac{1}{N}\sum\limits_{j=1}^{N} x_j\right)\mathrm{V}(\widehat{\beta_1}) + \mathrm{Cov}(\widehat{\beta_1}, \varepsilon_i) - \dfrac{1}{N}\mathrm{Cov}\left(\widehat{\beta_1}, \sum\limits_{j=1}^{N} \varepsilon_j\right)$

ここで，$\varepsilon_1, \varepsilon_2, \cdots\cdots, \varepsilon_N$ は互いに独立であるから，$i \neq j$ のとき $\mathrm{Cov}(\varepsilon_i{}^{\mathrm{P}}, \varepsilon_j{}^{\mathrm{P}}) = 0$
また

$\mathrm{V}(\widehat{\beta_1}) = \dfrac{\sigma^2}{\sum\limits_{j=1}^{N}\left(x_j - \dfrac{1}{N}\sum\limits_{k=1}^{N} x_k\right)^2}$

$\mathrm{Cov}(\widehat{\beta_1}, \varepsilon_i) = \mathrm{Cov}\left(\beta_1 + \dfrac{\sum\limits_{j=1}^{N}\left(x_j - \dfrac{1}{N}\sum\limits_{k=1}^{N} x_k\right)\varepsilon_j}{\sum\limits_{j=1}^{N}\left(x_j - \dfrac{1}{N}\sum\limits_{k=1}^{N} x_k\right)^2}, \varepsilon_i\right)$

$\qquad\qquad = \mathrm{Cov}(\beta_1, \varepsilon_i) + \mathrm{Cov}\left(\dfrac{\sum\limits_{j=1}^{N}\left(x_j - \dfrac{1}{N}\sum\limits_{k=1}^{N} x_k\right)\varepsilon_j}{\sum\limits_{j=1}^{N}\left(x_j - \dfrac{1}{N}\sum\limits_{k=1}^{N} x_k\right)^2}, \varepsilon_i\right)$

$$= \mathrm{Cov}\left(\dfrac{\sum\limits_{j=1}^{N}\left(x_j - \dfrac{1}{N}\sum\limits_{k=1}^{N}x_k\right)\varepsilon_j}{\sum\limits_{j=1}^{N}\left(x_j - \dfrac{1}{N}\sum\limits_{k=1}^{N}x_k\right)^2},\ \varepsilon_i \right) = \dfrac{\left(x_i - \dfrac{1}{N}\sum\limits_{k=1}^{N}x_k\right)\mathrm{Cov}(\varepsilon_i,\ \varepsilon_i)}{\sum\limits_{j=1}^{N}\left(x_j - \dfrac{1}{N}\sum\limits_{k=1}^{N}x_k\right)^2}$$

$$= \dfrac{\left(x_i - \dfrac{1}{N}\sum\limits_{k=1}^{N}x_k\right)\mathrm{V}(\varepsilon_i)}{\sum\limits_{j=1}^{N}\left(x_j - \dfrac{1}{N}\sum\limits_{k=1}^{N}x_k\right)^2} = \dfrac{\left(x_i - \dfrac{1}{N}\sum\limits_{k=1}^{N}x_k\right)\sigma^2}{\sum\limits_{j=1}^{N}\left(x_j - \dfrac{1}{N}\sum\limits_{k=1}^{N}x_k\right)^2}$$

$$\mathrm{Cov}\left(\widehat{\beta}_1,\ \sum_{j=1}^{N}\varepsilon_j\right) = \sum_{j=1}^{N}\mathrm{Cov}(\widehat{\beta}_1,\ \varepsilon_j) = \sum_{j=1}^{N}\dfrac{\left(x_j - \dfrac{1}{N}\sum\limits_{k=1}^{N}x_k\right)\sigma^2}{\sum\limits_{l=1}^{N}\left(x_l - \dfrac{1}{N}\sum\limits_{k=1}^{N}x_k\right)^2} = 0$$

よって　　$\mathrm{Cov}(\widehat{\beta}_1,\ \widehat{\varepsilon}_i) = 0$

また，同様にして

$$\mathrm{Cov}(\widehat{\beta}_0,\ \widehat{\varepsilon}_i) = \mathrm{Cov}\left(\beta_0 + \dfrac{1}{N}\left\{\sum_{j=1}^{N}\varepsilon_j - (\widehat{\beta}_1 - \beta_1)\sum_{j=1}^{N}x_j\right\},\ \widehat{\varepsilon}_i\right)$$

$$= \mathrm{Cov}(\beta_0,\ \widehat{\varepsilon}_i) + \mathrm{Cov}\left(\dfrac{1}{N}\sum_{j=1}^{N}\varepsilon_j,\ \widehat{\varepsilon}_i\right) + \mathrm{Cov}\left(\dfrac{1}{N}(\beta_1 - \widehat{\beta}_1)\sum_{j=1}^{N}x_j,\ \widehat{\varepsilon}_i\right)$$

$$= \mathrm{Cov}\left(\dfrac{1}{N}\sum_{j=1}^{N}\varepsilon_j,\ \widehat{\varepsilon}_i\right) + \dfrac{1}{N}\sum_{j=1}^{N}x_j\mathrm{Cov}(\beta_1,\ \widehat{\varepsilon}_i) - \dfrac{1}{N}\sum_{j=1}^{N}x_j\mathrm{Cov}(\widehat{\beta}_1,\ \widehat{\varepsilon}_i)$$

$$= \mathrm{Cov}\left(\dfrac{1}{N}\sum_{j=1}^{N}\varepsilon_j,\ (\beta_1 - \widehat{\beta}_1)\left(x_i - \dfrac{1}{N}\sum_{j=1}^{N}x_j\right) + \varepsilon_i - \dfrac{1}{N}\sum_{j=1}^{N}\varepsilon_j\right)$$
$$- \dfrac{1}{N}\sum_{j=1}^{N}x_j\mathrm{Cov}(\widehat{\beta}_1,\ \widehat{\varepsilon}_i)$$

$$= \left(x_i - \dfrac{1}{N}\sum_{j=1}^{N}x_j\right)\mathrm{Cov}\left(\dfrac{1}{N}\sum_{j=1}^{N}\varepsilon_j,\ \beta_1 - \widehat{\beta}_1\right) + \mathrm{Cov}\left(\dfrac{1}{N}\sum_{j=1}^{N}\varepsilon_j,\ \varepsilon_i\right)$$
$$- \mathrm{Cov}\left(\dfrac{1}{N}\sum_{j=1}^{N}\varepsilon_j,\ \dfrac{1}{N}\sum_{j=1}^{N}\varepsilon_j\right)$$

$$= \left(x_i - \dfrac{1}{N}\sum_{j=1}^{N}x_j\right)\mathrm{Cov}\left(\dfrac{1}{N}\sum_{j=1}^{N}\varepsilon_j,\ \beta_1\right) - \left(x_i - \dfrac{1}{N}\sum_{j=1}^{N}x_j\right)\mathrm{Cov}\left(\dfrac{1}{N}\sum_{j=1}^{N}\varepsilon_j,\ \widehat{\beta}_1\right)$$
$$+ \mathrm{Cov}\left(\dfrac{1}{N}\sum_{j=1}^{N}\varepsilon_j,\ \varepsilon_i\right) - \mathrm{V}\left(\dfrac{1}{N}\sum_{j=1}^{N}\varepsilon_j\right)$$

$$= \dfrac{1}{N}\mathrm{Cov}(\varepsilon_i,\ \varepsilon_i) - \sum_{j=1}^{N}\dfrac{1}{N^2}\mathrm{V}(\varepsilon_j) = \dfrac{1}{N}\mathrm{V}(\varepsilon_i) - \sum_{j=1}^{N}\dfrac{1}{N^2}\mathrm{V}(\varepsilon_j)$$

$$= \dfrac{\sigma^2}{N} - \dfrac{1}{N^2}\cdot N\sigma^2 = 0$$

よって，パラメータ β_0, β_1 の最小 2 乗推定量 $\widehat{\beta}_0$, $\widehat{\beta}_1$ と $\widehat{\varepsilon}_i$ は互いに独立である $(i=1,\ 2,\ \cdots\cdots,\ N)$。 ∎

基本 例題157 最も効率的な不偏な推定量 ★☆☆

X, Y を，平均 $\mu(\neq0)$，分散 σ^2 の母集団から抽出した標本とし，X, Y は互いに独立で，ともに母集団分布に従うとする。

(1) $\alpha\in\mathrm{R}$, $\beta\in\mathrm{R}$ に対して，$\alpha X+\beta Y$ が μ の不偏な推定量であるための必要十分条件を求めよ。

(2) $\alpha X+\beta Y$ の形で表される μ の不偏な推定量のうち，最も効率的であるものを求めよ。

指針 (1) $\alpha X+\beta Y$ が μ の不偏な推定量であるとは，$\alpha X+\beta Y$ の期待値が μ となるということである。
(2) (1)で求めた条件下で，$\alpha X+\beta Y$ の分散が最小となるような定数 α, β の値を求める。

解答 (1) $\mathrm{E}(\cdot)$ を期待値を表す記号とすると，$\alpha X+\beta Y$ が μ の不偏な推定量であるための必要十分条件は　$\mathrm{E}(\alpha X+\beta Y)=\mu$

ここで　$\mathrm{E}(\alpha X+\beta Y)=\alpha\mathrm{E}(X)+\beta\mathrm{E}(Y)=\alpha\mu+\beta\mu=(\alpha+\beta)\mu$

よって　$(\alpha+\beta)\mu=\mu$

$\mu\neq0$ であるから　$\boldsymbol{\alpha+\beta=1}$

(2) $\mathrm{V}(\cdot)$ を分散を表す記号，$\mathrm{Cov}(\cdot,\cdot)$ を共分散を表す記号とする。

X, Y は互いに独立であるから　$\mathrm{Cov}(X, Y)=0$

よって　$\mathrm{V}(\alpha X+\beta Y)=\alpha^2\mathrm{V}(X)+\beta^2\mathrm{V}(Y)+2\alpha\beta\mathrm{Cov}(X, Y)$
$$=\alpha^2\sigma^2+\beta^2\sigma^2=(\alpha^2+\beta^2)\sigma^2$$

ゆえに，$\alpha+\beta=1$ のもとで，$\alpha^2+\beta^2$ の最小値を求める。

$$\alpha^2+\beta^2=\alpha^2+(1-\alpha)^2=2\alpha^2-2\alpha+1=2\left(\alpha-\frac{1}{2}\right)^2+\frac{1}{2}$$

$\alpha=\dfrac{1}{2}$, $\alpha+\beta=1$ すなわち $\alpha=\dfrac{1}{2}$, $\beta=\dfrac{1}{2}$ のとき $\alpha^2+\beta^2$ は最小値 $\dfrac{1}{2}$ をとる。

したがって，求める不偏な推定量は　$\dfrac{1}{2}X+\dfrac{1}{2}Y$

基本 例題 **158**　母平均の推定 1　　　　　　　　　　　★☆☆

次のデータは，あるスマートフォンのバッテリーの駆動時間を同一条件下で 4 回調べたものを並べたものである。

$$24.0,\ 27.0,\ 24.5,\ 26.5\quad (単位は時間)$$

このスマートフォンのバッテリーの駆動時間の平均値を，信頼度 95 % で推定せよ。ただし，このスマートフォンのバッテリーの駆動時間は，その条件下で標準偏差 2.5 時間の正規分布に従うとする。

指針　母平均を m とすると，標本平均は $\mathrm{N}\left(m,\ \dfrac{2.5^2}{4}\right)$ に従う。

解答　このスマートフォンのバッテリーの駆動時間を X として，標本の平均値を $\overline{X}$ とすると

$$\overline{X}=\frac{1}{4}(24.0+27.0+24.5+26.5)=25.5$$

このスマートフォンのバッテリーの駆動時間は正規分布に従うから，母平均を m とすると

$$\overline{X}\sim\mathrm{N}\left(m,\ \frac{2.5^2}{4}\right)$$

よって，母平均に対する信頼度 95 % の信頼区間は

$$\left[25.5-1.96\frac{2.5}{\sqrt{4}},\ 25.5+1.96\frac{2.5}{\sqrt{4}}\right]$$

すなわち　　**[23.05, 27.95]**　ただし，単位は　時間

補足　**正規分布表**

Z を確率変数とし，確率変数 Z の分布が $Z\sim\mathrm{N}(0,\ 1)$ で定められるとする。確率変数 Z の確率密度関数を $f_Z(z)$ とすると，$f_Z(z)=\dfrac{1}{\sqrt{2\pi}}\mathrm{e}^{-\frac{z^2}{2}}$ である $p(u)=P(0\leqq Z\leqq u)$ とすると，$p(u)=\displaystyle\int_0^u f_Z(z)dz$ であり，種々の u の値に対する $p(u)$ の値を表にまとめたものが正規分布表（207 ページ）である。

基本 例題159 母比率の推定 ★☆☆

(1) 硬貨を100回投げたところ，表が60回出た。これを無作為標本として，この硬貨を投げて表が出る確率を信頼度95 % で推定せよ。

(2) あるさいころを投げるとき，1の目が出る確率は $\dfrac{1}{6}$ であると予想されている。このさいころを投げて1の目が出る確率が，信頼度95 % で信頼区間の幅が10 % 未満になるように推定したい。何回以上さいころを投げればよいか求めよ。

指針 高校で学んだ母比率の推定を用いて考えよう。

解答 (1) 標本比率を R とすると $R = \dfrac{60}{100} = \dfrac{3}{5}$

よって $\sqrt{\dfrac{R(1-R)}{100}} = \sqrt{\dfrac{1}{100} \cdot \dfrac{3}{5} \cdot \dfrac{2}{5}} = \dfrac{\sqrt{6}}{50}$

したがって，この硬貨を投げて表が出る確率に対する信頼度95 % の信頼区間は

$$\left[\dfrac{3}{5} - 1.96 \cdot \dfrac{\sqrt{6}}{50}, \ \dfrac{3}{5} + 1.96 \cdot \dfrac{\sqrt{6}}{50}\right]$$

すなわち $\left[\dfrac{750 - 49\sqrt{6}}{1250}, \ \dfrac{750 + 49\sqrt{6}}{1250}\right]$

(2) 標本比率を R，標本の大きさを n 回とすると，信頼度95 % の信頼区間の幅は

$$2 \cdot 1.96\sqrt{\dfrac{R(1-R)}{n}} = 3.92\sqrt{\dfrac{R(1-R)}{n}}$$

信頼区間の幅を10 % 未満とすると $3.92\sqrt{\dfrac{R(1-R)}{n}} < 0.1$

標本比率 R は1の目が出る確率で，$R = \dfrac{1}{6}$ とみなしてよいから

$$3.92\sqrt{\dfrac{1}{6n}\left(1 - \dfrac{1}{6}\right)} < 0.1$$

よって $\sqrt{n} > \dfrac{98\sqrt{5}}{15}$

両辺を2乗して $n > \dfrac{9604}{45} = 213.42\cdots\cdots$

この不等式を満たす最小の自然数 n は $n = 214$

したがって，**214回以上** さいころを投げればよい。

演 習 編

基本例題 126 (2) において，t_0, t_1 を適当な実数として，

$\{S(t_0,\ t_1)\}^2 = \sum\limits_{i=1}^{N}(y_i - t_0 - t_1 x_i)^2$ とする。

(1) $N \sum\limits_{i=1}^{N} x_i y_i - \left(\sum\limits_{i=1}^{N} x_i\right)\left(\sum\limits_{i=1}^{N} y_i\right) = N \sum\limits_{i=1}^{N}\left(x_i - \dfrac{1}{N}\sum\limits_{j=1}^{N} x_j\right)\left(y_i - \dfrac{1}{N}\sum\limits_{j=1}^{N} y_j\right)$ が成り立つこと

を示せ。

(2) $N \sum\limits_{i=1}^{N} x_i{}^2 - \left(\sum\limits_{i=1}^{N} x_i\right)^2 = N \sum\limits_{i=1}^{N}\left(x_i - \dfrac{1}{N}\sum\limits_{j=1}^{N} x_j\right)^2$ が成り立つことを示せ。

(3) $\dfrac{\partial}{\partial t_0}\{S(t_0,\ t_1)\}^2 = -2\left(\sum\limits_{i=1}^{N} y_i - t_0 N - t_1 \sum\limits_{i=1}^{N} x_i\right)$ が成り立つことを示せ。

(4) $\dfrac{\partial}{\partial t_1}\{S(t_0,\ t_1)\}^2 = -2\left(\sum\limits_{i=1}^{N} x_i y_i - t_0 \sum\limits_{i=1}^{N} x_i - t_1 \sum\limits_{i=1}^{N} x_i{}^2\right)$ が成り立つことを示せ。

(5) 連立方程式 $\begin{cases} \dfrac{\partial}{\partial t_0}\{S(t_0,\ t_1)\}^2 = 0 \\ \dfrac{\partial}{\partial t_1}\{S(t_0,\ t_1)\}^2 = 0 \end{cases}$ を解き，$t_0 = \widehat{\beta}_0$, $t_1 = \widehat{\beta}_1$ とすることにより，

$\begin{cases} \widehat{\beta}_0 = \dfrac{1}{N}\sum\limits_{i=1}^{N} y_i - \widehat{\beta}_1 \cdot \dfrac{1}{N}\sum\limits_{i=1}^{N} x_i \\[4mm] \widehat{\beta}_1 = \dfrac{\sum\limits_{i=1}^{N}\left(x_i - \dfrac{1}{N}\sum\limits_{j=1}^{N} x_j\right)\left(y_i - \dfrac{1}{N}\sum\limits_{j=1}^{N} y_j\right)}{\sum\limits_{i=1}^{N}\left(x_i - \dfrac{1}{N}\sum\limits_{j=1}^{N} x_j\right)^2} \end{cases}$ が得られることを示せ。

指針 (1) 右辺を変形して左辺を導くとよい。
(2) (1) で示した等式において，$y_i = x_i$ とすると示すべき等式が得られる。

解答 (1) $N \sum\limits_{i=1}^{N}\left(x_i - \dfrac{1}{N}\sum\limits_{j=1}^{N} x_j\right)\left(y_i - \dfrac{1}{N}\sum\limits_{j=1}^{N} y_j\right)$

$= N \sum\limits_{i=1}^{N}\left\{x_i y_i - \dfrac{x_i}{N}\sum\limits_{j=1}^{N} y_j - \dfrac{y_i}{N}\sum\limits_{j=1}^{N} x_j + \dfrac{1}{N^2}\left(\sum\limits_{j=1}^{N} x_j\right)\left(\sum\limits_{j=1}^{N} y_j\right)\right\}$

$= N \sum\limits_{i=1}^{N} x_i y_i - \left(\sum\limits_{i=1}^{N} x_i\right)\left(\sum\limits_{j=1}^{N} y_j\right) - \left(\sum\limits_{j=1}^{N} x_j\right)\left(\sum\limits_{i=1}^{N} y_i\right) + \left(\sum\limits_{j=1}^{N} x_j\right)\left(\sum\limits_{j=1}^{N} y_j\right)$

$= N \sum\limits_{i=1}^{N} x_i y_i - \left(\sum\limits_{i=1}^{N} x_i\right)\left(\sum\limits_{i=1}^{N} y_i\right)$ ∎

(2) (1)において，$y_i = x_i$, $y_j = x_j$ とすると

$$N \sum_{i=1}^{N} x_i^2 - \left(\sum_{j=1}^{N} x_j \right)^2 = N \sum_{i=1}^{N} \left(x_i - \frac{1}{N} \sum_{j=1}^{N} x_j \right)^2$$

(3) $\displaystyle \frac{\partial}{\partial t_0} \{ S(t_0, \ t_1) \}^2 = \sum_{i=1}^{N} 2(y_i - t_0 - t_1 x_i) \cdot (-1)$

$$= -2 \sum_{i=1}^{N} (y_i - t_0 - t_1 x_i)$$

$$= -2 \left(\sum_{i=1}^{N} y_i - t_0 N - t_1 \sum_{i=1}^{N} x_i \right) \ \blacksquare$$

(4) $\displaystyle \frac{\partial}{\partial t_1} \{ S(t_0, \ t_1) \}^2 = \sum_{i=1}^{N} 2(y_i - t_0 - t_1 x_i) \cdot (-x_i)$

$$= -2 \sum_{i=1}^{N} (y_i - t_0 - t_1 x_i) x_i$$

$$= -2 \sum_{i=1}^{N} (x_i y_i - t_0 x_i - t_1 x_i^2)$$

$$= -2 \left(\sum_{i=1}^{N} x_i y_i - t_0 \sum_{i=1}^{N} x_i - t_1 \sum_{i=1}^{N} x_i^2 \right) \ \blacksquare$$

(5) (3)から，$\displaystyle \frac{\partial}{\partial t_0} \{ S(t_0, \ t_1) \}^2 = 0$ より　　　$\displaystyle \sum_{i=1}^{N} y_i - t_0 N - t_1 \sum_{i=1}^{N} x_i = 0$　　……①

(4)から，$\displaystyle \frac{\partial}{\partial t_1} \{ S(t_0, \ t_1) \}^2 = 0$ より　　　$\displaystyle \sum_{i=1}^{N} x_i y_i - t_0 \sum_{i=1}^{N} x_i - t_1 \sum_{i=1}^{N} x_i^2 = 0$　　……②

$\displaystyle ① \times \left(\sum_{i=1}^{N} x_i \right) - ② \times N$ から　　$\displaystyle \left(\sum_{i=1}^{N} x_i \right) \left(\sum_{i=1}^{N} y_i \right) - t_1 \left(\sum_{i=1}^{N} x_i \right)^2 - N \sum_{i=1}^{N} x_i y_i + t_1 N \sum_{i=1}^{N} x_i^2 = 0$

ゆえに　　　$\displaystyle \left\{ N \sum_{i=1}^{N} x_i^2 - \left(\sum_{i=1}^{N} x_i \right)^2 \right\} t_1 = N \sum_{i=1}^{N} x_i y_i - \left(\sum_{i=1}^{N} x_i \right) \left(\sum_{i=1}^{N} y_i \right)$

(1), (2)から　　$\displaystyle \left\{ N \sum_{i=1}^{N} \left(x_i - \frac{1}{N} \sum_{j=1}^{N} x_j \right)^2 \right\} t_1 = N \sum_{i=1}^{N} \left(x_i - \frac{1}{N} \sum_{j=1}^{N} x_j \right) \left(y_i - \frac{1}{N} \sum_{j=1}^{N} y_j \right)$

したがって　　$\displaystyle t_1 = \frac{\displaystyle \sum_{i=1}^{N} \left(x_i - \frac{1}{N} \sum_{j=1}^{N} x_j \right) \left(y_i - \frac{1}{N} \sum_{j=1}^{N} y_j \right)}{\displaystyle \sum_{i=1}^{N} \left(x_i - \frac{1}{N} \sum_{j=1}^{N} x_j \right)^2}$

また，①から　　$\displaystyle t_0 = \frac{1}{N} \sum_{i=1}^{N} y_i - t_1 \cdot \frac{1}{N} \sum_{i=1}^{N} x_i$

以上から　　$\displaystyle \begin{cases} \hat{\beta}_0 = \dfrac{1}{N} \sum_{i=1}^{N} y_i - \hat{\beta}_1 \cdot \dfrac{1}{N} \sum_{i=1}^{N} x_i \\[4mm] \hat{\beta}_1 = \dfrac{\displaystyle \sum_{i=1}^{N} \left(x_i - \frac{1}{N} \sum_{j=1}^{N} x_j \right) \left(y_i - \frac{1}{N} \sum_{j=1}^{N} y_j \right)}{\displaystyle \sum_{i=1}^{N} \left(x_i - \frac{1}{N} \sum_{j=1}^{N} x_j \right)^2} \end{cases}$ $\blacksquare$

重要　例題**029**　均質モデルの推定量　★★★

次は大きさ $N\,(\geqq 2)$ のデータである。

$$y_1,\ y_2,\ \cdots\cdots,\ y_N$$

観測値 y_i の背後にある確率変数を Y_i とし，その期待値を μ_i^{P} とする $(i=1,\ 2,\ \cdots\cdots,\ N)$。未知のパラメータを μ^{P} として，上のデータに対して，次の均質モデルを当てはめる。

$$\mu_i^{\mathrm{P}}=\mu^{\mathrm{P}} \quad (i=1,\ 2,\ \cdots\cdots,\ N)$$

また，$\varepsilon_i=Y_i-\mu_i^{\mathrm{P}}\ (i=1,\ 2,\ \cdots\cdots,\ N)$ とするとき，$\varepsilon_1,\ \varepsilon_2,\ \cdots\cdots,\ \varepsilon_N$ が互いに独立に，分散が σ^2 の同じ正規分布に従うと仮定する。このような仮定のもとで，最尤法と呼ばれる推定の方法による，$\varepsilon_1,\ \varepsilon_2,\ \cdots\cdots,\ \varepsilon_N$ の分散 σ^2 の推定量を $\tilde{\sigma}^2$ とすると，$\tilde{\sigma}^2=\dfrac{1}{N}\sum\limits_{i=1}^{N}\left(Y_i-\dfrac{1}{N}\sum\limits_{j=1}^{N}Y_j\right)^2$ であることが知られている。

(1) $\tilde{\sigma}^2$ の期待値を，$\sigma^2,\ N$ を用いて表せ。

(2) $\tilde{\sigma}_{ub}{}^2$ を σ^2 の別の推定量として，$\tilde{\sigma}_{ub}{}^2=\dfrac{1}{N-1}\sum\limits_{i=1}^{N}\left(Y_i-\dfrac{1}{N}\sum\limits_{j=1}^{N}Y_j\right)^2$ とするとき，$\tilde{\sigma}_{ub}$ の期待値が真の値 σ^2 に一致することを示せ。

指針 (1) 誤差の期待値は 0 であることを利用する。

(2) (1)で求めた $\tilde{\sigma}^2$ の期待値を $\dfrac{N}{N-1}$ 倍すれば，$\tilde{\sigma}_{ub}{}^2$ の期待値を計算できる。

解答 $\mathrm{E}(\cdot)$ を期待値を表す記号とする。

(1) $\varepsilon_1,\ \varepsilon_2,\ \cdots\cdots,\ \varepsilon_N$ は互いに独立であるから，$i\neq j$ のとき ε_i と ε_j は無相関である。

よって，$i\neq j$ のとき　$\mathrm{E}(\varepsilon_i\varepsilon_j)=\mathrm{Cov}(\varepsilon_i,\ \varepsilon_j)+\mathrm{E}(\varepsilon_i)\mathrm{E}(\varepsilon_j)=0$

ゆえに

$$\mathrm{E}(\tilde{\sigma}^2)=\mathrm{E}\left(\frac{1}{N}\sum_{i=1}^{N}\left(Y_i-\frac{1}{N}\sum_{j=1}^{N}Y_j\right)^2\right)$$

$$=\frac{1}{N}\mathrm{E}\left(\sum_{i=1}^{N}\left\{Y_i-\mu^{\mathrm{P}}+\mu^{\mathrm{P}}-\frac{1}{N}\sum_{j=1}^{N}Y_j\right\}^2\right)=\frac{1}{N}\mathrm{E}\left(\sum_{i=1}^{N}\left(\varepsilon_i-\frac{1}{N}\sum_{j=1}^{N}\varepsilon_j\right)^2\right)$$

$$=\frac{1}{N}\sum_{i=1}^{N}\mathrm{E}\left(\left(\varepsilon_i-\frac{1}{N}\sum_{j=1}^{N}\varepsilon_j\right)^2\right)=\frac{1}{N}\sum_{i=1}^{N}\mathrm{E}\left(\varepsilon_i{}^2-\frac{2\varepsilon_i}{N}\sum_{j=1}^{N}\varepsilon_j+\frac{1}{N^2}\left(\sum_{j=1}^{N}\varepsilon_j\right)^2\right)$$

$$=\frac{1}{N}\sum_{i=1}^{N}\left\{\mathrm{E}(\varepsilon_i{}^2)-\frac{2}{N}\mathrm{E}(\varepsilon_i{}^2)+\frac{1}{N^2}\sum_{j=1}^{N}\mathrm{E}(\varepsilon_j{}^2)\right\}=\frac{1}{N}\sum_{i=1}^{N}\left(\sigma^2-\frac{2}{N}\sigma^2+\frac{1}{N^2}\cdot N\sigma^2\right)$$

$$=\frac{1}{N}\sum_{i=1}^{N}\left(\sigma^2-\frac{\sigma^2}{N}\right)=\left(1-\frac{1}{N}\right)\sigma^2$$

(2) (1) から

$$\mathrm{E}(\tilde{\sigma}_{ub}{}^2)=\mathrm{E}\left(\frac{1}{N-1}\sum_{i=1}^{N}\left(Y_i-\frac{1}{N}\sum_{j=1}^{N}Y_j\right)^2\right)=\mathrm{E}\left(\frac{N}{N-1}\cdot\frac{1}{N}\sum_{i=1}^{N}\left(Y_i-\frac{1}{N}\sum_{j=1}^{N}Y_j\right)^2\right)$$

$$=\frac{N}{N-1}\mathrm{E}(\tilde{\sigma}^2)=\frac{N}{N-1}\left(1-\frac{1}{N}\right)\sigma^2=\sigma^2 \quad ■$$

重要　例題 030　標本平均と正規分布　★☆☆

ある弁当屋のライスの重さは，平均 250 g，標準偏差 3 g の正規分布に従う。ライスを 4 個買って，その重さの平均が次のようになる確率を求めよ。

(1) 248.5 g 以下　　　　　　　(2) 248.5 g より重く 253 g 以下

指針 弁当屋のライスの重さを X とすると，$X \sim \mathrm{N}(250, 3^2)$ であるから，標本平均を $\overline{X}$ とすると，$\overline{X} \sim \mathrm{N}\left(250, \dfrac{3^2}{4}\right)$ である。$Z=\dfrac{\overline{X}-250}{\frac{3}{2}}$ として，標準化して考える。

解答 弁当屋のライスの重さを X とすると　　$X \sim \mathrm{N}(250, 3^2)$

よって，標本平均を $\overline{X}$ とすると　　$\overline{X} \sim \mathrm{N}\left(250, \dfrac{3^2}{4}\right)$

ゆえに，$Z=\dfrac{\overline{X}-250}{\frac{3}{2}}$ とすると　　$Z \sim \mathrm{N}(0, 1)$

(1) $P(\overline{X} \leqq 248.5)=P\left(Z \leqq \dfrac{2}{3}(248.5-250)\right)=P(Z \leqq -1)$

$\qquad =0.5-p(1)=0.5-0.3413=\mathbf{0.1587}$

(2) $P(248.5<\overline{X} \leqq 253)=P\left(\dfrac{2}{3}(248.5-250)<Z \leqq \dfrac{2}{3}(253-250)\right)=P(-1<Z \leqq 2)$

$\qquad =p(1)+p(2)=0.3413+0.4772=\mathbf{0.8185}$

重要／ 例題**031** 　母平均の推定 2　　　　　　　　　　　　★★☆

ある井戸水のマグネシウムの含有量を 49 回測定したところ，平均値は 1.50 mg/L
であった。この井戸水のマグネシウムの含有量の平均値を信頼度 95 % で推定せよ。
ただし，この井戸水のマグネシウムの含有量は正規分布に従い，標準偏差は
5.00×10^{-1} mg/L である。

指針 基本例題 158 と同様に考える。

解答 この井戸水のマグネシウムの含有量を X として，その平均値を μ mg/L とすると

$$X \sim \mathrm{N}(\mu, \ (5.00 \times 10^{-1})^2)$$

標本の平均値を $\overline{X}$ とすると　　$\overline{X} \sim \mathrm{N}\left(\mu, \ \dfrac{(5.00 \times 10^{-1})^2}{49}\right)$

よって，母平均に対する信頼度 95 % の信頼区間は

$$\left[1.50 - 1.96 \cdot \frac{5.00 \times 10^{-1}}{\sqrt{49}}, \ 1.50 + 1.96 \cdot \frac{5.00 \times 10^{-1}}{\sqrt{49}}\right]$$

すなわち　　**[1.36, 1.64]**　ただし，単位は　**mg/L**

▌例題一覧

1　2 標本 t 検定

| 基本 | 例題160 | 2 標本 t 検定（p 値の利用） | ★☆☆ |

大きさ N^{A} の数値データ A，大きさ N^{B} の数値データ B について考える。

$$\mathrm{A} : y_1{}^{\mathrm{A}},\ y_2{}^{\mathrm{A}},\ \cdots\cdots,\ y_{N^{\mathrm{A}}}{}^{\mathrm{A}} \qquad \mathrm{B} : y_1{}^{\mathrm{B}},\ y_2{}^{\mathrm{B}},\ \cdots\cdots,\ y_{N^{\mathrm{B}}}{}^{\mathrm{B}}$$

$\mu^{\mathrm{A}},\ \mu^{\mathrm{B}}$ を未知のパラメータとして，次のように均質モデルを考える。ただし，$e_i{}^{\mathrm{A}}\ (i=1,\ 2,\ \cdots\cdots,\ N^{\mathrm{A}}),\ e_j{}^{\mathrm{B}}\ (j=1,\ 2,\ \cdots\cdots,\ N^{\mathrm{B}})$ は実現誤差である。

$$y_i{}^{\mathrm{A}}=\mu^{\mathrm{A}}+e_i{}^{\mathrm{A}}\ (i=1,\ 2,\ \cdots\cdots,\ N^{\mathrm{A}}),\ y_j{}^{\mathrm{B}}=\mu^{\mathrm{B}}+e_j{}^{\mathrm{B}}\ (j=1,\ 2,\ \cdots\cdots,\ N^{\mathrm{B}})$$

私たちの興味が，$\mu^{\mathrm{A}}=\mu^{\mathrm{B}}$ なのか $\mu^{\mathrm{A}}<\mu^{\mathrm{B}}$ なのかにあるとする。

[1]　帰無仮説を H_0，対立仮説を H_1 として，これらを次のように定める。

$$\mathrm{H}_0 : \mu^{\mathrm{A}}=\mu^{\mathrm{B}} \qquad\qquad \mathrm{H}_1 : \mu^{\mathrm{A}}<\mu^{\mathrm{B}}$$

[2]　t を検定統計量の実現値（t 値）として，

$$t=\frac{\dfrac{1}{N^{\mathrm{B}}}\sum_{t=1}^{N^{\mathrm{B}}}y_t{}^{\mathrm{B}}-\dfrac{1}{N^{\mathrm{A}}}\sum_{s=1}^{N^{\mathrm{A}}}y_s{}^{\mathrm{A}}}{\sqrt{\dfrac{\sum\limits_{i=1}^{N^{\mathrm{A}}}\left(y_i{}^{\mathrm{A}}-\dfrac{1}{N^{\mathrm{A}}}\sum\limits_{s=1}^{N^{\mathrm{A}}}y_s{}^{\mathrm{A}}\right)^2+\sum\limits_{j=1}^{N^{\mathrm{B}}}\left(y_j{}^{\mathrm{B}}-\dfrac{1}{N^{\mathrm{B}}}\sum\limits_{t=1}^{N^{\mathrm{B}}}y_t{}^{\mathrm{B}}\right)^2}{N^{\mathrm{A}}+N^{\mathrm{B}}-2}\left(\dfrac{1}{N^{\mathrm{A}}}+\dfrac{1}{N^{\mathrm{B}}}\right)}}$$ とし，これを

計算する。

[3]　f_0 を自由度 $N_{\mathrm{A}}+N_{\mathrm{B}}-2$ の t 分布の確率密度関数として，$p_r=\displaystyle\int_t^{\infty}f_0(v)\mathrm{d}v$ とし，これを計算する。

[4]　α を有意水準とするとき，$p_r<\alpha$ ならば，帰無仮説 H_0 を有意水準 α で棄却する。

帰無仮説が棄却できるかどうかの判断を，上の手順によって行うことができる理由を答えよ。

指針　基本例題 072 から，$f_0(v)\geqq0$ であることを念頭におく。

解答　$f_0(v)\geqq0$ であるから，積分値 $\displaystyle\int_t^{\infty}f_0(v)\mathrm{d}v$ の値の大小関係により，p_r の大小関係が定まるため。

補足　[3] で計算した p_r を右側検定の p 値と呼ぶ。

基本 例題161 第Ⅰ種の過誤の確率と有意水準 ★☆☆

統計的仮説検定の第Ⅰ種の過誤の確率とその有意水準は常に等しいことを示せ。

指針 統計的仮説検定の手順を考える。

用語 有意水準

統計的仮説検定で帰無仮説を棄却できるかどうかを判断するために定める，「珍しい」といえるほど小さい確率を **有意水準** という。

用語 第Ⅰ種の過誤とその確率

帰無仮説が正しいにも関わらず，統計的仮説検定の結果によりこれを棄却してしまうことを **第Ⅰ種の過誤** という。

また，帰無仮説が正しいという仮定のもとで，帰無仮説を棄却してしまう確率を **第Ⅰ種の過誤の確率** という。

解答 有意水準を α とし，帰無仮説が正しいと仮定する。

このとき，帰無仮説が（誤って）棄却される確率は α である。

よって，第Ⅰ種の過誤の確率は α であるから，統計的仮説検定の第Ⅰ種の過誤の確率とその有意水準は常に等しい。

参考 第Ⅰ種とは逆の過誤もありうる。

用語 第Ⅱ種の過誤とその確率

帰無仮説が正しくないにも関わらず，統計的仮説検定の結果によりこれを棄却できないことを **第Ⅱ種の過誤** という。

また，ある対立仮説が正しいという仮定のもとで，帰無仮説を棄却できない確率が計算できる場合，その確率を **第Ⅱ種の過誤の確率** という。

詳しくは『数研講座シリーズ　大学教養　統計学』の 313, 314 ページを参照。

2 単回帰モデルの t 検定

大きさ N^A の数値データ A，大きさ N^B の数値データ B について考える。

$$A : y_1{}^A,\ y_2{}^A,\ \cdots\cdots,\ y_{N^A}{}^A \qquad B : y_1{}^B,\ y_2{}^B,\ \cdots\cdots,\ y_{N^B}{}^B$$

これらのデータをつなげて次のようにする。

$$y_1{}^A,\ y_2{}^A,\ \cdots\cdots,\ y_{N^A}{}^A,\ y_1{}^B,\ y_2{}^B,\ \cdots\cdots,\ y_{N^B}{}^B$$

$N=N^A+N^B$ として，このデータを次のように表記する。

$$y_1,\ y_2,\ \cdots\cdots,\ y_N$$

このとき，$y_i=\begin{cases} y_i & (i=1,\ 2,\ \cdots\cdots,\ N^A) \\ y_{(i-N^A)B} & (i=N^A+1,\ N^A+2,\ \cdots\cdots,\ N) \end{cases}$ である。このつなげたデータに対して，$y_i=\beta_0+\beta_1 d_i+e_i\ (i=1,\ 2,\ \cdots\cdots,\ N)$ のような単回帰モデルを考える。ただし，$\beta_0,\ \beta_1$ は未知のパラメータで，e_i は観測値 y_i の実現誤差であり，d_i は次で定められる変数である。

$$d_i=\begin{cases} 0 & (i=1,\ 2,\ \cdots\cdots,\ N^A) \\ 1 & (i=N^A+1,\ N^A+2,\ \cdots\cdots,\ N) \end{cases}$$

最小 2 乗法により，未知のパラメータ $\beta_0,\ \beta_1$ の推定値をそれぞれ $\widehat{\beta_0},\ \widehat{\beta_1}$ とすると，次のようになる。

$$\begin{cases} \widehat{\beta_0}=\dfrac{1}{N}\sum_{i=1}^{N} y_i-\widehat{\beta_1}\cdot\dfrac{1}{N}\sum_{i=1}^{N} d_i \\ \widehat{\beta_1}=\dfrac{\sum_{i=1}^{N}\left(d_i-\dfrac{1}{N}\sum_{j=1}^{N} d_j\right)\left(y_i-\dfrac{1}{N}\sum_{j=1}^{N} y_j\right)}{\sum_{i=1}^{N}\left(d_i-\dfrac{1}{N}\sum_{j=1}^{N} d_j\right)^2} \end{cases}$$

このとき，この 2 式の右辺を変形すると，次の 2 式が得られることを示せ。

$$\begin{cases} \widehat{\beta_0}=\dfrac{1}{N^A}\sum_{i=1}^{N^A} y_i{}^A \\ \widehat{\beta_1}=\dfrac{1}{N^B}\sum_{j=1}^{N^B} y_j{}^B-\dfrac{1}{N^A}\sum_{i=1}^{N^A} y_i{}^A \end{cases}$$

指針 $\displaystyle\sum_{i=1}^{N}d_i=\sum_{j=1}^{N}d_j=N^{\mathrm{B}},\ \ \sum_{i=1}^{N}d_i{}^2=N^{\mathrm{B}},\ \ \sum_{i=1}^{N}y_i=\sum_{i=1}^{N^{\mathrm{A}}}y_i{}^{\mathrm{A}}+\sum_{j=1}^{N^{\mathrm{B}}}y_j{}^{\mathrm{B}},\ \ N^{\mathrm{A}}+N^{\mathrm{B}}=N$ であることを用いて変形
していく。

解答 $\displaystyle\widehat{\beta}_1=\frac{\sum\limits_{i=1}^{N}\left(d_i-\dfrac{1}{N}\sum\limits_{j=1}^{N}d_j\right)\left(y_i-\dfrac{1}{N}\sum\limits_{j=1}^{N}y_j\right)}{\sum\limits_{i=1}^{N}\left(d_i-\dfrac{1}{N}\sum\limits_{j=1}^{N}d_j\right)^2}$

$\displaystyle=\frac{\sum\limits_{i=1}^{N}\left(d_i-\dfrac{N^{\mathrm{B}}}{N}\right)\left(y_i-\dfrac{1}{N}\sum\limits_{j=1}^{N}y_j\right)}{\sum\limits_{i=1}^{N}\left(d_i-\dfrac{N^{\mathrm{B}}}{N}\right)^2}$

$\displaystyle=\frac{\sum\limits_{i=1}^{N}\left(d_iy_i-\dfrac{d_i}{N}\sum\limits_{j=1}^{N}y_j-\dfrac{N^{\mathrm{B}}}{N}y_i+\dfrac{N^{\mathrm{B}}}{N^2}\sum\limits_{j=1}^{N}y_j\right)}{\sum\limits_{i=1}^{N}\left\{d_i{}^2-2\dfrac{N^{\mathrm{B}}}{N}d_i+\dfrac{(N^{\mathrm{B}})^2}{N^2}\right\}}$

$\displaystyle=\frac{\sum\limits_{j=1}^{N^{\mathrm{B}}}y_j{}^{\mathrm{B}}-\dfrac{N^{\mathrm{B}}}{N}\sum\limits_{j=1}^{N}y_j-\dfrac{N^{\mathrm{B}}}{N}\sum\limits_{i=1}^{N}y_i+\dfrac{N^{\mathrm{B}}}{N}\sum\limits_{j=1}^{N}y_j}{N^{\mathrm{B}}-2\dfrac{(N^{B})^2}{N}+\dfrac{(N^{\mathrm{B}})^2}{N}}$

$\displaystyle=\frac{\dfrac{1}{N^{\mathrm{B}}}\sum\limits_{j=1}^{N^{\mathrm{B}}}y_j{}^{\mathrm{B}}-\dfrac{1}{N}\sum\limits_{i=1}^{N}y_i}{1-\dfrac{N^{\mathrm{B}}}{N}}=\frac{\dfrac{1}{N^{\mathrm{B}}}\sum\limits_{j=1}^{N^{\mathrm{B}}}y_j{}^{\mathrm{B}}-\dfrac{1}{N}\left(\sum\limits_{i=1}^{N^{\mathrm{A}}}y_i{}^{\mathrm{A}}+\sum\limits_{j=1}^{N^{\mathrm{B}}}y_j{}^{\mathrm{B}}\right)}{\dfrac{N-N^{\mathrm{B}}}{N}}$

$\displaystyle=\frac{\left(\dfrac{1}{N^{\mathrm{B}}}-\dfrac{1}{N}\right)\sum\limits_{j=1}^{N^{\mathrm{B}}}y_j{}^{\mathrm{B}}-\dfrac{1}{N}\sum\limits_{i=1}^{N^{\mathrm{A}}}y_i{}^{\mathrm{A}}}{\dfrac{N-N^{\mathrm{B}}}{N}}=\frac{\dfrac{N-N^{\mathrm{B}}}{N^{\mathrm{B}}N}\sum\limits_{j=1}^{N^{\mathrm{B}}}y_j{}^{\mathrm{B}}-\dfrac{1}{N}\sum\limits_{i=1}^{N^{\mathrm{A}}}y_i{}^{\mathrm{A}}}{\dfrac{N-N^{\mathrm{B}}}{N}}$

$\displaystyle=\frac{\dfrac{N^{\mathrm{A}}}{N^{\mathrm{B}}}\sum\limits_{j=1}^{N^{\mathrm{B}}}y_j{}^{\mathrm{B}}-\sum\limits_{i=1}^{N^{\mathrm{A}}}y_i{}^{\mathrm{A}}}{N^{\mathrm{A}}}=\frac{1}{N^{\mathrm{B}}}\sum\limits_{j=1}^{N^{\mathrm{B}}}y_j{}^{\mathrm{B}}-\frac{1}{N^{\mathrm{A}}}\sum\limits_{i=1}^{N^{\mathrm{A}}}y_i{}^{\mathrm{A}}$

$\displaystyle\widehat{\beta}_0=\frac{1}{N}\sum\limits_{i=1}^{N}y_i-\widehat{\beta}_1\cdot\frac{1}{N}\sum\limits_{i=1}^{N}d_i=\frac{1}{N}\left\{\left(\sum\limits_{i=1}^{N^{\mathrm{A}}}y_i{}^{\mathrm{A}}+\sum\limits_{j=1}^{N^{\mathrm{B}}}y_j{}^{\mathrm{B}}\right)-\left(\frac{1}{N^{\mathrm{B}}}\sum\limits_{j=1}^{N^{\mathrm{B}}}y_j{}^{\mathrm{B}}-\frac{1}{N^{\mathrm{A}}}\sum\limits_{i=1}^{N^{\mathrm{A}}}y_i{}^{\mathrm{A}}\right)N^{\mathrm{B}}\right\}$

$\displaystyle=\frac{1}{N}\left(1+\frac{N^{\mathrm{B}}}{N^{\mathrm{A}}}\right)\sum\limits_{i=1}^{N^{\mathrm{A}}}y_i{}^{\mathrm{A}}=\frac{N^{\mathrm{A}}+N^{\mathrm{B}}}{NN^{\mathrm{A}}}\sum\limits_{i=1}^{N^{\mathrm{A}}}y_i{}^{\mathrm{A}}$

$\displaystyle=\frac{N}{NN^{\mathrm{A}}}\sum\limits_{i=1}^{N^{\mathrm{A}}}y_i{}^{\mathrm{A}}=\frac{1}{N^{\mathrm{A}}}\sum\limits_{i=1}^{N^{\mathrm{A}}}y_i{}^{\mathrm{A}}$ ■

補足 説明変数 d_i は **ダミー変数** と呼ばれる変数であり，線形モデルで利用される。

基本 例題163 二項分布についての検定 ★☆☆

ある菓子メーカーは，新しく考案した菓子を商品化する際の条件として，次の基準を設定している。

　基準：試食を実施し，「おいしくない」と回答した人の割合が 20 % 未満である。

この菓子メーカーがある菓子を考案し，400 人に対して試食を実施し，そのうちの 46 人が「おいしくない」と回答した。この菓子を商品化すべきと判断してよいか。有意水準 5 % で検定せよ。

指針 基準から，片側検定の問題である。正規分布表から棄却域を求め，標本から得られた確率変数の値が棄却域に入るかどうかで判断する。

解答 この菓子を「おいしくない」と回答する人の割合を p とする。

商品化すべきであるならば，$p<0.2$ である。

ここで，「この菓子を商品化すべきでない」という仮説を H_0 とすると　　$H_0 : p=0.2$

試食した 400 人のうち，「おいしくない」と回答する人数を X とするとき，仮説 H_0 が正しいとすると　　$X \sim B(400, 0.2)$

X の期待値は　　$400 \cdot 0.2 = 80$

X の標準偏差は　　$\sqrt{400 \cdot 0.2 \cdot (1-0.2)} = 8$

よって，$Z = \dfrac{X-80}{8}$ とすると，Z は近似的に標準正規分布 $N(0, 1)$ に従う。

正規分布表より $P(Z \leqq 1.64) \fallingdotseq 0.95$ であるから，有意水準 5 % の棄却域は　　$Z \leqq -1.64$

$X=46$ のとき $Z = \dfrac{46-80}{8} = -4.25$ であり，この値は棄却域に入るから，仮説 H_0 を棄却できる。

すなわち，菓子メーカーは **この菓子を商品化すべきと判断してよい**。

研究 解答中で出てきた二項分布は次のように考えることもできる。

まず，試食した 400 人に 1 から 400 まで番号を振る。そして，U_1, U_2, ……, U_{400} を確率変数とし，これらを次のように定める。

$$U_i = \begin{cases} 1 & (\text{番号 } i \text{ を振られた人が「おいしくない」と回答したとき}) \\ 0 & (\text{番号 } i \text{ を振られた人が「おいしくない」と回答しなかったとき}) \end{cases}$$
$$(i=1, 2, ……, 400)$$

試食した 400 人の全員は互いに独立に同じ確率で「おいしくない」と回答すると仮定して，その確率を p とすると　　$P(U_i=1)=p$, $P(U_i=0)=1-p$ $(i=1, 2, ……, 400)$

この確率変数 U_i が従う分布を **ベルヌーイ分布** という。

このとき　　$X = \sum_{i=1}^{400} U_i$

このように，ベルヌーイ分布に従う確率変数の和が従う分布が二項分布である。確率変数 X は，上の仮定のもとで互いに独立に同じ分布に従う確率変数の和であるから，中心極限定理により，400 を十分大きいと考えれば，X が従う分布は正規分布で近似することができる。

基本 例題164 幾何分布についての検定 ★☆☆

硬貨を投げ，表が初めて出るまでに裏が出る回数を数えた。32回調べたところ，平均は0.8回であった。この硬貨は表が出やすいと判断してよいか。有意水準5％で検定せよ。ただし，表が初めて出るまでに裏が出る回数は基本例題088で扱った分布に従うものとする。また，標本平均の正規分布での近似を用いてもよい。

指針 基本例題163と同様に片側検定の問題である。基本例題088で求めた結果を用いる。

解答 この硬貨の表が出る確率を p とすると，表が出やすいならば，$p>0.5$ である。
ここで，「この硬貨は表が出やすくない」という仮説を H_0 とすると $H_0: p=0.5$
32回調べたうち表が初めて出るまでに裏が出る回数を X，その標本平均を $\overline{X}$ とする。

ここで，X の期待値は $\dfrac{1}{1-p}=2$

また，X の分散は $\dfrac{1-(1-p)}{(1-p)^2}=\dfrac{p}{(1-p)^2}=2$

標本の大きさが十分大きいと考えると，仮説 H_0 が正しいとするとき，$\overline{X}$ は近似的に正規分布 $N\left(2, \dfrac{2}{32}\right)$ に従う。

$\dfrac{2}{32}=0.25^2$ であるから，$Z=\dfrac{\overline{X}-2}{0.25}$ とすると，Z は近似的に標準正規分布 $N(0, 1)$ に従う。

正規分布表より $P(Z\leqq1.64)\fallingdotseq0.95$ であるから，有意水準95％の棄却域は $Z\leqq-1.64$

$\overline{X}=0.8$ のとき $Z=\dfrac{0.8-2}{0.25}=-4.8$ であり，この値は棄却域に入るから，仮説 H_0 を棄却できる。

すなわち，この硬貨は **表が出やすいと判断してよい**。

研究 解答中で出てきた幾何分布は次のように考えることもできる。
まず，硬貨を投げるそれぞれの試行は互いに独立であり，表が出る確率はすべての場合に等しく p であると仮定する。ただし，p は未知のパラメータである。
硬貨を投げて，n 回連続で裏が出た後に $(n+1)$ 回目で初めて表が出る確率を考える。
n 回連続で裏が出る確率は $(1-p)^n$ であり，$(n+1)$ 回目に表が出る確率は p であるから
$$P(X=n)=(1-p)^n p$$
本例題では，このような試行を32回行い，その平均を考えるから，確率変数として，$X_1, X_2, \cdots\cdots, X_{32}$ を定めると $\overline{X}=\dfrac{1}{32}\displaystyle\sum_{i=1}^{32}X_i$

ここで，$\displaystyle\sum_{i=1}^{32}X_i$ が従う分布は負の二項分布と呼ばれる分布である。中心極限定理により，32を十分大きいと考えれば，$\overline{X}$ が従う分布は正規分布で近似することができる。

基本 例題165 一様分布についての検定 ★★☆

S町のバス停では，バスはある時間帯に12分ごとに発車するという。乗降客から
バスが発車するまでの待ち時間が長いというクレームがあった。そこで，発車時刻
を知らずにバス停に到着した48人のバスの待ち時間を調べたところ，平均7.2分
であった。バスは12分ごとに発車していると判断してよいか。有意水準5%で検
定せよ。ただし，バスが発車するまでの待ち時間は，乗降客がバス停に到着して
からバスが発車するまでの時間とし，この時間は基本例題120で扱った分布に従うも
のとする。

指針 両側検定の問題である。基本例題120で求めた結果を用いる。

解答 バスが発車してから次のバスが発車するまでの時間をL分とすると，バスが12分ごと
に発車していないならば，$L \neq 12$ である。
ここで，「バスは12分ごとに発車している」という仮説を H_0 とすると
$$H_0 : L = 12$$
乗降客がバス停に到着してからバスが発車するまでの時間をXとし，その標本平均を
$\overline{X}$ とする。

Xの期待値は $\dfrac{12+0}{2} = 6.0$

Xの分散は $\dfrac{(12-0)^2}{12} = 12$

標本の大きさが十分大きいと考えると，仮説 H_0 が正しいとするとき，$\overline{X}$ は近似的に
正規分布 $N\left(6.0, \dfrac{12}{48}\right)$ に従う。

$\dfrac{12}{48} = 0.5^2$ であるから，$Z = \dfrac{\overline{X}-6.0}{0.5}$ とすると，Zは近似的に標準正規分布 $N(0, 1)$ に
従う。
正規分布表より $P(-1.96 \leq Z \leq 1.96) \fallingdotseq 0.95$ であるから，有意水準5%の棄却域は
$$Z \leq -1.96, \quad 1.96 \leq Z$$
$X = 7.2$ のとき $Z = \dfrac{7.2-6.0}{0.5} = 2.4$ であり，この値は棄却域に入るから，仮説 H_0 を棄
却できる。
すなわち，**バスは12分ごとに発車しているとは判断できない。**

基本 例題**166** 指数分布についての検定 ★☆☆

土日祝日のある時間帯に，ある交差点の横断歩道を，自動車が通過してから次の自動車が通過するまでの時間間隔の平均は2分であるという。平日の同じ時間帯に400日間この時間間隔を調査したところ，平均1.8分であった。平日における時間間隔は土日祝日における時間間隔と異なると判断してよいか。有意水準5％で検定せよ。ただし，土日祝日における時間間隔は基本例題121で扱った分布に従うものとする。

指針 基本例題163，基本例題164と同様に片側検定の問題である。基本例題121で求めた結果を用いる。

解答 平日における時間間隔を X とし，その標本平均を $\overline{X}$ とする。

また，土日祝日における時間間隔を Y とし，確率変数 Y が従う確率分布を $\mathrm{E}\left(\dfrac{1}{2}\right)$ と表すこととする。

ここで，「平日における時間間隔が土日祝日における時間間隔と異ならない」という仮説を H_0 とすると $\qquad \mathrm{H}_0 : X \sim \mathrm{E}\left(\dfrac{1}{2}\right)$

ここで，Y の分散は $\qquad 2^2 = 4$

標本の大きさが十分大きいと考えると，仮説 H_0 が正しいとするとき，$\overline{X}$ は近似的に正規分布 $\mathrm{N}\left(2, \dfrac{4}{400}\right)$ に従う。

$\dfrac{4}{400} = 0.1^2$ であるから，$Z = \dfrac{\overline{X} - 2}{0.1}$ とすると，Z は近似的に標準正規分布 $\mathrm{N}(0, 1)$ に従う。

正規分布表より $P(Z \leqq 1.64) \fallingdotseq 0.95$ であるから，有意水準95％の棄却域は
$$Z \leqq -1.64$$

$\overline{X} = 1.8$ のとき $Z = \dfrac{1.8 - 2}{0.1} = -2$ であり，この値は棄却域に入るから，仮説 H_0 を棄却できる。

すなわち，**平日における時間間隔は土日祝日における時間間隔と異なると判断してよい**。

研究　本例題にて，考えた時間間隔が指数分布に従うと仮定したことの背景は次の通りである。

ある時刻を 0 として，次に自動車が横断歩道を通過するまでの時間を τ とする。

さらに，いつ自動車が横断歩道を通過しそうかについての情報はなく，どの瞬間も「自動車の横断歩道の通過しやすさ」は等しいと仮定する。この仮定のもとで，時刻 t までに自動車が横断歩道を通過しない確率を考える。

時刻 0 から時刻 t までを n 個の小区間に等分割する。仮定のもとでは，分割した小区間時間内に自動車が横断歩道を通過する確率は，小区間の幅に比例する。

よって，i 番目の小区間時間内に自動車が横断歩道を通過する確率は i によらず，λ を正の比例定数として $\dfrac{\lambda t}{n}$ で近似できる。これが厳密な値ではなく近似であるのは，1 つの小区間時間内に 2 台以上の自動車が横断歩道を通過するという事象を無視しているからである。なお，$n \longrightarrow \infty$ とすれば小区間の幅は（2 台以上の自動車が横断歩道を通過できないほど）小さくなり，$\dfrac{\lambda t}{n}$ を i 番目の小区間時間内に自動車が横断歩道を通過する厳密な確率と考えることができる。

よって，時刻 t までに自動車が横断歩道を通過しない確率は，すべての小区間時間内に自動車が横断歩道を通過しない確率 $\left(1 - \dfrac{\lambda t}{n}\right)^n$ で近似できる。

時刻 t までに最初の自動車が横断歩道を通過するという事象は，時刻 t までに最初の自動車が横断歩道を通過するという事象の余事象であるから

$$P(\tau \leqq t) \fallingdotseq 1 - \left(1 - \frac{\lambda t}{n}\right)^n$$

よって　　$P(\tau \leqq t) = \lim_{n \to \infty} \left\{ 1 - \left(1 - \dfrac{\lambda t}{n}\right)^n \right\}$

$-\dfrac{\lambda t}{n} = u$ とおくと

$$P(\tau \leqq t) = 1 - \lim_{n \to \infty} \left(1 - \frac{\lambda t}{n}\right)^n$$
$$= 1 - \lim_{u \to 0} \{(1+u)^{\frac{1}{u}}\}^{-\lambda t}$$
$$= 1 - e^{-\lambda t}$$

これは指数分布の分布関数である。

実際，基本例題 121 から

$$\int_{-\infty}^{t} f_X(\tau) d\tau = \int_{-\infty}^{0} f_X(\tau) d\tau + \int_{0}^{t} f_X(\tau) d\tau$$
$$= \int_{0}^{t} f_X(\tau) d\tau$$
$$= \int_{0}^{t} \lambda e^{-\lambda \tau} d\tau$$
$$= \left[-e^{-\lambda \tau} \right]_{0}^{t}$$
$$= 1 - e^{-\lambda \tau}$$

本例題では，このように指数分布に従う確率変数の 400 日間の平均を考えたが，指数分布に従う確率変数の和はガンマ分布と呼ばれる分布に従うことが知られている。

よって，確率変数の平均が従う分布を求めることは可能であるが，本例題では 400 を十分に大きいとして，中心極限定理により正規分布による近似を利用した。

また，ある一定時間内に横断歩道を通過する自動車の台数を考えてポアソン分布を導くこともできる。

時刻 0 から時刻 t までの間に k 台の自動車が横断歩道を通過する確率を考える。

先と同様に，時刻 0 から時刻 t までを n 個の小区間に等分割する。ただし，$0 \leqq k \leqq n$ とする。

i 番目の小区間時間内に自動車が横断歩道を通過する確率は $\dfrac{\lambda t}{n}$ で近似できるから，n 個ある小区間のうち k 個の小区間のみで自動車が横断歩道を通過する確率は，二項分布により

$$_n\mathrm{C}_k \left(\frac{\lambda t}{n}\right)^k \left(1-\frac{\lambda t}{n}\right)^{n-k} = \frac{n!}{k!(n-k)!}\left(\frac{\lambda t}{n}\right)^k\left(1-\frac{\lambda t}{n}\right)^{n-k}$$

で近似できる。

よって，時刻 0 から時刻 t までに横断歩道を通過する自動車の台数を W とすると

$$P(W=k) \fallingdotseq \frac{n!}{k!(n-k)!}\left(\frac{\lambda t}{n}\right)^k\left(1-\frac{\lambda t}{n}\right)^{n-k} \quad (k=0,\ 1,\ 2,\ \cdots\cdots,\ n)$$

1 つの小区間時間内に 2 台以上の自動車が横断歩道を通過するという事象を無視しているが，$n \longrightarrow \infty$ とすれば厳密な確率として次が得られる。

$$P(W=k) = \lim_{n\to\infty} \frac{n!}{k!(n-k)!}\left(\frac{\lambda t}{n}\right)^k\left(1-\frac{\lambda t}{n}\right)^{n-k}$$

$$= \lim_{n\to\infty} \frac{(\lambda t)^k}{k!} \cdot \frac{n!}{n^k(n-k)!}\left(1-\frac{\lambda t}{n}\right)^n\left(1-\frac{\lambda t}{n}\right)^{-k}$$

ここで　$\displaystyle\lim_{n\to\infty}\frac{n!}{n^k(n-k)!} = \lim_{n\to\infty} \frac{n}{n}\cdot\frac{n-1}{n}\cdots\cdots\cdot\frac{n-k+1}{n}$

$$= \lim_{n\to\infty} \frac{1}{1}\cdot\frac{1-\dfrac{1}{n}}{1}\cdots\cdots\cdot\frac{1-\dfrac{k-1}{n}}{1} = 1$$

また　$\displaystyle\lim_{n\to\infty}\left(1-\frac{\lambda t}{n}\right)^{-k} = 1$

よって　$P(W=k) = \dfrac{(\lambda t)^k}{k!}\cdot 1 \cdot \mathrm{e}^{-\lambda t}\cdot 1$

$$= \frac{\mathrm{e}^{-\lambda t}(\lambda t)^k}{k!} \quad (k=0,\ 1,\ 2,\ \cdots\cdots)$$

これは基本例題 089 で与えられたものに一致している。

演　習　編

重要　例題 **032**　統計的仮説検定 1　　　　　　　　　　　　★★☆

2 つの標本から大きさ 6 のデータ A と大きさ 2 のデータ B が得られたとする。

　A：2，4，6，4，5，3　　　　　　　　　B：0，2

データ A の各変量について，順に

$y_1{}^A=2$，$y_2{}^A=4$，$y_3{}^A=6$，$y_4{}^A=4$，$y_5{}^A=5$，$y_6{}^A=3$ とし，データ B の各変量につい

て，順に $y_1{}^B=0$，$y_2{}^B=2$ とする。μ^A，μ^B を未知のパラメータとして，次のように

均質モデルを考える。

　A：$y_i{}^A=\mu^A+e_i{}^A$　$(i=1,2,3,4,5,6)$　　　B：$y_j{}^B=\mu^B+e_j{}^B$　$(j=1,2)$

ただし，$e_i{}^A$ $(i=1,2,3,4,5,6)$，$e_j{}^B$ $(j=1,2)$ は実現誤差であり，これらは互

いに独立に，分散が σ^2 の同じ正規分布に従うとする。

次に，$Y_i{}^A$ を変量 $y_i{}^A$ の背後にある確率変数とし $(i=1,2,3,4,5,6)$，$Y_j{}^B$ を変

量 $y_j{}^B$ の背後にある確率変数とする $(j=1,2)$。また，確率変数 $Y_i{}^A$ の期待値の推

定量を $\hat{\mu}_i$ $(i=1,2,3,4,5,6)$，確率変数 $Y_j{}^B$ の期待値の推定量を $\hat{\mu}_j$ $(j=1,2)$

とする。そして，パラメータ μ^A，μ^B の推定量を $\hat{\mu}^A$，$\hat{\mu}^B$ とし，推定値を $\hat{\mu}^A(\omega)$，

$\hat{\mu}^B(\omega)$ とする。さらに，$\hat{\varepsilon}_i=Y_i{}^A-\hat{\mu}_i$ $(i=1,2,3,4,5,6)$，$\hat{\varepsilon}_j=Y_j{}^B-\hat{\mu}_j$ $(j=1,2)$

とする。このとき，帰無仮説を H_0，対立仮説を H_1 として，これらを次のように

定める。

　　　　　$H_0：\mu^A=\mu^B$　　　　　　　　　　$H_1：\mu^A>\mu^B$

(1)　$\hat{\mu}^A(\omega)$，$\hat{\mu}^B(\omega)$ を求めよ。

(2)　確率変数 $\hat{\mu}^A-\hat{\mu}^B$ が従う分布を，μ^A，μ^B，σ^2 を用いて答えよ。

(3)　確率変数 $\dfrac{\hat{\mu}^A-\hat{\mu}^B}{\sqrt{\left(\dfrac{1}{6}+\dfrac{1}{2}\right)\sigma^2}}$ が従う分布を，μ^A，μ^B，σ^2 を用いて答えよ。

(4)　$\hat{e}_i{}^A=y_i{}^A-\dfrac{1}{6}\sum_{s=1}^{6}y_s{}^A$ $(i=1,2,3,4,5,6)$，$\hat{e}_j{}^A=y_j{}^A-\dfrac{1}{2}\sum_{t=1}^{2}y_t{}^B$ $(j=1,2)$ とす

　　るとき，これらをそれぞれ求めよ。

(5)　確率変数 $\dfrac{\displaystyle\sum_{i=1}^{6}(\hat{\varepsilon}_i{}^A)^2}{\sigma^2}+\dfrac{\displaystyle\sum_{j=1}^{2}(\hat{\varepsilon}_j{}^B)^2}{\sigma^2}$ が従う分布を答えよ。

(6)　確率変数 $\dfrac{\widehat{\mu}^{\mathrm{A}}-\widehat{\mu}^{\mathrm{B}}}{\sqrt{\left(\dfrac{1}{6}+\dfrac{1}{2}\right)\sigma^2}\sqrt{\dfrac{1}{6+2-2}\left\{\dfrac{\sum\limits_{i=1}^{6}(\widehat{\varepsilon_i}^{\mathrm{A}})^2}{\sigma^2}+\dfrac{\sum\limits_{j=1}^{2}(\widehat{\varepsilon_j}^{\mathrm{B}})^2}{\sigma^2}\right\}}}$ が従う分布を，

帰無仮説と対立仮説のもとでそれぞれ答えよ。

(7)　(6)で考えた確率変数の実現値を求めよ。

(8)　(6)で考えた確率変数が帰無仮説のもとで従う分布の右側 0.1 －分位数は 1.44，
右側 0.05 －分位数は 1.94，右側 0.01 －分位数は 3.14 であるとする。このとき，
10 ％，5 ％，1 ％のうち，帰無仮説はどの有意水準で棄却できるか答えよ。

指針

(1)　$\widehat{\mu}_{\mathrm{A}}=\dfrac{1}{6}\sum\limits_{i=1}^{6}y_i{}^{\mathrm{A}}$，$\widehat{\mu}_{\mathrm{B}}=\dfrac{1}{2}\sum\limits_{j=1}^{2}y_j{}^{\mathrm{B}}$ であることを利用する。

(3)　与えられた確率変数は，(2)の確率変数をその標準偏差で割ったものである。

(8)　(7)で求めた確率変数の実現値と与えられた右側分位数の大小関係を調べる。

解答

(1)　$\widehat{\mu}^{\mathrm{A}}(\omega)=\dfrac{1}{6}\sum\limits_{i=1}^{6}y_i{}^{\mathrm{A}}=\dfrac{1}{6}(2+4+6+4+5+3)=4$，$\widehat{\mu}^{\mathrm{B}}(\omega)=\dfrac{1}{2}\sum\limits_{j=1}^{2}y_j{}^{\mathrm{B}}=\dfrac{1}{2}(0+2)=1$

(2)　$\widehat{\mu}^{\mathrm{A}}\sim\mathrm{N}\left(\mu^{\mathrm{A}},\ \dfrac{\sigma^2}{6}\right)$，$\widehat{\mu}^{\mathrm{B}}\sim\mathrm{N}\left(\mu^{\mathrm{B}},\ \dfrac{\sigma^2}{2}\right)$ であり，$\widehat{\mu}^{\mathrm{A}}$，$\widehat{\mu}^{\mathrm{B}}$ は互いに独立であるから，

正規分布の再生性により，与えられた確率変数が従う分布は

$$\mathrm{N}\left(\mu^{\mathrm{A}}-\mu^{\mathrm{B}},\ 1^2\cdot\dfrac{\sigma^2}{6}+(-1)^2\cdot\dfrac{\sigma^2}{2}\right)\qquad\text{すなわち}\qquad \mathbf{N}\left(\boldsymbol{\mu^{\mathrm{A}}-\mu^{\mathrm{B}},\ \dfrac{2}{3}\sigma^2}\right)$$

(3)　(2)から，与えられた確率変数が従う分布は　$\mathbf{N}\left(\dfrac{\boldsymbol{\mu^{\mathrm{A}}-\mu^{\mathrm{B}}}}{\sqrt{\dfrac{2}{3}\sigma^2}},\ \mathbf{1}\right)$

(4)　$\widehat{e_1}{}^{\mathrm{A}}=2-4=-2$，$\widehat{e_2}{}^{\mathrm{A}}=4-4=0$，$\widehat{e_3}{}^{\mathrm{A}}=6-4=2$，

　　$\widehat{e_4}{}^{\mathrm{A}}=4-4=0$，$\widehat{e_5}{}^{\mathrm{A}}=5-4=1$，$\widehat{e_6}{}^{\mathrm{A}}=3-4=-1$

　　$\widehat{e_1}{}^{\mathrm{B}}=0-1=-1$，$\widehat{e_2}{}^{\mathrm{B}}=2-1=1$

(5)　確率変数 $\dfrac{\sum\limits_{i=1}^{6}(\widehat{\varepsilon_i}^{\mathrm{A}})^2}{\sigma^2}$ が従う分布は自由度 $5(=6-1)$ の χ^2 分布であり，確率変数

$\dfrac{\sum\limits_{j=1}^{2}(\widehat{\varepsilon_j}^{\mathrm{B}})^2}{\sigma^2}$ が従う分布は自由度 $1(=2-1)$ の χ^2 分布である。

これらは互いに独立であるから，与えられた確率変数が従う分布は

自由度 6 の χ^2 分布 である。

(6)　帰無仮説のもとで，与えられた確率変数が従う分布は **自由度 6 の t 分布** である。
対立仮説のもとで，与えられた確率変数が従う分布は **自由度 6，非心パラメータ**

$\dfrac{\boldsymbol{\mu^{\mathrm{A}}-\mu^{\mathrm{B}}}}{\sqrt{\dfrac{2}{3}\sigma^2}}$ **の非心 t 分布** である。

(7) $\dfrac{4-1}{\sqrt{\left(\dfrac{1}{6}+\dfrac{1}{2}\right)\sigma^2}\sqrt{\dfrac{1}{6+2-2}\left\{\dfrac{(-2)^2+0^2+2^2+0^2+1^2+(-1)^2}{\sigma^2}+\dfrac{(-1)^2+1^2}{\sigma^2}\right\}}}=\dfrac{3\sqrt{3}}{2}$

(8) $1.44<1.94<\dfrac{3\sqrt{3}}{2}<3.14$ であるから，帰無仮説が棄却できる有意水準は

10 %，5 %

重要 例題 **033** 統計的仮説検定2 　　　　　★★☆

2つの変量 x, y をもつ数値データが右のように与えられたとする。
$x_1=1$, $x_2=3$, $x_3=5$, $y_1=0$, $y_2=2$, $y_3=7$ とし，与えられたデー
タに，変量 x を説明変数，変量 y を被説明変数とする次のような
単回帰モデルを考える。

番号	1	2	3
x	1	3	5
y	0	2	7

$$y_i=\beta_0+\beta_1 x_i+e_i \quad (i=1,\ 2,\ 3)$$

ただし，β_0, β_1 は未知のパラメータであり，e_i $(i=1,\ 2,\ 3)$ は実現誤差である。
また，未知のパラメータ β_0, β_1 の推定値を $\widehat{\beta_0}(\omega)$, $\widehat{\beta_1}(\omega)$ とする。さらに，誤差
を ε_1, ε_2, ε_3 とし，これらが互いに独立に，期待値が 0，分散が σ^2 の同じ正規分
布に従うとする。

このとき，帰無仮説を H_0，対立仮説を H_1 として，これらを次のように定める。

$$H_0：\beta_1=0 \qquad\qquad H_1：\beta_1>0$$

(1) $x_i-\dfrac{1}{3}\sum_{j=1}^{3}x_j$, $y_i-\dfrac{1}{3}\sum_{j=1}^{3}y_j$ $(i=1,\ 2,\ 3)$ および

$\displaystyle\sum_{i=1}^{3}\left(x_i-\dfrac{1}{3}\sum_{j=1}^{3}x_j\right)\left(y_i-\dfrac{1}{3}\sum_{j=1}^{3}y_j\right)$, $\displaystyle\sum_{i=1}^{3}\left(x_i-\dfrac{1}{3}\sum_{j=1}^{3}x_j\right)^2$ を求めよ。

(2) 与えられたデータの散布図をかき，$\left(\dfrac{1}{3}\sum_{j=1}^{3}x_j,\ \dfrac{1}{3}\sum_{j=1}^{3}y_j\right)$ と回帰直線

$y=\widehat{\beta_0}(\omega)+\widehat{\beta_1}(\omega)x$ をかき入れよ。

(3) 未知のパラメータ β_1 の推定量を $\widehat{\beta_1}$ とするとき，$\widehat{\beta_1}$ が従う分布を，β_1, σ^2 を
用いて答えよ。

(4) $\widehat{e_i}=y_i-\widehat{\beta_0}(\omega)-\widehat{\beta_1}(\omega)x_i$ $(i=1,\ 2,\ 3)$ とするとき，これらを求めよ。また，
$\displaystyle\sum_{i=1}^{3}\widehat{e_i}^2$ を求めよ。

(5) 確率変数としての残差を $\widehat{\varepsilon_i}$ $(i=1,\ 2,\ 3)$ とするとき，確率変数 $\dfrac{\displaystyle\sum_{i=1}^{3}\widehat{\varepsilon_i}^2}{\sigma^2}$ が従う

χ^2 分布の自由度を求めよ。

(6) (3) の $\widehat{\beta}_1$ と (5) の $\widehat{\varepsilon}_i$ $(i=1,\ 2,\ 3)$ について，確率変数

$$\frac{\widehat{\beta}_1}{\sqrt{\dfrac{\sigma^2}{\sum\limits_{i=3}^{3}\left(x_i-\dfrac{1}{3}\sum\limits_{j=1}^{3} x_j\right)^2}\cdot\dfrac{\sum\limits_{i=1}^{3}\widehat{\varepsilon}_i{}^2}{\sigma^2(3-2)}}}$$ が従う確率分布を答えよ。また，この確率変数

の実現値を求めよ。

(7) (6) で考えた確率変数が帰無仮説のもとで従う分布の右側 0.1－分位数は 3.08，
右側 0.05－分位数は 6.31，右側 0.01－分位数は 31.82 であるとする。このとき，
10 %，5 %，1 % のうち，帰無仮説はどの有意水準で棄却できるか答えよ。

指針

(2) $\widehat{\beta}_0(\omega)$，$\widehat{\beta}_1(\omega)$ は，$\widehat{\beta}_1(\omega)=\dfrac{\sum\limits_{i=1}^{3}\left(x_i-\dfrac{1}{3}\sum\limits_{j=1}^{3} x_j\right)\left(y_i-\dfrac{1}{3}\sum\limits_{j=1}^{3} y_j\right)}{\sum\limits_{i=1}^{3}\left(x_i-\dfrac{1}{3}\sum\limits_{j=1}^{3} x_j\right)^2}$，

$\widehat{\beta}_0(\omega)=\dfrac{1}{3}\sum\limits_{j=1}^{3} y_j-\widehat{\beta}_1(\omega)\cdot\dfrac{1}{3}\sum\limits_{j=1}^{3} x_j$ により求められる。

(3) $\widehat{\beta}_1$ は，$\widehat{\beta}_1=\beta_1+\dfrac{\sum\limits_{i=1}^{3}\left(x_i-\dfrac{1}{3}\sum\limits_{j=1}^{3} x_j\right)\varepsilon_i}{\sum\limits_{i=1}^{3}\left(x_i-\dfrac{1}{3}\sum\limits_{j=1}^{3} x_j\right)^2}$ により表される。

(7) (6) で求めた確率変数の実現値と与えられた右側分位数の大小関係を調べる。

解答

(1) $\dfrac{1}{3}\sum\limits_{j=1}^{3} x_j=\dfrac{1}{3}(1+3+5)=\mathbf{3}$，$\dfrac{1}{3}\sum\limits_{j=1}^{3} y_j=\dfrac{1}{3}(0+2+7)=\mathbf{3}$

よって

$x_1-\dfrac{1}{3}\sum\limits_{j=1}^{3} x_j=1-3=\mathbf{-2}$，$x_2-\dfrac{1}{3}\sum\limits_{j=1}^{3} x_j=3-3=\mathbf{0}$，$x_3-\dfrac{1}{3}\sum\limits_{j=1}^{3} x_j=5-3=\mathbf{2}$

$y_1-\dfrac{1}{3}\sum\limits_{j=1}^{3} y_j=0-3=\mathbf{-3}$，$y_2-\dfrac{1}{3}\sum\limits_{j=1}^{3} y_j=2-3=\mathbf{-1}$，$y_3-\dfrac{1}{3}\sum\limits_{j=1}^{3} y_j=7-3=\mathbf{4}$

$\sum\limits_{i=1}^{3}\left(x_i-\dfrac{1}{3}\sum\limits_{j=1}^{3} x_j\right)\left(y_i-\dfrac{1}{3}\sum\limits_{j=1}^{3} y_j\right)=(-2)\cdot(-3)+0\cdot(-1)+2\cdot 4=\mathbf{14}$

$\sum\limits_{i=1}^{3}\left(x_i-\dfrac{1}{3}\sum\limits_{j=1}^{3} x_j\right)^2=(-2)^2+0^2+2^2=\mathbf{8}$

(2) $\widehat{\beta}_1(\omega)=\dfrac{\sum\limits_{i=1}^{3}\left(x_i-\dfrac{1}{3}\sum\limits_{j=1}^{3} x_j\right)\left(y_i-\dfrac{1}{3}\sum\limits_{j=1}^{3} y_j\right)}{\sum\limits_{i=1}^{3}\left(x_i-\dfrac{1}{3}\sum\limits_{j=1}^{3} x_j\right)^2}=\dfrac{14}{8}=\dfrac{7}{4}$

$\widehat{\beta}_0(\omega)=\dfrac{1}{3}\sum\limits_{j=1}^{3} y_j-\widehat{\beta}_1(\omega)\cdot\dfrac{1}{3}\sum\limits_{j=1}^{3} x_j=3-\dfrac{7}{4}\cdot 3=-\dfrac{9}{4}$

これより，右の図のようになる。

ただし，$\left(\dfrac{1}{3}\sum\limits_{j=1}^{3} x_j,\ \dfrac{1}{3}\sum\limits_{j=1}^{3} y_j\right)$ は白丸でかき入れた。

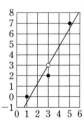

(3) $\widehat{\beta}_1=\beta_1+\dfrac{\sum\limits_{i=1}^{3}\left(x_i-\dfrac{1}{3}\sum\limits_{j=1}^{3}x_j\right)\varepsilon_i}{\sum\limits_{i=1}^{3}\left(x_i-\dfrac{1}{3}\sum\limits_{j=1}^{3}x_j\right)^2}=\beta_1+\dfrac{1}{8}\{(-2)\cdot\varepsilon_1+0\cdot\varepsilon_2+2\cdot\varepsilon_3\}=\beta_1+\dfrac{-\varepsilon_1+\varepsilon_3}{4}$

正規分布の再生性により，$\widehat{\beta}_1$ が従う分布は

$$\mathrm{N}\left(\beta_1,\ \left(-\dfrac{1}{4}\right)^2\sigma^2+\left(\dfrac{1}{4}\right)^2\sigma^2\right)\qquad\text{すなわち}\qquad\mathrm{N}\left(\beta_1,\ \dfrac{\sigma^2}{8}\right)$$

(4) $\widehat{e}_1=y_1-\widehat{\beta}_0(\omega)-\widehat{\beta}_1(\omega)x_1=0-\left(-\dfrac{9}{4}\right)-\dfrac{7}{4}\cdot1=\dfrac{1}{2}$

$\widehat{e}_2=y_2-\widehat{\beta}_0(\omega)-\widehat{\beta}_2(\omega)x_2=2-\left(-\dfrac{9}{4}\right)-\dfrac{7}{4}\cdot3=-1$

$\widehat{e}_3=y_3-\widehat{\beta}_0(\omega)-\widehat{\beta}_3(\omega)x_3=7-\left(-\dfrac{9}{4}\right)-\dfrac{7}{4}\cdot5=\dfrac{1}{2}$

また $\sum\limits_{i=1}^{3}\widehat{e}_i{}^2=\left(\dfrac{1}{2}\right)^2+(-1)^2+\left(\dfrac{1}{2}\right)^2=\dfrac{3}{2}$

(5) $3-2=\mathbf{1}$

(6) (5)から，与えられた確率変数が従う分布は **自由度 1 の t 分布**

また，この確率変数の実現値は $\dfrac{\dfrac{7}{4}}{\sqrt{\dfrac{\sigma^2}{8}\cdot\dfrac{\dfrac{3}{2}}{\sigma^2\cdot1}}}=\dfrac{7\sqrt{3}}{3}$

(7) $3.08<\dfrac{7\sqrt{3}}{3}<6.31<31.82$ であるから，帰無仮説が棄却できる有意水準は

10 %

重要 例題 **034** 統計的仮説検定 3 ★★☆

2000 年の A 市の 15 歳男子の平均身長は 167.7 cm，標準偏差 6.0 cm であった。20XX 年に A 市の 15 歳男子全員から 100 人の標本を無作為に抽出し，平均身長を求めると 168.8 cm であった。ただし，20XX 年の A 市の 15 歳男子の身長は正規分布に従うとし，15 歳男子の身長の標準偏差は XX 年間で変わっていないものとする。

(1) 20XX 年の A 市の 15 歳男子の平均身長は 2000 年の A 市の 15 歳男子の平均身長と等しいと判断してよいか。有意水準 5 % で検定せよ。

(2) 20XX 年の A 市の 15 歳男子の平均身長は 2000 年の A 市の 15 歳男子の平均身長と比べて高くないと判断してよいか。有意水準 5 % で検定せよ。

指針 正規分布表から棄却域を求め，標本から得られた確率変数の値が棄却域に入るかどうかで判断する。
(1) 「等しいと判断してよいか」とあるから，両側検定の問題である。
(2) 「高くないと判断してよいか」とあるから，片側検定の問題である。

解答 20XX 年のA市の 15 歳男子の身長を Y，その標本平均を $\overline{Y}$ とし，20XX 年のA市の 15 歳男子の平均身長を μ とする。

(1) 20XX 年のA市の 15 歳男子の平均身長が 2000 年のA市の 15 歳男子の平均身長と等しくないならば，$\mu \neq 167.7$ である。

ここで，「20XX 年のA市の 15 歳男子の平均身長が 2000 年のA市の 15 歳男子の平均身長と等しい」という仮説を H_0 とすると

$$H_0 : \mu = 167.7$$

仮説 H_0 が正しいとすると　$Y \sim N(167.7,\ 6.0^2)$

よって　$\overline{Y} \sim N\left(167.7,\ \dfrac{6.0^2}{100}\right)$

$Z = \dfrac{\overline{Y} - 167.7}{\sqrt{\dfrac{6.0^2}{100}}}$ とすると　$Z \sim N(0,\ 1)$

正規分布表より $P(-1.96 \leq Z \leq 1.96) \fallingdotseq 0.95$ であるから，有意水準 5% の棄却域は
$$Z \leq -1.96,\ 1.96 \leq Z$$

$Y = 168.8$ のとき $Z = \dfrac{11}{6}$ であり，この値は棄却域に入らないから，仮説 H_0 を棄却できない。

すなわち，**20XX 年のA市の 15 歳男子の平均身長が 2000 年のA市の 15 歳男子の平均身長と等しくないとは判断できない。**

(2) 20XX 年のA市の 15 歳男子の平均身長が 2000 年のA市の 15 歳男子の平均身長と比べて高いならば，$\mu > 167.7$ である。

ここで，「20XX 年のA市の 15 歳男子の平均身長が 2000 年のA市の 15 歳男子の平均身長と比べて高くない」という仮説として，(1) と同じ H_0 を考える。

仮説 H_0 が正しいとすると，(1)で定めた Z について　$Z \sim N(0,\ 1)$

正規分布表より $P(Z \leq 1.64) \fallingdotseq 0.95$ であるから，有意水準 5% の棄却域は　$Z \geq 1.64$

$Y = 168.8$ のとき $Z = \dfrac{11}{6}$ であり，この値は棄却域に入るから，仮説 H_0 を棄却できる。

すなわち，**20XX 年のA市の 15 歳男子の平均身長が 2000 年のA市の 15 歳男子の平均と比べて高いと判断してよい。**

索　引

正 規 分 布 表

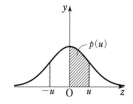

u	.00	.01	.02	.03	.04	.05	.06	.07	.08	.09
0.0	0.0000	0.0040	0.0080	0.0120	0.0160	0.0199	0.0239	0.0279	0.0319	0.0359
0.1	0.0398	0.0438	0.0478	0.0517	0.0557	0.0596	0.0636	0.0675	0.0714	0.0753
0.2	0.0793	0.0832	0.0871	0.0910	0.0948	0.0987	0.1026	0.1064	0.1103	0.1141
0.3	0.1179	0.1217	0.1255	0.1293	0.1331	0.1368	0.1406	0.1443	0.1480	0.1517
0.4	0.1554	0.1591	0.1628	0.1664	0.1700	0.1736	0.1772	0.1808	0.1844	0.1879
0.5	0.1915	0.1950	0.1985	0.2019	0.2054	0.2088	0.2123	0.2157	0.2190	0.2224
0.6	0.2257	0.2291	0.2324	0.2357	0.2389	0.2422	0.2454	0.2486	0.2517	0.2549
0.7	0.2580	0.2611	0.2642	0.2673	0.2704	0.2734	0.2764	0.2794	0.2823	0.2852
0.8	0.2881	0.2910	0.2939	0.2967	0.2995	0.3023	0.3051	0.3078	0.3106	0.3133
0.9	0.3159	0.3186	0.3212	0.3238	0.3264	0.3289	0.3315	0.3340	0.3365	0.3389
1.0	0.3413	0.3438	0.3461	0.3485	0.3508	0.3531	0.3554	0.3577	0.3599	0.3621
1.1	0.3643	0.3665	0.3686	0.3708	0.3729	0.3749	0.3770	0.3790	0.3810	0.3830
1.2	0.3849	0.3869	0.3888	0.3907	0.3925	0.3944	0.3962	0.3980	0.3997	0.4015
1.3	0.4032	0.4049	0.4066	0.4082	0.4099	0.4115	0.4131	0.4147	0.4162	0.4177
1.4	0.4192	0.4207	0.4222	0.4236	0.4251	0.4265	0.4279	0.4292	0.4306	0.4319
1.5	0.4332	0.4345	0.4357	0.4370	0.4382	0.4394	0.4406	0.4418	0.4429	0.4441
1.6	0.4452	0.4463	0.4474	0.4484	0.4495	0.4505	0.4515	0.4525	0.4535	0.4545
1.7	0.4554	0.4564	0.4573	0.4582	0.4591	0.4599	0.4608	0.4616	0.4625	0.4633
1.8	0.4641	0.4649	0.4656	0.4664	0.4671	0.4678	0.4686	0.4693	0.4699	0.4706
1.9	0.4713	0.4719	0.4726	0.4732	0.4738	0.4744	0.4750	0.4756	0.4761	0.4767
2.0	0.4772	0.4778	0.4783	0.4788	0.4793	0.4798	0.4803	0.4808	0.4812	0.4817
2.1	0.4821	0.4826	0.4830	0.4834	0.4838	0.4842	0.4846	0.4850	0.4854	0.4857
2.2	0.4861	0.4864	0.4868	0.4871	0.4875	0.4878	0.4881	0.4884	0.4887	0.4890
2.3	0.4893	0.4896	0.4898	0.4901	0.4904	0.4906	0.4909	0.4911	0.4913	0.4916
2.4	0.4918	0.4920	0.4922	0.4925	0.4927	0.4929	0.4931	0.4932	0.4934	0.4936
2.5	0.4938	0.4940	0.4941	0.4943	0.4945	0.4946	0.4948	0.4949	0.4951	0.4952
2.6	0.49534	0.49547	0.49560	0.49573	0.49585	0.49598	0.49609	0.49621	0.49632	0.49643
2.7	0.49653	0.49664	0.49674	0.49683	0.49693	0.49702	0.49711	0.49720	0.49728	0.49736
2.8	0.49744	0.49752	0.49760	0.49767	0.49774	0.49781	0.49788	0.49795	0.49801	0.49807
2.9	0.49813	0.49819	0.49825	0.49831	0.49836	0.49841	0.49846	0.49851	0.49856	0.49861
3.0	0.49865	0.49869	0.49874	0.49878	0.49882	0.49886	0.49889	0.49893	0.49897	0.49900

第 1 刷　2023 年 12 月 1 日　発行
第 2 刷　2024 年 5 月 1 日　発行

●カバーデザイン　株式会社麒麟三隻館

ISBN978-4-410-15520-8

監　修　丸茂幸平
編　著　数研出版編集部
発行者　星野　泰也

発行所　数研出版株式会社

〒101-0052　東京都千代田区神田小川町 2 丁目 3 番地 3
　　　　　〔振替〕00140-4-118431

〒604-0861　京都市中京区烏丸通竹屋町上る大倉町205番地
　　　　　〔電話〕代表 (075)231-0161

ホームページ　https://www.chart.co.jp
印刷　創栄図書印刷株式会社

チャート式®シリーズ
大学教養
統計学

240402

確率変数の変換

・関数の引数として確率変数を与え，値として別の確率変数を得る操作を，確率変数の変換という。

分散と標準偏差

・分散，標準偏差は，分布のひろがりの指標である。以下のように定める。ここで，Y を連続な確率変数，f_Y をその確率密度関数，$\mu = \mathrm{E}(Y)$ をその期待値とする。

・**分散**　$\mathrm{V}(Y) = \int_{-\infty}^{\infty} (u - \mu)^2 f_Y(u) \mathrm{d}u$

・**標準偏差**　$\sqrt{\mathrm{V}(Y)}$

・**分散と期待値の関係**

$$\mathrm{V}(Y) = \mathrm{E}(\{Y - \mathrm{E}(Y)\}^2)$$
$$\mathrm{V}(Y) = \mathrm{E}(Y^2) - \{\mathrm{E}(Y)\}^2$$

・**重要用語**　チェビシェフの不等式

多変数の確率変数

・複数の確率変数をまとめたものを，多変数の確率変数という。

・2変数の確率変数の場合には，同時分布関数を出発点にして計算を行う。

・同時分布関数から，1変数の確率変数の分布関数を取り出したものを，周辺分布関数という。

・どの帰結が実現したか不明だが，ある事象が実現したことがわかったときの確率を条件付確率という。

・**重要用語**　同時分布関数，周辺分布関数，同時密度関数，条件付分布関数，独立，相関，共分散，大数の法則，中心極限定理

正規分布とその他のパラメトリックな分布

・確率変数 Y が，パラメータ μ と σ^2 の正規分布に従うことを $Y \sim \mathrm{N}(\mu, \sigma^2)$ と書く。

・**重要用語**　パラメータ，正規変数，標準正規分布，χ^2 分布，自由度，t 分布，F 分布

モデルとパラメータの推定

モデル構築の準備

・モデル構築の際に用いられることが多い仮定は，データと確率論をつなぐ役割を果たす。

仮定1　データは，ある確率変数の実現値である。

観測値 y_i の背後にある確率変数を Y_i とすると，$\varepsilon_i = Y_i - \mathrm{E}(Y_i)$ で定められる確率変数 ε_i を誤差という。

仮定2　誤差は，互いに独立である。

仮定3　誤差は，同じ分布に従う。

仮定2と仮定3をあわせて IID という。

仮定4　誤差は，互いに独立に分散が等しい正規分布に従う。

・**重要用語**　誤差，実現値，誤差の期待値，実現誤差

期待値のモデル

・仮説や見込みを，期待値のモデルの形で表す。以下のような類型がある。

　1　均質モデル

　　大きさ N のデータ $(y_1, y_2, \cdots\cdots, y_N)$ の背後に確率変数 $(Y_1, Y_2, \cdots\cdots, Y_N)$ が存在すると仮定したとき，これらの期待値のうちあるものの値が他のものと違う，と見込めるだけの根拠がないとしよう。この場合，すべての期待値が等しいと考えることは自然だろう。その等しい値を μ とすると

$$\mu_1 = \mu, \ \mu_2 = \mu, \ \cdots\cdots, \ \mu_N = \mu$$

というモデルを考えることができる。このようなモデルを均質モデルと呼ぶ。

　2　単回帰モデル

　　大きさ N の2変量データ

$((x_1, y_1), (x_2, y_2), \cdots\cdots, (x_N, y_N))$ の中で変量 $(y_1, y_2, \cdots\cdots, y_N)$ の背後に確率変数 $(Y_1, Y_2, \cdots\cdots, Y_N)$ が存在すると仮定する。この確率変数の期待値 $(\mu_1, \mu_2, \cdots\cdots, \mu_N)$ と，変量 $(x_1, x_2, \cdots\cdots, x_N)$ の間に1次関数で表される関係があることが見込まれる場合

$\mu_1 = \beta_0 + \beta_1 x_1, \ \mu_2 = \beta_0 + \beta_1 x_2, \ \cdots\cdots, \ \mu_N = \beta_0 + \beta_1 x_N$

で表されるモデルを考えることができる。このようなモデルを単回帰モデルと呼ぶ。

パラメータの推定の考え方

- データからパラメータの値を推測する。
- 推定の代表的な方法には，最小2乗法，最尤推定法がある。
- 最小2乗法で得られたパラメータの推定値をモデルに代入して得られる値を，期待値の推定値という。
- **重要用語** パラメータ，真の値，最小2乗推定値，残差

推定値と推定量

- 推定値を計算する計算式の中のデータを，それが実現する前の確率変数に戻したものを推定量という。
- 最小2乗法によって得られた推定量を，最小2乗推定量という。
- 推定値と推定量の関係：推定値は，推定量の実現値である。
- 推定量が確率変数の線形和で計算されるとき，その推定量を線形な推定量という。

推定量の分布と評価基準

- 推定量の分布は，直接，観察することはできない。均質モデルや単回帰モデルのような単純なモデルであれば，仮定1〜4を導入して，最小2乗推定量の分布について，ある程度知ることができる。
- 最小2乗推定量の期待値は，仮定1のもとで未知のパラメータの真の値と等しく，このことを不偏性という。
- 推定量の分散について知るためには，誤差が互いに独立に同じ分布に従う，という仮定を利用する。また，推定量の分布を特定するためには，誤差は互いに独立に期待値0，分散の正規分布に従う，という仮定を利用する。
- 主な推定量の評価基準は，次のものがある：不偏性，効率性，一致性。
- **重要用語** 不偏性，効率性，一致性

確率変数としての残差

- 誤差の分散を知ることで，推定量の性質がより詳しく分かることになる。誤差と関係が深く，観察が可能な残差に注目する。
- 期待値の推定量は，真の値を推定量と入れ替え定める。
- 期待値の推定値と推定量の関係：期待値の推定値は，期待値の推定量の実現値である。
- 残差を計算する計算式の中のデータを確率変数に戻すことで，確率変数としての残差を導く。
- 確率変数としての残差も含めて，残差と呼ぶ。
- 実質的な確率変数の数を，自由度という。
- **重要用語** 確率変数としての残差，自由度，正規方程式

仮定の妥当性

- 仮定の妥当性は，推定がどれだけ信頼できるかに関わる。仮定の妥当性は，大まかな近似として妥当か，を考えることで把握する。
- 誤差の均質性を調べるために，散布図を利用するとよい。
- 誤差の正規性を調べるために，ヒストグラムや正規QQプロットを利用するとよい。

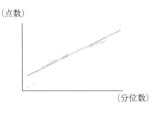

（点数）

（分位数）

- **重要用語** 頻度論的解釈，ベイズ的解釈，QQプロット